Monika Haunerdinger | Hans-Jürgen Probst

BWL

W0040179

Monika Haunerdinger | Hans-Jürgen Probst

BWL

Die wichtigsten Instrumente und Methoden der
Unternehmensführung

REDLINE | VERLAG

Bibliografische Information der Deutschen Nationalbibliothek
Die Deutsche Nationalbibliothek verzeichnet diese Publikation in der Deutschen Nationalbibliografie.
Detaillierte bibliografische Daten sind im Internet über http://dnb.d-nb.de abrufbar.

Für Fragen und Anregungen:
haunerdinger@redline-verlag.de
probst@redline-verlag.de

2. Auflage 2012

© 2012 by Redline Verlag, ein Imprint der Münchner Verlagsgruppe GmbH,
Nymphenburger Straße 86
D-80636 München
Tel.: 089 651285-0
Fax: 089 652096

Die vorherigen Auflagen erschienen im Redline Verlag unter dem Titel *BWL leicht gemacht*.

Satz: M. Zech, Landsberg am Lech
Druck: Konrad Triltsch GmbH, Ochsenfurt
Printed in Germany

ISBN Print 978-3-86881-359-3
ISBN E-Book (PDF) 978-3-86414-303-8

┌ Weitere Informationen zum Verlag finden Sie unter ─────────────

www.redline-verlag.de

Beachten Sie auch unsere weiteren Verlage unter
www.muenchner-verlagsgruppe.de

Inhaltsverzeichnis

Vorwort: Was Ihnen dieses Buch bietet

Dieses Buch ist aus der Praxis entstanden und beantwortet die oft gestellte Frage: Was wird im betriebswirtschaftlichen Tagesgeschäft wirklich gebraucht? Was sind die sogenannten Basics, was muss man wissen? Denn betriebswirtschaftliche Inhalte werden vermeintlich immer komplizierter, werden teilweise nur noch von wenigen Spezialisten im Unternehmen verstanden. Und viele sogenannte moderne Instrumente sind gar teure Marketinggags der Beraterbranche, die niemand braucht.

So geht es hier um praxisbewährte BWL-Tools, die quasi den Werkzeugkasten für die Unternehmenssteuerung darstellen. Damit ist es ein Buch auch für diejenigen, denen die klassischen BWL-Bücher zu theoretisch, zu dick und zu trocken sind, und die schnell anwendungsorientierte Inhalte suchen. Wer den jeweiligen state-of-the-art kennen will, kann über moderne Instrumente wie zum Beispiel die Balanced Scorecard oder Stichwörter wie Work-Life-Balance nachlesen. Auf rund 300 Seiten wird alles Wesentliche behandelt, was man heutzutage „im Job" über Betriebswirtschaftslehre wissen muss.

Für das Buch sind keine Vorkenntnisse notwendig, steigen Sie sofort in die BWL ein!

Wir möchten darauf hinweisen, dass aus Gründen der guten Lesbarkeit auf die Nennung jeweils beider Geschlechterformen verzichtet wurde. Selbstverständlich sind auch immer Mitarbeiter*innen*, Geschäftsführer*innen* und so weiter gemeint.

Verlag und Autoren wünschen Ihnen eine interessante Lektüre.

1. Bereich Unternehmensführung/Management

Der eine spricht von Unternehmensführung, der andere von Management, aber beide meinen dasselbe, nämlich die zielgerichtete Steuerung eines Unternehmens. Der Begriff Unternehmensführung ist somit gleichzusetzen mit dem aus dem angloamerikanischen Bereich stammenden Begriff Management (engl. management = Leitung, Führung). Das Management ist eine der wesentlichen Hauptaufgaben im Unternehmen.

Management kann **als Institution** gesehen werden: der Manager, der Geschäftsführer, der Vorstand und so weiter bis hinunter zum Beispiel zur Bereichsleiterebene; das sind die leitenden Mitarbeiter im Unternehmen. Um die unterschiedlichen Hierarchieebenen im Unternehmen zu kennzeichnen verwendet man auch die Begriffe:

* Topmanagement (Unternehmensleitung, Geschäftsführung, Vorstand)
* Middle(Mittleres)management (z. B. Niederlassungsleiter oder Werksleiter)
* Lower(Unteres)management (z. B. Bereichsleiter, Meister, Abteilungsleiter).

Oder Management wird **als Prozess** gesehen und umfasst dann alle zur Steuerung des Unternehmens notwendigen Aufgaben: Planung, Organisation, vor allem aber die Führung (der Mitarbeiter).

Die Betriebswirtschaftslehre (BWL) bietet vielfältige Konzepte zur Unternehmensführung, Managementtechniken, traditionelle Instrumente wie auch neuere Ansätze um den Prozess der Unternehmensführung zu unterstützen. Was sich hierbei in der Praxis bewährt hat und zum *Basic* geworden ist, wird in den folgenden Kapiteln vorgestellt.

1.1 Visionen, Strategien und Ziele

Angenommen, Sie streben eine leitende Stellung in einem Unternehmen an (Vision), dann überlegen Sie sich die beste Strategie hierzu, beispielsweise durch eine zusätzliche Ausbildung zum Master of Business Administration (MBA). Konkret setzen Sie sich dann noch ein Ziel: „In spätestens fünf Jahren möchte ich eine Position im Lowermanagement, zum Beispiel als Bereichsleiter, innehaben."

In einem Unternehmen läuft dieser Prozess ganz ähnlich ab. Ausgehend von der Unternehmensvision versucht das Management über geeignete Strategien konkrete Ziele zu erreichen.

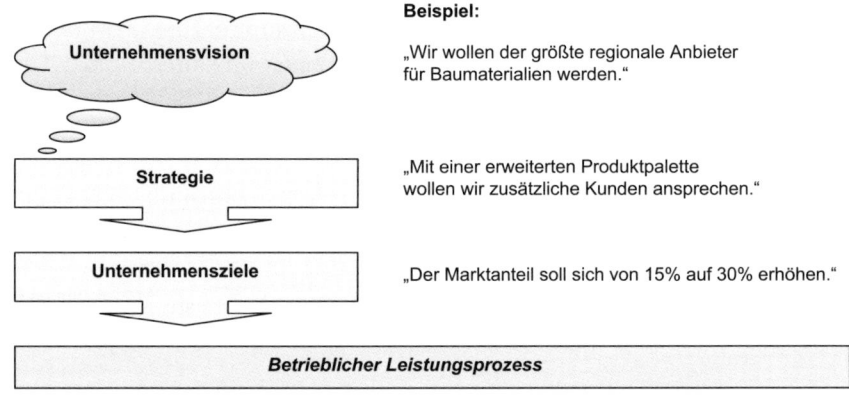

Beispiel:

Unternehmensvision — „Wir wollen der größte regionale Anbieter für Baumaterialien werden."

Strategie — „Mit einer erweiterten Produktpalette wollen wir zusätzliche Kunden ansprechen."

Unternehmensziele — „Der Marktanteil soll sich von 15% auf 30% erhöhen."

Betrieblicher Leistungsprozess

Von der Unternehmensvision bis hin zum betrieblichen Leistungsprozess

In amerikanisch geprägten Unternehmen spricht man auch von der „*mission*", die noch über der Unternehmensvision steht. Diesen englischen Begriff kann man im Deutschen übersetzen mit „Sendung, Auftrag, Berufung". Festgehalten wird diese in dem sogenannten „*mission statement*", einer Art Grundsatzpapier zum besonderen Auftrag des Unternehmens. In der deutschen Unternehmenskultur kommt dieser Begriff nicht gut an, wahrscheinlich weil er an das deutsche Wort „Mission" erinnert, das eher im religiösen Zusammenhang benutzt wird und im Rahmen der Unternehmensführung unpassend wirkt.

Finden Sie Ihren Strategietyp

Am Anfang jeder unternehmerischen Tätigkeit steht die Unternehmensvision und um diese Wirklichkeit werden zu lassen, benötigt das Unternehmen eine geeignete Strategie. Jedes Unternehmen muss für sich einen Strategietyp herausarbeiten, was letztlich bedeutet, seine Kernkompetenz zu finden: Was können wir am besten beziehungsweise wo sehen wir die größten Chancen erfolgreich zu sein? Liegt die Kernkompetenz des Unternehmens in Produktinnovationen, günstigen Preisen oder besonders guter Qualität?

In der Praxis unterscheidet man im Wesentlichen **vier Strategietypen:**

- **Der Innovator:** Dieser Unternehmenstyp setzt strategisch auf neue Produkte und/oder neue Märkte. Forschung und Entwicklung spielen eine große Rolle. Durch die hohen Kosten für Forschung, neue technische Entwicklungen oder Markterschließungskosten sind die Preise relativ hoch. Beispiele: Innovative Telekommunikationsprodukte, innovative Produkte der Unterhaltungsindustrie, neue Medikamente der Pharmaindustrie.
- **Der Me-too-Anbieter:** Hier wird die Strategie wesentlich durch Nachahmung anderer erfolgreicher Produkte bestimmt. Diese Unternehmen versuchen, den Innovator zu imitieren und ähnliche Produkte in hohen Stückzahlen zu günstigeren Preisen als der Innovator anzubieten. Beispiel: Imitate bekannter Markenprodukte.
- **Der Kostenführer:** Der Kostenführer versucht, sich über günstigste Preise am Markt zu positionieren. Der Kunde soll überzeugt sein, bei diesem Unternehmen das beste Preis-Leistungs-Verhältnis zu bekommen. Diese günstigen Preise werden durch Massenproduktion oder große Kontingente erreicht. Beispiele: Massenspielwaren, Pauschalreisen.
- **Der Nischenanbieter:** Hier werden Märkte bedient, die für andere Anbieter uninteressant sind. Die Stärke dieser Anbieter liegt in der Individualität, dem Eingehen auf (ausgefallene) Kundenwünsche. Beispiele: Spezialanfertigungen bei Segelyachten oder Automobilen, Anbieter von Spezialreisen.

Mischformen dieser Strategietypen sind eher selten. Allerdings kann ein Innovator durch Ausweitung seiner Produktion und Verteilung seiner

Entwicklungskosten auf höhere Stückzahlen auch zu einem Kostenführer werden. Oder der Nischenanbieter erschließt sich ein breiteres Marktpotenzial und entwickelt sich so zum Kostenführer.

Ermittlung des Strategietyps	Innovator	Me-too-Anbieter	Kosten-führer	Nischen-anbieter
Stellenwert von Forschung und Entwicklung	Sehr Hoch	Gering	Gering	Hoch
Wie wichtig ist der Preis für die Kunden bei der Kaufentscheidung?	Gering	Hoch	Sehr Hoch	Gering
Kundenbindung	Hoch	Gering	Gering	Sehr Hoch
Produzierte Stückzahlen	Gering	Hoch	Sehr Hoch	Gering
Marktanteil	Hoch	Gering	Unter-schiedlich	Sehr Hoch
Anzahl der Konkurrenten	Unter-schiedlich	Hoch	Hoch	Gering

Kriterien zur Ermittlung des Strategietyps eines Unternehmens

Tipp: Strategietyp nicht (oft) ändern!

Ein Unternehmen wirkt unglaubwürdig, wenn es seinen Strategietyp ändert. War das Unternehmen etwa gestern noch der preisgünstigste Anbieter für Outdoorbekleidung (Kostenführer), so wird sich das Unternehmen schwer tun, eine neue „teure" Designer-Outdoorbekleidungsmarke auf dem Markt zu platzieren (Nischenanbieter). Die Kunden erwarten günstige Preise und akzeptieren keinen „Designeraufpreis". Der Kundenkreis, der höhere Preise bezahlen würde, möchte wiederum nicht mit dieser „Billigmarke" gesehen werden. Man kann den Strategietyp ändern, zum Beispiel durch Änderung des Produktnamens, aber dies sollte vorsichtig und nicht allzu oft erfolgen.

Gap-Analyse: Erkennen Sie Ihre strategischen Lücken

Die Gap-Analyse (englisch gap = Lücke) will eine mögliche strategische Lücke aufzeigen. Als strategische Lücke wird dabei das Auseinanderklaffen von der gewünschten Erreichung eines strategischen Zieles und der aktuellen Prognose dieser Zielerreichung bezeichnet.

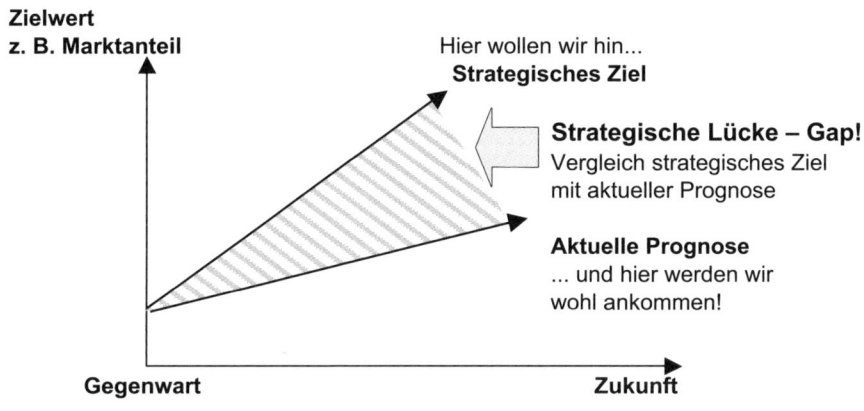

Gap-Analyse

Diese Darstellung der Gap-Analyse zeigt den Unterschied zwischen dem strategischen Ziel, hier dem Erreichen eines bestimmten Marktanteils, und seiner aktuellen Prognose.

Beispiel: Das strategische Ziel eines Unternehmens der Textilindustrie ist die Erhöhung des Marktanteils um 20 Prozent. Die aktuelle Prognose spricht nicht dafür, dass dieses Ziel erreicht wird. Die Gap-Analyse ist Anlass dafür, weitere Maßnahmen zu ergreifen, um doch noch das Ziel zu erreichen: Zusätzliche Werbemaßnahmen in Zeitschriften und eine Verstärkung des Vertriebs sollen den gewünschten zusätzlichen Marktanteil doch noch erarbeiten. Kommt die Unternehmensführung aber zu der Einsicht, dass das strategische Ziel selbst mit größten Anstrengungen unerreichbar bleibt, muss letztendlich das Ziel aufgegeben werden und das Unternehmen muss sich beispielsweise mit einer Marktanteilssteigerung von 10 Prozent begnügen.

Strategische Ziele sind häufig recht ehrgeizig aufgestellt und so ergeben sich in der Unternehmenspraxis oft derartige Lücken in der Zielerreichung. Es ist wichtig, sich unternehmensintern dieser strategischen Lücken bewusst zu sein, damit nicht zum Beispiel die Produktion ihre Kapazitäten immer noch auf die erhoffte Absatzsteigerung ausrichtet, die aber nie erreicht werden wird.

Tipp: Von Zeit zu Zeit sollte man eine Gap-Analyse durchführen und überprüfen, ob das Unternehmen nicht dabei ist, sich in seinen strategischen Zielen zu verzetteln.

Formulieren Sie ein verständliches Leitbild

Manche vermuten vielleicht, dass die Beschäftigung mit Leitbildern nur etwas für große Unternehmen ist. Ein Leitbild kann aber auch der Gemüseladen an der Ecke haben: „Ich versorge meine Kunden nur mit hochwertigen Waren." Ein Leitbild ist eine schriftlich fixierte Darlegung, in welche Richtung sich das Unternehmen entwickeln soll. Es wird ergänzt durch Unternehmenswerte oder, wie man auch sagt, eine Unternehmensphilosophie. Ferner können durch ein Leitbild „Spielregeln" im Unternehmen festgelegt werden, wie zum Beispiel „Wir lösen Konflikte im gegenseitigen Einvernehmen".

Ziel ist die Orientierung aller am Unternehmen Beteiligten am Leitbild. Gleichzeitig soll das Leitbild intern motivieren. Nach außen wird es gern als Marketinginstrument benutzt. Es legt fest, wie man in der Öffentlichkeit gesehen werden will.

Zwei Praxisbeispiele für Leitbilder:

Leitbild eines Tourismusunternehmens: Wir möchten, dass unsere Kunden zufrieden und begeistert von ihren Urlaubsreisen zurück nach Hause kommen. Dabei setzen wir uns für einen sozial- und umweltverträglichen Tourismus ein und respektieren die kulturelle Vielfalt der Gastgeberländer. Wir fördern unsere Mitarbeiter und sehen diese als Garant für unseren Unternehmenserfolg.

Leitbild eines Automobilzulieferers: Durch ständige Innovation bleiben wir Partner der Automobilbranche. Sicherheit, Qualität und Zuverlässigkeit prägen unsere Produkte. Wir bekennen uns zu einem fairen Umgang mit Lieferanten, Kunden und Mitarbeitern. Die Erzielung einer angemessenen Rendite darf nicht zu Lasten unserer Umwelt geschehen. Wir sehen uns als Unternehmen fest in der Region verankert, wollen aber Chancen nutzen, die sich dem Unternehmen international bieten.

Die Schaffung von Leitbildern beziehungsweise die Leitbilddiskussion geht mittlerweile weit über den wirtschaftlichen Bereich hinaus. Auch Kommunen, Hochschulen und andere schaffen sich Leitbilder. Allerdings darf es nicht bei schönen Worten bleiben, ein Leitbild muss gelebt werden. Wenn etwa im Leitbild die Umweltfreundlichkeit betont wird, muss sich das Unternehmen auch entsprechend verhalten und wenn, wie es oft so schön in Leitbildern heißt, „der Mitarbeiter das wichtigste Kapital ist", dann darf im Unternehmen keine „hire-and-fire-Politik" vorherrschen.

Tipp: Das Leitbild muss auch der Wirklichkeit entsprechen, sonst wird das Unternehmen unglaubwürdig!

Wie wird ein Leitbild erstellt? In der Praxis hat es sich bewährt, quer durch alle Abteilungen eine Projektgruppe zu bilden, die ein Leitbild erarbeitet. Jeder darf einbringen, welche Werte und Grundsätze im Unternehmen in das Leitbild eingehen sollen. Anschließend wird dieser erste Vorschlag für ein Leitbild von jedem Projektmitglied in seiner Abteilung vorgestellt und Änderungswünsche aufgenommen. Dann trifft sich die Projektgruppe erneut und fasst alle Anregungen zusammen. Ergebnis ist dann ein Leitbild, das von allen Mitarbeitern getragen und gelebt wird.

Was sind Unternehmensziele?

Bei den Seglern heißt es: „Kennst du das Ziel nicht, wird jeder Wind ein günstiger sein." Für die Unternehmensführung gilt dieser Satz nicht. Ein Unternehmensboot, das ohne Ziel mal hierhin und mal dorthin treibt, wird sicher bald kentern = vom Markt verschwinden.

Was ist nun ein Unternehmensziel? Als Erstes wird wohl den meisten der Begriff **„Gewinn"** einfallen. Der Kapitalgeber eines Unternehmens möchte eine angemessene Verzinsung seines eingesetzten Kapitals erreichen, sonst könnte er sein Geld auch zur Bank bringen. Gewinnerzielung kann ein Unternehmensziel sein, aber nicht bei allen Unternehmen. Es gibt auch nichtgewinnorientierte Unternehmen, diese bezeichnet man auch als *Non-Profit-Organisationen (NPO)*. Dies sind einerseits öffentliche Verwaltungsbetriebe, aber auch private Organisationen wie etwa Vereine, Verbände, Stiftungen und Wohlfahrtsorganisationen. Diese NPOs haben andere Unternehmensziele, beispielsweise die Erfüllung öffentlich-rechtlicher Aufgaben (Müllentsorgung, Straßenreinigung) oder ökologische und humanitäre Ziele.

Der Gewinn ist als zentrales Unternehmensziel problematisch. Denn: Ein Gewinn kann mit bilanzpolitischen Mitteln gesteuert werden. Er kann über Jahre niedrig gehalten werden oder bei Bedarf auch einmal in einer Höhe gezeigt werden, die über die tatsächliche Ertragskraft des Unternehmens hinausgeht. So etwas ist beispielsweise über Rückstellungen oder Bewertungsspielräume machbar. Ferner betrachtet ein Gewinn nicht die Rentabilität, also das Verhältnis von Gewinn zum eingesetzten Kapital, sondern ist eine absolute Größe. Einfach gesagt: Ein Gewinn von 100.000 Euro kann „viel oder wenig sein". Setze ich 100.000 Euro Kapital ein, ist der Gewinn hoch, setze ich 10.000.000 Euro Kapital ein, ist ein Gewinn von 100.000 Euro eine Katastrophe, das Geld hätte sich auf einem Festgeldkonto besser verzinst.

Selbsterhaltungsziele des Unternehmens: Als oberstes Unternehmensziel kann die Selbsterhaltung genannt werden. Jedes Unternehmen ist in erster Linie daran interessiert am Markt zu bestehen. Gewinnerzielung beziehungsweise Rentabilität sind ein Teil davon. Um die Existenz eines Unternehmens zu sichern, müssen im Wesentlichen drei Unternehmensziele erreicht werden:

- **Liquidität:** Ist ein Unternehmen nicht liquide und kann daher seinen laufenden Verpflichtungen nicht mehr nachkommen (Gehaltszahlungen, Lieferantenrechnungen etc.), so muss Insolvenz angemeldet werden.
- **Rentabilität:** Ein Unternehmen muss rentabel arbeiten, das heißt, die Erträge müssen mindestens die Kosten des Unternehmens decken, sonst wird es auf lange Sicht auch illiquide.
- **Wachstum:** In einer auf Wachstum ausgerichteten Gesamtwirtschaft muss das einzelne Unternehmen zumindest in geringem Umfang mitwachsen, da es sonst Marktanteile verliert und vom Markt gedrängt wird.

Auf Grundlage dieser drei Existenzerhaltungsziele einer Unternehmung können die Unternehmensziele grob in drei Gruppen unterteilt werden:

- **Finanzziele** (z. B. Liquidität, Cashflow)
- **Erfolgsziele** (z. B. Gewinn, Rentabilität, Shareholder-Value)
- **Leistungsziele** (z. B. Marktanteile, Wachstum, Qualitätsziele).

Bei der Formulierung der Unternehmensziele sollten folgende Grundsätze beachten werden:

- **Unternehmensziele sollten erreichbar sein.** Die Zielvorgaben für die einzelnen Bereiche des Unternehmens sollen realistisch sein, ein bisschen Herausforderung und Ansporn darf aber dabei sein.

- **Ein Unternehmensziel muss messbar (quantitativ oder qualitativ) sein.** Ein bekannter Satz in diesem Zusammenhang lautet: „If you can't measure it, you can't manage it." „Was Du nicht messen kannst, kannst Du auch nicht managen" oder „Was nicht messbar ist, ist nicht beherrschbar". Unternehmensziele müssen messbar sein, damit die Zielerreichung konkret überprüft werden kann. Also nicht „Wir möchten zufriedene Kunden haben", sondern „Wir möchten die Kundenzufriedenheit erhöhen. Hierzu wollen wir unseren Stammkundenanteil um 5 Prozent erhöhen und die Beschwerdequote um 25 Prozent senken".

1.2 Planungs- und Entscheidungsmethoden

Ein gängiges Sprichwort heißt: „Planung ersetzt den Zufall durch den Irrtum." Wie in jedem Sprichwort steckt ein klein wenig Wahrheit darin. Die Wahrheit ist, dass man die einmal festgelegte Planung nie genau zu 100 Prozent erreichen wird. Mal liegt man darunter, mal schießt man über das Ziel hinaus. Aber es geht ja auch nicht um exakt 100 Prozent Zielerreichung. Bei der Unternehmensplanung für das nächste Geschäftsjahr etwa geht es darum, sich überhaupt Gedanken über die zukünftigen Entwicklungen zu machen. Ein Geschäftsführer sagte einmal: „Die Erkenntnisse, die während des Planungsprozesses gewonnen werden, sind für mich sogar wichtiger als die Ergebnisse der Planung selbst. Denn im Rahmen der Planung wird das ganze Unternehmen durchleuchtet und die möglichen zukünftigen Entwicklungen durchdacht. Dabei kommt eine Menge über derzeitige Missstände ans Licht, aber auch über die Potenziale, die wir zurzeit noch nicht voll ausgeschöpft haben."

Die Planung orientiert sich an den Unternehmenszielen. Aber es gibt unterschiedliche Wege und Instrumente, mit denen die Ziele erreicht werden können. Alternativen werden hinsichtlich ihrer Durchführbarkeit und möglicher Risiken bewertet, um schließlich die Entscheidungen zu treffen, die am ehesten die Unternehmensziele realisieren.

Verknüpfung von strategischen und operativen Sichtweisen

Ein weitverbreiteter Irrtum ist, „strategisch" mit „langfristig" und „operativ" mit „kurzfristig" zu verwechseln. Es mag oft in die gleiche Richtung gehen, aber strategisch und operativ bezeichnen nicht einen Zeitraum, sondern bestimmte Sichtweisen.

- **Strategisch** bedeutet, dass heute Maßnahmen ergriffen werden, die auch zukünftig die Existenzsicherung des Unternehmens ermöglichen. Man plant, welche Schritte morgen notwendig sind, damit auch übermorgen das Unternehmen erfolgreich sein wird. Strategisch bedeutet: *Die richtigen Dinge tun.*
  Konkret: Was ist unsere Kernkompetenz? Was will der Markt, morgen, übermorgen? Haben wir die richtigen Produkte? Wo stehen wir, wo wollen wir hin? Ist der Markt schnelllebig, so muss eventuell auch mal kurzfristig die Unternehmensstrategie geändert werden um am Markt zu bestehen.
- **Operativ** bedeutet dagegen: *Die Dinge richtig tun.* Abgeleitet aus der Strategie wird gefragt, was die nächsten Schritte sind. Die Strategie wird in „Maßnahmen übersetzt", zum Beispiel in den Jahresplan. Operative Maßnahmen können durchaus auch langfristig sein.

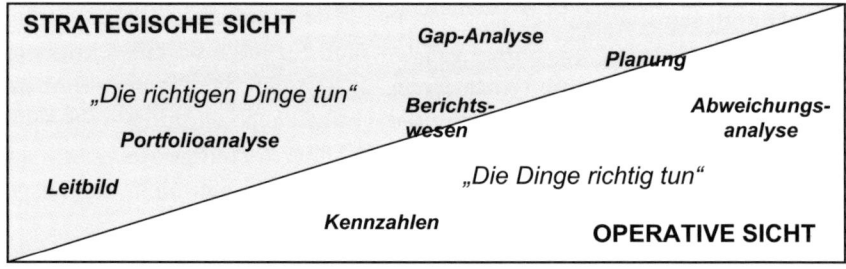

Strategische und operative Sichtweisen

Das folgende **Praxisbeispiel** zeigt die strategische Planung eines Herstellers für Baumaterialien. Ein Strategiepaket wird geschnürt …

Die Vision des Unternehmens:	„Wir wollen der größte regionale Anbieter für Baumaterialien werden."
Strategische Ausgangsfrage:	„Wo wollen wir in fünf Jahren sein?"

Es wird ein Strategiepaket geschnürt

Konjunktureinschätzung	Standorte
Technischer Fortschritt	Vertriebswege
Produktpolitik	Umsatzsteigerungen
Marktanteile	Mitarbeiteraufbau
Konkurrenzverhalten	Investitionen

Die Inhalte des strategischen Paketes werden konkretisiert

Konjunktureinschätzung

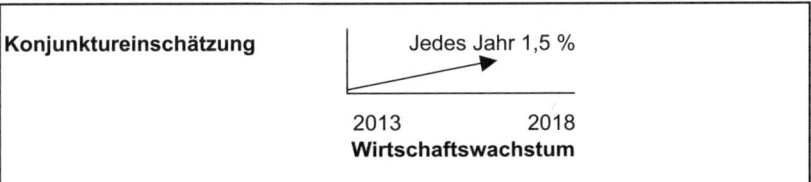

Jedes Jahr 1,5 %

2013   2018
Wirtschaftswachstum

Technischer Fortschritt

Trend zu Bio-Baustoffen
Neue Herstellungsverfahren prüfen
Investitionsvolumen: 50.000 Euro

Produktpolitik

	Innen-ausstattung	**Außen-bereich**	**Heimwerker**
	Am Ball bleiben	Vorreiter werden	Aktuelle Trends beachten

Marktanteile regional	Innenausstattung	Außenbereich	Heimwerker
	Halten	Steigern!	Steigern
	18 %	Von 6 auf 15 %	Von 9 auf 15 %

Konkurrenzverhalten	Innenausstattung	Außenbereich	Heimwerker
	Konkurrenz	Konkurrenz	Konkurrenz
	aktiv	extrem hart	sehr kreativ

Standorte

Derzeitige Standorte gut ausgelastet.
Kapazitätsreserven 15 %.
Keine neuen Standorte geplant.
Bei Engpässen: Fremdvergabe von Aufträgen

Vertriebswege

Weiterhin über eigene Regionalvertreter
Ziel: Vorreiterrolle im regioalen Markt

Umsatzsteigerungen

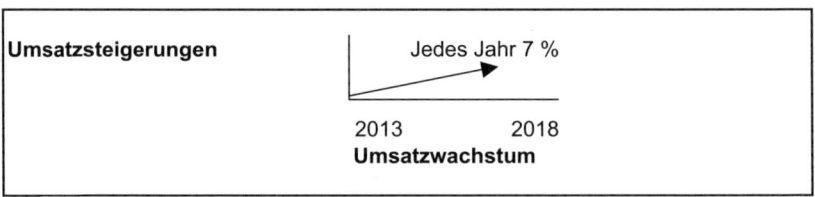

Jedes Jahr 7 %

2013   2018
Umsatzwachstum

Mitarbeiteraufbau

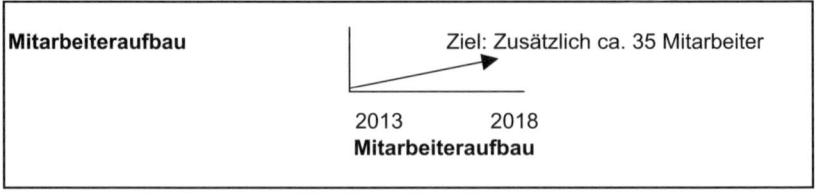

Ziel: Zusätzlich ca. 35 Mitarbeiter

2013   2018
Mitarbeiteraufbau

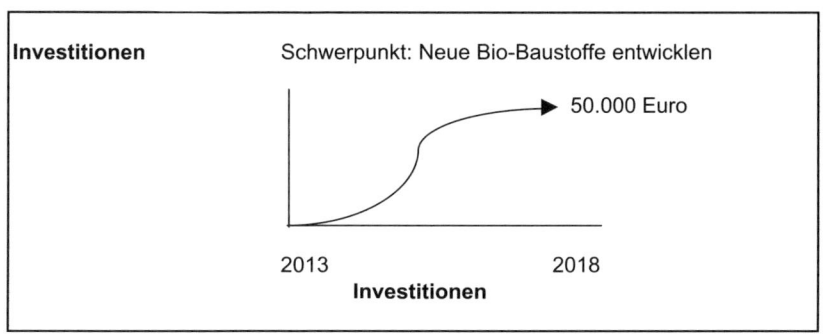

Nächster Schritt: Umsetzung in die operative (Jahres-)Planung

Ausgangsfrage: „Was muss im nächsten Jahr geschehen, damit die strategische Planung realisiert werden kann?"

⟶ **UMSETZUNG DER PLANUNG IM UNTERNEHMEN**

Strategiepaket eines Herstellers für Baumaterialien

Zero-Base-Ansatz: Fangen Sie bei Null an

Beim Zero-Base-Ansatz geht man von der Überlegung aus, dass man ein Unternehmen beziehungsweise die betrieblichen Funktionen (Produktion, Vertrieb, Verwaltung etc.) auf der grünen Wiese neu plant oder das Unternehmen neu errichtet. Die Frage ist, in welchem Ausmaß dann bestimmte Funktionen benötigt würden und wie hoch dann die Kosten des Unternehmens wären. Zero-Base heißt quasi „von Null her anfangen". Ziel ist die Beantwortung der Fragen: Welche Kosten sind wirklich notwendig? Wie muss die Verwaltung oder der Vertrieb wirklich ausgestattet sein? Geht es auch mit weniger Mitarbeitern oder schlankeren internen Prozessen?

Oft werden doch Kosten wie folgt geplant: Man nimmt den letzten Istwert, schlägt einen Prozentsatz für beispielsweise die Inflation darauf, baut sich ein wenig Reserve ein – und schon hat man den neuen Plansatz. Und dann wundert man sich, dass man den Schlendrian der Vergangenheit fortschreibt und Kostensenkungen überhaupt nicht in Erwägung gezogen werden.

Genau hier setzt das Zero-Base-Denken ein: Wir fangen von vorne an und kümmern uns nicht darum, was in der Vergangenheit war.

Praxisbeispiel Instandhaltung: Bewusstes Ignorieren bestehender Strukturen

Ein gewachsener Betrieb hatte eine Instandhaltungsabteilung, die den Betrieb flächendeckend vom Auswechseln der Glühbirne bis hin zu größeren Umbauten versorgte. In der Abteilung gab es sechs Mitarbeiter. Im Rahmen der Planung rechnete man die Istkosten des laufenden Jahres zum Jahresende hoch, kalkulierte die Tariferhöhung auf die Personalkosten hinzu und ermittelte so die Plankosten des nächsten Jahres. Der Erfolg dieser Methode war, dass die Kosten der Instandhaltung regelmäßig stiegen.

Jetzt kam der Zero-Base-Gedanke ins Spiel: Das Unternehmen wurde gedanklich neu gegründet, es gab demzufolge noch gar keine Abteilung Instandhaltung. So wurde jetzt gefragt: Wie muss diese Abteilung dimensioniert sein? Kann nicht der Hausmeister die Glühbirnen auswechseln, gibt es für die selteneren größeren Reparaturen nicht Spezialfirmen? Geht somit nicht alles auch eine Nummer kleiner? Nach diesen Gedankengängen wurde ein Großteil der Instandhaltungsarbeiten fremd vergeben: Eine erhebliche Kosteneinsparung!

Eine weitere Methode ist das **Zero-Base-Budgeting**. Es verfolgt den Gedankengang des *„Cut off point"*. Nach der Jahresplanung wird gedanklich durchgespielt, dass nur ein bestimmter Prozentsatz an Kosten bewilligt wird. Beispiel: Die Planung sieht vor, dass 1.000.000 Euro Budget für eine bestimmte Abteilung zur Verfügung stehen (= 100 Prozent). Jetzt führt man das Gedankenspiel durch, dass die Abteilung mit 80 Prozent des Budgets (= 800.000 Euro) auskommen muss: Welche Reserven gibt es, wo kann gespart werden? Was ist mit 80 Prozent des Budgets noch möglich? Oder man verfolgt den Denkansatz: Auch wenn es schmerzt, auf was kann als Erstes verzichtet werden?

Tipp: Beobachten Sie die Konkurrenz, insbesondere neue Unternehmen auf dem Markt. Wie lösen die manche Funktionen? Welche Unternehmensstruktur haben diese Konkurrenzunternehmen? Neue Unternehmen mussten zwangsläufig mit dem Denken „auf der grünen Wiese" anfangen und sind unbelastet von der Vergangenheit vorgegangen. Was kann man davon lernen und für das eigene Unternehmen übernehmen?

SWOT-Analyse: Stärken erkennen, Schwächen beheben

Die SWOT-Analyse ist ein beliebtes Instrument der strategischen Unternehmensplanung. Stärken und Schwächen des Unternehmens werden analysiert und die Chancen und Gefahren für das Unternehmen aufgezeigt. S W O T steht für:

S = **S**trengths = Stärken
W = **W**eaknesses = Schwächen
O = **O**pportunities = Chancen
T = **T**hreats = Gefahren

Stärken (S = Strengths)	Schwächen (W = Weaknesses)
- Innovative Produkte - Hoher Stammkundenanteil - Motivierte Mitarbeiter	- Geringe Eigenkapitalquote - Technische Veralterung der Anlagen - Starke Konkurrenz
Chancen (O = Opportunities)	Gefahren (T = Threats)
- Branche boomt - Rechtzeitig auf neue Trends reagieren - Erfolgversprechende technische Verbesserungen	- Hoher Investitionsaufwand für neue Produktentwicklungen - Neue Wettbewerber drängen auf den Markt

SWOT-Analyse

Im Rahmen der SWOT-Analyse werden die unternehmenseigenen Stärken und Schwächen untersucht. Darüber hinaus müssen zum Beispiel durch

Studium der Fachliteratur oder der branchenspezifischen Literatur die Chancen und Gefahren der Branche eingeschätzt werden. Boomt etwa die Branche und kann das Unternehmen diese Chance nutzen? Oder stagnieren die Absatzzahlen und wie kann das Unternehmen dieser Gefahr entgegenwirken?

Es geht darum, einen eventuellen Handlungsbedarf zu erkennen: die eigenen Stärken auszubauen, Schwächen zu bekämpfen, die Chancen auf dem Markt zu nutzen und Gefahren für das Unternehmen rechtzeitig vorherzusehen und ihnen entgegenzuwirken.

> **Tipp:** Die SWOT-Analyse ist vielseitig anwendbar, sowohl für das Unternehmen als Ganzes als auch für jeden einzelnen Unternehmensbereich.
> Auch im **privaten Bereich** ist die SWOT-Analyse einsetzbar, etwa bei der Erstellung einer Bewerbung. Welche Stärken befähigen den Bewerber besonders für die ausgeschriebene Stelle, welche Schwächen müssen „ausgebügelt" beziehungsweise wo muss das Know-how verbessert werden? Welche Chancen bietet die neue Stelle und welche möglichen Gefahren gibt es, etwa Beeinträchtigungen im privaten Bereich durch den Umzug in eine andere Stadt?
> *Erstellen Sie einmal für sich selbst ein SWOT-Profil!*

Szenariotechnik: Was wäre, wenn ...?

Bei der Szenariotechnik geht es um die spannende Frage „Was wäre, wenn ...?". Sich ein Szenario vorzustellen oder zu berechnen heißt, dass man sich Gedanken um die zukünftige Entwicklung des Unternehmens macht. Was wäre, wenn ...

- der wichtigste Kunde Insolvenz anmeldet?
- der Euro um 10 Prozent an Wert gegenüber dem Dollar verliert?
- das Unternehmen international expandieren würde?
- die nächste Tarifrunde eine Lohnsteigerung von 6 Prozent erbringt?
- ein neues Konkurrenzunternehmen 20 Prozent unserer Kunden abwirbt?

Dabei muss ein Unternehmen nicht immer nur die Extremszenarien wie „Welche Auswirkungen hat es, wenn der Umsatz um 30 Prozent sinkt?" bedenken. Es geht auch darum, sich auszumalen, wie die Unternehmenssituation in drei oder fünf Jahren sein könnte. Ein Unternehmen sollte sich regelmäßig Gedanken um die Entwicklung von Zukunftsbildern, also Szenarien, machen. Wie werden sich die Märkte entwickeln, was werden die Kunden erwarten, welche Risiken könnten von politischen Entscheidungen (Streichung von Subventionen, Steuererhöhungen etc.) ausgehen? Je besser man zukünftige Entwicklungen schon einmal in Gedanken und vielleicht auch in harten Zahlen mit dem Kostenrechner oder dem Controller „durchgespielt" hat, desto leichter fällt die Reaktion auf Veränderungen. Im besten Falle hat man sich auf die Änderung vorbereitet und rechtzeitig Maßnahmen ergriffen.

In der Praxis werden häufig zwei Extremszenarios erstellt:

- **„Best-Case-Szenario"** (Was passiert im günstigsten Fall?) und
- **„Worst-Case-Szenario"** (Was tritt im schlimmsten Fall ein?)

Die Zukunft des Unternehmens wird sich dann wahrscheinlich irgendwo zwischen diesen beiden Extremszenarios abspielen. Noch genauer sind die Szenarios, wenn auch hinterfragt wird, wie hoch die Eintrittswahrscheinlichkeit des „best case" oder aber des „worst case" ist. Welche Maßnahmen sind aktuell notwendig, um den „best case" zu erreichen?

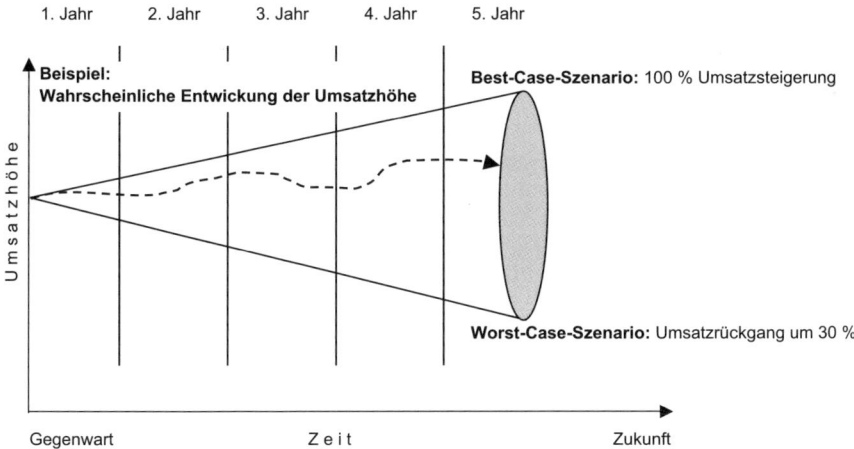

Szenario-Trichter

1.3 Managementtechniken

Seit wann gibt es eigentlich Management? Schon die alten Sumerer erkannten die Notwendigkeit zu wirtschaftlichem Handeln. Das Sicherstellen der ausreichenden Lebensmittelversorgung für eine Gemeinschaft war und ist ein Urproblem der Menschheit. Die Geburtsstunde der Betriebswirtschaftslehre war der Beginn der Arbeitsteilung. Ab dem Zeitpunkt, an dem von einer Gemeinschaft nicht mehr alle Bedürfnisse ihrer Mitglieder gedeckt wurden und sich Spezialisierungen entwickelten (etwa Schuster, Metzger, Schneider) und diese im Laufe der Zeit zu Betrieben und Unternehmen heranwuchsen, war das Unternehmertum geboren und damit die BWL als Unternehmensführungslehre.

In der Antike war eine Hausgemeinschaft sowohl Betrieb als auch Haushalt im heutigen Sinne. Der Hausherr regierte wie ein Befehlshaber über Ehefrau, Kinder und Sklaven. So bezeichnet das altgriechische Wort „oikonomia" das Wort wirtschaften und meint damit das „managen" aller Angelegenheiten, die das Haus eines freien Bürgers betreffen.

Über eine vernünftige „Unternehmensführung" gab es schon damals unterschiedliche Vorstellungen. Cato der Ältere (234 bis 149 v. Chr.) beispielsweise forderte eine strenge Führung der Sklaven durch Angst und Bestrafung. Varro hingegen (116 bis 27 v. Chr.), ein Zeitgenosse Julius Caesars, erkannte schon das Prinzip der Motivation bei der Sklavenhaltung. Er schlug Belohnungen für die Sklaven bei guten Leistungen vor, um deren Leistungsbereitschaft zu steigern. Im Übrigen befürwortete er den schonenden Gebrauch der Sklaven, da sie ja faktische Vermögensgegenstände seien. So empfahl er, bei der Arbeit in fiebrigen Sümpfen eher freie Arbeiter (zum Beispiel freigelassene Sklaven) anzuheuern und die eigenen Sklaven zu schonen.

Management-by-...-Konzepte: Delegieren oder Ziele setzen?

Wie würden Sie ein Unternehmen führen? Sind Sie eher der fürsorgliche Vorgesetzte, der den Mitarbeitern alles vorgibt oder würden Sie Ihren Mitarbeitern auch eigene Entscheidungen zutrauen? Orientieren Sie sich an den **Management-by-Techniken**, diese sind aus den Erfahrungen von Führungskräften entstanden und gelten als die „Klassiker" unter den Managementtechniken. Sie sind verständlich und in der Praxis einfach zu handhaben.

Die bekanntesten Management-by-Techniken sind:

- **Management by Delegation:** Übertragung von Verantwortung
  Dieses Führungskonzept ist gekennzeichnet durch Übertragung von Entscheidungsfreiheit und Verantwortung an den Mitarbeiter. Voraussetzung hierfür ist eine klare Aufgabendefinition und Kompetenzabgrenzung. Die Übernahme von Aufgaben und Verantwortung durch den Mitarbeiter entlastet einerseits die Führungskraft und bietet auf der anderen Seite dem Mitarbeiter mehr Möglichkeiten seine Arbeit zu gestalten. Der Mitarbeiter hat einen größeren Entscheidungsspielraum, seine Eigeninitiative wird gestärkt und er kann eigenverantwortlich Aufgaben durchführen und Entscheidungen treffen.
- **Management by Exception:** Eingreifen nur im Ausnahmefall
  Diese Managementtechnik, frei übersetzt „Management im Ausnahmefall", geht noch weiter als das Management-by-Delegation-Konzept. Alle im normalen Betriebsablauf anfallenden Entscheidungen werden von den dafür zuständigen Stellen getroffen. Ein Eingreifen des Vorgesetzten erfolgt nur im Ausnahmefall. Voraussetzung ist, dass der Betriebsablauf, die Aufgaben und Entscheidungskompetenzen so klar geregelt sind, dass ein Eingreifen des Managements „von oben" tatsächlich nur im Ausnahmefall erfolgen muss.
- **Management by Objectives:** Führung durch Zielvereinbarung (engl. objective = Ziel)
  Von der Führungskraft wird gemeinsam mit dem Mitarbeiter eine Zielvereinbarung getroffen. Die vereinbarten Arbeitsziele werden durch den Mitarbeiter eigenverantwortlich umgesetzt. Dies erfordert eine weitgehende Delegation von Entscheidungsbefugnissen an den Mitarbeiter. Wichtig ist bei dieser Managementtechnik, dass die Zielvereinbarung in gegenseitigem Einverständnis getroffen wird. Das selbstständige Arbeiten kann den Mitarbeiter motivieren. Die Arbeitsziele müssen aber auch erreichbar sein, sonst entsteht für den Mitarbeiter ein überhöhter Leistungsdruck.
- **Management by Participation:** Einbinden des Mitarbeiters in Entscheidungen
  Dieses Führungskonzept betont sehr stark die Mitarbeiterbeteiligung an den sie betreffenden Entscheidungen. Übersetzt heißt dieses Konzept: „Management durch Beteiligung". Dieses Konzept geht davon aus, dass sich

ein Mitarbeiter umso mehr mit den Unternehmenszielen identifiziert und sich für deren Erreichung einsetzt, je mehr dieser Mitarbeiter an der Festlegung dieser Unternehmensziele mitwirken und mitentscheiden kann.

Praxisbeispiel Management-by-Techniken

In einem Unternehmen, das Fertighäuser herstellt, geht ein Kundenauftrag ein. Nun gibt es mehrere Möglichkeiten, wie ein Vertriebsmitarbeiter damit umgeht: Er erledigt die Vertragsabwicklung in Eigenregie mit dem Kunden, nur wenn sich konkret ein Problem ergibt, müsste er den Vorgesetzten einbeziehen **(Management by Exception)**.

Eine andere Variante ist, dass der Vertriebsmitarbeiter alle Vertragsbestandteile mit dem Kunden vereinbart, der eigentliche Vertragsabschluss aber noch einmal über den Tisch des Vertriebsleiters geht **(Management by Delegation** – die Aufgabenstellung ist zwar an den Mitarbeiter delegiert, aber die vertragsrechtlichen Einzelzeiten werden nochmals vom Chef „abgesegnet").

Die Variante **Management by Objectives** geht noch einen Schritt weiter. Hier darf der Mitarbeiter eigenverantwortlich handeln, zudem gilt aber auch eine Zielvereinbarung mit dem Mitarbeiter: Kundenanfragen sind beispielsweise innerhalb von 24 Stunden zu bearbeiten, ein Vertragsentwurf muss nach mindestens 7 Tagen vorliegen, insgesamt sollte jeder Mitarbeiter mindestens 10 Vertragsabschlüsse im Monat tätigen. Klare Zielvorgaben also für den Vertriebsmitarbeiter, er wird quasi mit in die Managementverantwortung genommen. **Management by Participation** bietet dem Vertriebsmitarbeiter die größtmögliche Einbindung in die Managementtätigkeit. Der Mitarbeiter ist an allen Entscheidungen beteiligt (engl. to participate = teilnehmen). Unternehmensziele werden gemeinsam vereinbart: In welchem Maße etwa will das Unternehmen seinen Marktanteil steigern, wie können neue Kunden gewonnen werden? Der Vertriebsmitarbeiter agiert fast wie ein „Unternehmer im Unternehmen" und ist am Unternehmenserfolg beteiligt.

Im Zusammenhang mit den Managementtechniken darf man auch nicht vergessen, dass Management keine „Einbahnstraße" ist, das heißt, dass die Managementtechnik nicht nur vom Unternehmer, sondern auch vom Mitarbeiter abhängt. Einen Lehrling wird man kaum im Sinne des Management by Participation sofort zum „Mitunternehmer" erklären. Hier ist sicher Management by Delegation eine Möglichkeit für den unerfahrenen Mitarbeiter, erste Erfahrungen mit Verantwortung im Unternehmen zu sammeln. Einen langjährigen Vertriebsprofi kann man andererseits je nach gegenseitigem Einverständnis immer mehr in Entscheidungen und unternehmerische Verantwortung einbinden.

Balanced Scorecard: Das Unternehmen mit Kennzahlen steuern

Eine der neueren Entwicklungen in der Unternehmensführung der letzten Jahre ist das Konzept der Balanced Scorecard (BSC). Entwickelt haben dieses Konzept die beiden US-Professoren Kaplan und Norton. Im Mittelpunkt dieses Denkansatzes steht die Vision und Strategie eines Unternehmens. Die Balanced Scorecard soll dabei helfen, diese Visionen und Unternehmensstrategien im täglichen Geschäft umzusetzen. Hierzu werden aus der Vision eines Unternehmens konkrete Strategien und Ziele abgeleitet, deren Erreichen mit konkreten Zielgrößen gemessen werden. Anschließend werden Maßnahmen definiert, die zur Erreichung dieser Unternehmensvision beitragen. Durch die Festlegung von Messgrößen ist es möglich, den Grad der Erreichung der strategischen Ziele eines Unternehmens konkret zu messen. Die Balanced Scorecard ist damit ein strategisches Steuerungssystem.

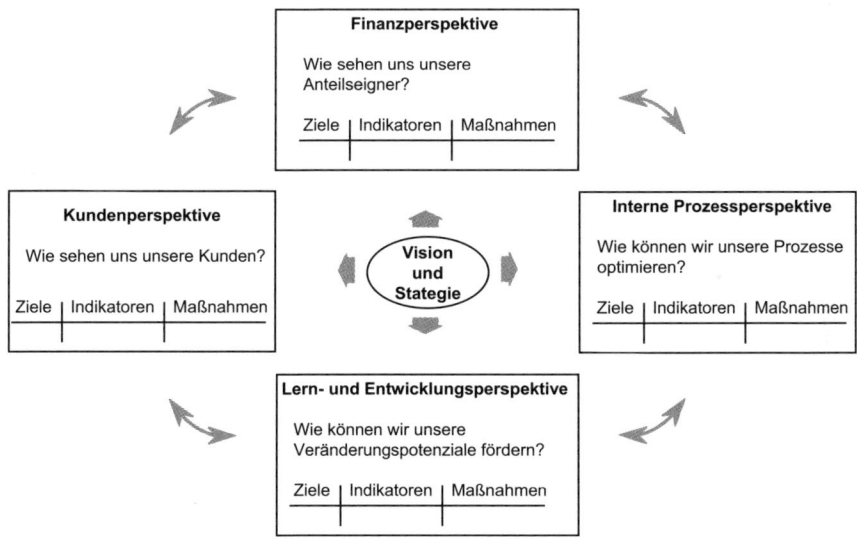

Balanced Scorecard

Das Spezielle an dem Balanced-Scorecard-Ansatz ist nicht nur dieses Umsetzen von Visionen und Strategien in konkrete Beurteilungsgrößen, sondern auch die Einbeziehung aller Unternehmensbereiche in diese Zielerreichung.

Es geht darum, sich nicht nur auf die Finanzzahlen zu konzentrieren, sondern das Unternehmensgeschehen ganzheitlich zu betrachten. „Balanced" heißt ausgeglichen, im Gleichgewicht, und „Scorecard" ist eigentlich ein Begriff aus dem Sport, eine „Punktekarte", auf der die Ergebnisse eines Sportlers aus verschiedenen Spielen oder verschiedenen Sportdisziplinen „gepunktet", also bewertet, werden. „Balanced Scorecard" könnte man frei übersetzen mit „in verschiedenen Gebieten gleichmäßig gut sein".

Die vier Sichtweisen / Perspektiven der Balanced Scorecard sind:

- **Finanzwirtschaftliche Perspektive:** Dies ist eher die traditionelle Sichtweise, wie sie auch bisher schon im Vordergrund stand. Es geht um die Frage nach den Indikatoren wie beispielsweise Rentabilität, Cashflow oder Shareholder-Value, mit denen die Finanzkraft und Ertragskraft eines Unternehmens beurteilt werden kann. Dies sind die maßgeblichen Kriterien, nach denen die Anteilseigner das Unternehmen beurteilen.
- **Kundenperspektive:** Dies ist die Sichtweise, die bisher schwerpunktmäßig vom Marketing eines Unternehmens wahrgenommen wurde. Im Ansatz der Balanced Scorecard geht die Kundensicht in die Betrachtung mit ein. Um festzustellen, wie die Kunden das eigene Unternehmen sehen und wie sie die Produkte einschätzen, werden Indikatoren untersucht wie etwa Kundentreue, Stammkundenanteil, Kundenzufriedenheit und Reklamationshäufigkeit.
- **Interne Prozessperspektive:** Hier wird das Augenmerk auf die internen Prozesse gelegt. Wie effizient laufen die Entscheidungswege? Ist die Organisationsform noch zeitgemäß? Werden Verbesserungsvorschläge der Mitarbeiter gefördert? Wie ist die Vertriebsorganisation aufgebaut? Sind die Produktionsprozesse verbesserungsbedürftig? Ziel ist, die internen Prozesse, wo möglich, zu optimieren.
- **Lern- und Entwicklungsperspektive:** Diese Perspektive stellt den Mitarbeiter in den Mittelpunkt. Werden die Mitarbeiter regelmäßig weitergebildet? Wird die Personalentwicklung gefördert? Wie hoch ist das Schulungsbudget durchschnittlich pro Mitarbeiter? Sind die Mitarbeiter in der Lage, sich Veränderungsprozessen gut anzupassen, wie etwa an neue Produktionsmethoden und neue technische Anforderungen? Wie unterstützt das Unternehmen die Flexibilität der Mitarbeiter ohne sie zu überfordern? Hintergrund ist die Annahme, dass ein Unternehmen sich

besser an Änderungen im Geschäftsumfeld anpassen kann, wenn auch die Mitarbeiter ein hohes Maß an Flexibilität und Veränderungspotenzial mitbringen.

Die vier Perspektiven sind miteinander vernetzt. Wenn das Unternehmen ein gutes Image bei den Kunden hat und die Mitarbeiter zufrieden sind, sind wahrscheinlich auch die Prozesse gut organisiert und das Unternehmen hat gute Finanzergebnisse. Die Betrachtung aus diesen vier Blickwinkeln auf ein Unternehmen soll ein umfassendes Bild des Betriebsgeschehens ermöglichen. Interne wie externe Sichtweisen auf das Unternehmen sind in diese Betrachtung mit eingeschlossen. Wie sehen uns die eigenen Mitarbeiter, wie sehen uns die Inhaber und wie sehen uns die Kunden?

Einbeziehung qualitativer Faktoren

Der Balanced-Scorecard-Ansatz ist auch deswegen so innovativ, weil er einen Schwerpunkt in der Einbeziehung sogenannter qualitativer Faktoren sieht. Qualitative Faktoren sind Einflussgrößen auf das Unternehmen, die man nur schwer messen kann. Verkaufsmengen und Kosten lassen sich in Zahlen ausdrücken, aber qualitative Faktoren wie Mitarbeiterzufriedenheit, Kundenzufriedenheit und Servicequalität sind sehr schwer zu fassen. Man nennt die qualitativen Faktoren auch die „soft facts" (weiche Tatsachen) als Gegensatz zu den „hard facts" (harte Tatsachen) wie Kosten, Umsatzzahlen et cetera.

Um die „soft facts" messbar zu machen, orientiert man sich oft an Messlatten, die dem Schulnotensystem ähnlich sind. Man lässt zum Beispiel Mitarbeiter, Kunden oder Lieferanten Schulnoten verteilen von 1 = sehr gut bis 6 = ungenügend für Kundenservice, Qualität, Mitarbeiterzufriedenheit oder ähnliche schwer messbare Einflussgrößen.

Der Ansatzpunkt der Balanced Scorecard berücksichtigt somit die harten Finanzzahlen ebenso wie die weichen Faktoren im Sinne einer ganzheitlichen Betrachtung eines Unternehmens.

Zusammenfassend kann man die **Vorteile einer Balanced Scorecard** folgendermaßen beschreiben:

- Die Balanced Scorecard zwingt dazu, eine Unternehmensvision mit konkreten Zielgrößen messbar zu machen

- Das ganze Unternehmen geht in die Betrachtung mit ein
- Qualitative Faktoren werden berücksichtigt und messbar gemacht
- Lücken in der Erfassung wichtiger Daten, die zur Überprüfung der Umsetzung einer Strategie notwendig sind, werden aufgedeckt und geschlossen
- Die Balanced Scorecard verbessert das Berichtswesen
- Vision und Strategie des Unternehmens werden für alle transparent formuliert und können somit konkret kommuniziert werden.

Benchmarking: Wie machen es andere?

Benchmarking ist ein neuer Begriff in der Unternehmensführung, der Gedanke, der dahinter steckt, ist jedoch uralt. Es ist ähnlich wie in der Schule: Man orientiert sich an dem Klassenbesten und fragt sich: „Wie hat der Klassenbeste das geschafft?". Übertragen auf ein Unternehmen heißt das, dass man sich an dem erfolgreichsten Unternehmen seiner Branche, aber auch branchenübergreifend, orientiert. Wieso ist dieses Unternehmen so erfolgreich, was ist sein „Erfolgsrezept"? Und was davon kann man auf das eigene Unternehmen übertragen, um auch erfolgreicher zu werden?

„Bench" ist ein Begriff, der eigentlich aus dem Vermessungswesen kommt. Dort wird mit Stützen (englisch: bench) gearbeitet, die als Basispunkte dienen und mithilfe der Bezugspunkte der Messlatte (englisch: mark) kann dann vermessen werden. „Mark" bedeutet im Übrigen auch Schulnote. So kann Benchmarking frei übersetzt werden mit „sich an der Messlatte des Besten orientieren" oder „sich am Klassenbesten orientieren". Man spricht auch von der Orientierung an der „best practice" („besten Praktik") der Vergleichsunternehmen.

Benchmarking ist der kontinuierliche Vergleich von Produkten, Dienstleistungen, Prozessen und Methoden eines Unternehmensbereichs mit Bereichen im eigenen Hause oder besser, mit einem oder mehreren anderen Unternehmen derselben Branche. Idealerweise mit dem Unternehmen, das in dem untersuchten Bereich am erfolgreichsten ist. Wie macht die XY-GmbH das? Was hat sie für Zahlen? In der Folge wird festgestellt, welche Leistungslücken das eigene Unternehmen aufweist oder einfach ausgedrückt: „Warum machen wir das nicht auch so?"

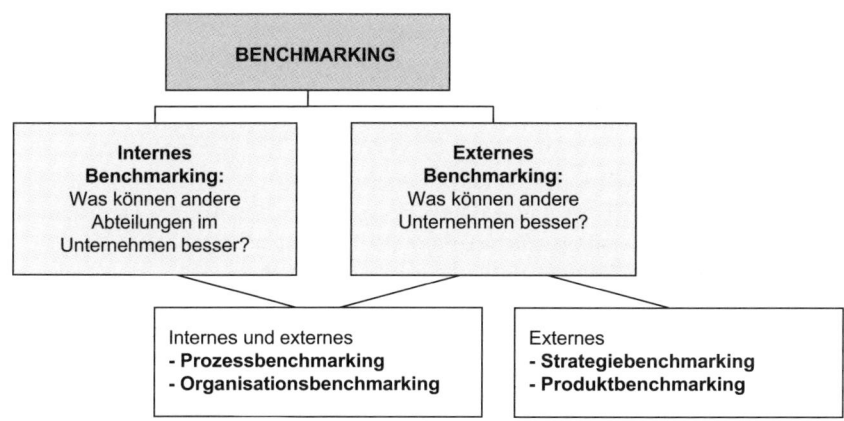

Formen von Benchmarking

Verglichen wird **intern**. Das ist zunächst am einfachsten: Wie machen es andere im eigenen Unternehmen, welche Daten gibt es dort? Und **extern**: mit den Unternehmen der Branche oder branchenübergreifend.
Man unterscheidet

*   **Produktbenchmarking:** Vergleich von Produkten, Dienstleistungen und so weiter. Fragestellung ist, was die Vergleichsprodukte „können", beziehungsweise was diese Produkte attraktiv für die Kunden macht.
    Ziel: Verbesserung der eigenen Produkte.
*   **Prozessbenchmarking:** Im Mittelpunkt steht: „Wie machen es andere?" Welche Fertigungsprozesse werden benutzt, wie erfolgt der Dienstleistungsprozess?
    Ziel: Verbesserung eigener Prozesse.
*   **Organisationsbenchmarking:** Wie ist die Aufbau- und Ablauforganisation anderer? Welches Unternehmen hat effektivere Strukturen? Was kann davon auf das eigene Unternehmen übertragen werden?
    Ziel: Verbesserung der eigenen Organisation.
*   **Strategiebenchmarking:** Was wollen andere Unternehmen erreichen? Was ist die Kernkompetenz der Vergleichsunternehmen? Wo stehen wir am Markt, wo stehen andere am Markt?
    Ziel: Finden einer passenden Strategie für das eigene Unternehmen.

Das Schwierige am Benchmarking ist nicht, diese Fragen zu stellen, sondern Antworten auf diese Fragen zu finden. Denn wie in der Schule, wo einen der Klassenbeste vielleicht nicht abschreiben lässt, so ist es auch bei den Unternehmen: Sie verraten nicht gerne ihr Erfolgsrezept!

Tipp: Informationsquellen sind die Wirtschaftspresse, Fachartikel von Branchenexperten oder Börsenanalysten und Verbandsinformationen. Empfehlenswert ist, dass sich Unternehmen zu einer *Benchmark-Partnerschaft* zusammenschließen und gegenseitig ihre Daten offenlegen, um voneinander zu lernen.

Risikomanagement: Eisberge sicher umschiffen

Unternehmenszusammenbrüche und eine steigende Anzahl von Insolvenzen haben das Risikobewusstsein von Banken und Unternehmen sensibilisiert. Gefragt sind effektive Kontroll- und Informationsmechanismen, die die Anzeichen solcher Unternehmenskrisen rechtzeitig anzeigen können und möglichst größere Krisen vermeiden helfen. Die Anforderungen an ein Risikomanagementsystem können vielfältig sein und sind zum Teil auch branchenspezifisch, einige Punkte sollten aber mindestens erfüllt sein:

- Risiken müssen systematisch und kontinuierlich erfasst werden.
- Erfasste Risiken müssen analysiert und bewertet werden.
- „Dominoeffekte" müssen erkannt werden: Wenn Risiko 1 eintritt, hat dies auch Risiko 2 als Konsequenz.
- Ein unternehmensinterner Kommunikationsweg für die Prüfung und Aufdeckung von Risiken muss definiert sein.
- Auf Risiken muss frühzeitig mit geeigneten Maßnahmen reagiert werden.
- Sind Maßnahmen festgelegt, muss deren Einhaltung sowie der Erfolg der Maßnahme zur Abwendung des Risikos überprüft werden.

Wie funktioniert ein Risikomanagementsystem? Meist gibt es Mitarbeiter im Unternehmen, die ein „Gespür" für mögliche Unternehmensrisiken haben. Der Sinn eines Risikomanagementsystems ist aber die gezielte Einführung eines standardisierten Vorgehens zur Aufdeckung und Behebung von Unternehmensrisiken. Folgende Vorgehensweise kann für das Risikomanagement angewendet werden.

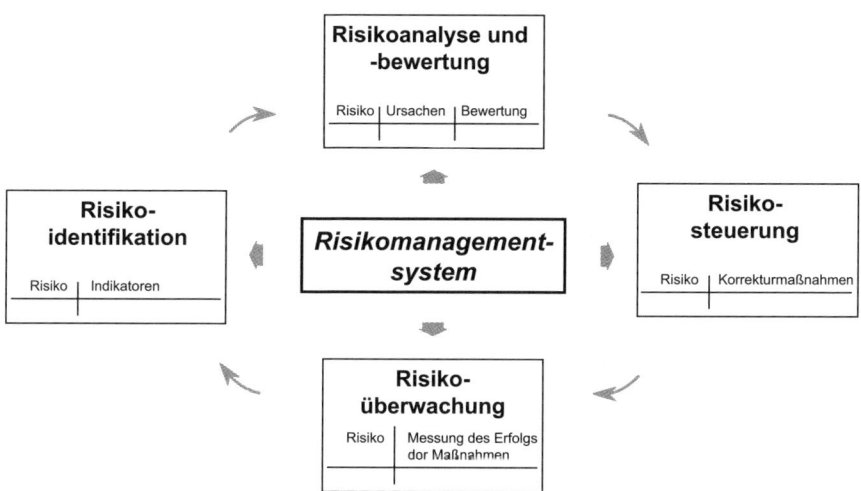

Risikomanagementsystem

Und so gehen Sie vor: Um auf Risiken für das Unternehmen reagieren zu können, müssen die Risiken als Erstes **identifiziert**, also erkannt werden. Welche Risiken können auftreten und anhand welcher Indikatoren sind sie zu erkennen? Ist ein Risiko erkannt, so wird es **analysiert und bewertet.** Wo liegen die Ursachen, wie hoch ist die Eintrittswahrscheinlichkeit des Risikos und wie hoch könnte der Schaden sein? In einem weiteren Schritt werden Korrekturmaßnahmen zur Abwendung des Risikos definiert, das heißt man versucht das Risiko zu **steuern.** Und schließlich muss der Erfolg der Korrekturmaßnahmen **überwacht** werden. Vielleicht wurden die falschen Maßnahmen ergriffen oder die Maßnahmen waren noch nicht durchgreifend genug, um das Risiko zu minimieren oder abzuwenden. Oder man hat das Risiko nicht richtig eingeschätzt, nicht richtig identifiziert, dann beginnt der **Kreislauf des Risikomanagements** von neuem.

Wertorientierte Unternehmensführung

Ziel der wertorientierten Unternehmensführung ist es, den Unternehmenswert als Ganzes oder den Wert einer strategischen Geschäftseinheit (etwa einer Produktgruppe) nachhaltig zu steigern. Es geht nicht um den kurzfristigen Gewinn oder Cashflow, sondern um die langfristige Wertentwicklung, die sich zum Beispiel im Aktienkurs oder dem Marktpreis des Unternehmens niederschlagen kann. Alle Aktivitäten im Unternehmen werden auf eine Wertsteigerung hin ausgerichtet, wobei den sogenannten **Werttreibern** besondere Beachtung geschenkt wird. Dies sind alle materiellen oder immateriellen Faktoren, die ein Unternehmen zum Erfolg führen:

- Attraktive Produkte, Märkte
- Zukunftsorientierte Investitionen
- Gut qualifizierte und motivierte Mitarbeiter
- Niedrige Kapitalkosten
- Profitable Unternehmenseinheiten
- Effektive interne Abläufe und so weiter

Es wird versucht, diese werttreibenden Faktoren in einem ganzheitlichen Modell zu berücksichtigen; es soll ein Unternehmenswert ermittelt werden, der sich in Zahlen ausdrücken lässt. Dabei haben sich zwei Modelle in zum Teil komplizierter Ausgestaltung durchgesetzt: **Shareholder-Value** und **Econonomic Value Added (EVA)**.

Shareholder-Value
Hier wird ein Cashflow für die nächsten Jahre ermittelt. Basis sind Planungen und Strategien. Nun beginnt ein komplizierter finanzmathematischer Prozess. Die zukünftigen Cashflows werden abgezinst, der Marktwert des Fremdkapitals wird festgestellt und so weiter. Die Formel zur Berechnung des Shareholder-Value lautet:

$$SV = \sum_{t=1}^{n} \frac{FCF_t}{(1 + WACC)^t} + \frac{Residualwert}{(1 + WACC)^n} + Liquide\ Mittel - Finanzschulden$$

- SV = Shareholder-Value
- FCF_t stellt den für die einzelnen Perioden prognostizierten Free Cashflow (vor Zinsen) dar
- Im Residualwert oder Fortführungswert wird der über den expliziten Prognosezeitraum hinaus erzielbare Free Cashflow erfasst
- WACC ist der sog. Weighted Average Cost of Capital (gewichtete durchschnittliche Kapitalkosten). Dieser wird als Diskontierungsfaktor verwendet. Er bringt die Mindesterwartung der Eigen- und Fremdkapitalgeber zum Ausdruck:

Berechnung des Shareholder-Value vereinfacht dargestellt:
Summe der (abgezinsten) zukünftigen Cashflows der Planungsperioden
+ (abgezinster) Fortführungswert
+ börsenfähige liquide Mittel
−Finanzschulden
= **Shareholder-Value**

Bei der Wertorientierungsdiskussion geht es aber letztlich nicht um einen Rechenprozess. Den verstehen häufig nicht einmal betriebswirtschaftliche Profis. Wertorientierung im Sinne des Shareholder-Value ist weniger eine Rechenformel als vielmehr ein **Denkansatz**. Die entscheidende Frage im Rahmen des Shareholder-Value-Ansatzes lautet: Ist das Unternehmen so zukunftsorientiert, dass man sein Geld dort anlegen möchte beziehungsweise dass man es für lukrativer hält, seine Anteile am Unternehmen zu behalten als diese zu verkaufen?

EVA (Economic Value Added)

Beim EVA wird der Unternehmenswert nach folgender Basisrechnung ermittelt:

Gewinn nach Steuern
– Kapitalkosten
= EVA

Der EVA wird auch als „Übergewinn" bezeichnet, weil er jenen Gewinn darstellt, der über die Kapitalkosten hinaus erwirtschaftet wird. In der Praxis gibt es noch eine Reihe von Korrekturen zu einzelnen Positionen, die teilweise die Rechnung recht kompliziert machen können (etwa Berücksichtigung von Good Will, Anzahlungen, Rückstellungen usw.).

Beurteilung für die BWL-Praxis: Die Diskussion über die wertorientierte Unternehmensführung ist noch längst nicht abgeschlossen. Insbesondere der Shareholder-Value steht in der Kritik: Die Berechnung des Shareholder-Value ist so kompliziert, dass kaum jemand sie versteht. So ist jede qualifizierte Diskussion im größeren Unternehmensrahmen schwierig. Zudem ist es fraglich ob ein Free Cashflow über Jahre hinweg planbar oder vorhersagbar ist. Genau dies erfordert aber die Berechnung des Shareholder-Value. Der errechnete Wert des Shareholder-Value ist daher mit Vorsicht zu bewerten, aber er stellt wenigstens den Versuch dar, den Unternehmenswert zu berechnen.

So ist der zukünftige nachhaltige Stellenwert der Wertorientierung noch offen. Einige Kritiker sagen sogar, dass sich die Konzepte nicht so wie erwartet bewährt haben.

1.4 Organisation

Wenn ein neuer Mitarbeiter ins Unternehmen kommt, weiß er oft noch nicht, an wen er sich mit seinen Anliegen wenden kann, wer für welche Aufgaben zuständig ist. Er ist mit den internen Strukturen noch nicht vertraut. Um ihm den Einstieg zu erleichtern, verteilen viele Firmen an ihre neuen Mitarbeiter ein sogenanntes **Organigramm**. Das Organigramm zeigt meist die Aufbauorganisation eines Unternehmens nach funktionalen Gesichtspunkten, das heißt nach den einzelnen Funktionen, die im Unternehmen wahrgenommen werden. Da gibt es ganz oben das Management, darunter die einzelnen Abteilungen (Produktion, Vertrieb, etc.) und eventuell Stabsstellen. Stabsstellen sind Organisationseinheiten, die unmittelbar der Unternehmensführung unterstellt sind. Meist sind es Spezialisten eines Fachgebietes, etwa im Bereich Recht, Organisation oder Controlling, die beratende Funktionen sowohl für das Management als auch für die einzelnen Abteilungen ausüben. Stabsstellen haben keine Anordnungsbefugnis gegenüber den Abteilungen.

Ein Organigramm kann neben der Nennung der Organisationseinheit auch die jeweiligen Führungskräfte namentlich nennen. In manchen Fällen ist auch die Telefonnummer mit abgebildet, sodass ein Außenstehender oder ein neuer Mitarbeiter sich gezielt an die zuständige Stelle wenden kann.

Mit dem Organigramm ist die interne Struktur abgebildet. Die hierarchischen Vorgesetzte-Mitarbeiter-Beziehungen können anhand dieses Organigramms abgelesen werden. Noch tiefer in die Details der Aufbauorganisation gehen die **Stellenbeschreibungen**. In der Stellenbeschreibung werden die Tätigkeiten, Anforderungen und Entscheidungskompetenzen einer Stelle festgelegt. Zudem wird die Eingliederung in die Unternehmenshierarchie festgehalten: Wer ist Vorgesetzter, wer ist Vertretung, welche Stellen sind dieser Stelle organisatorisch als Mitarbeiter zugeordnet?

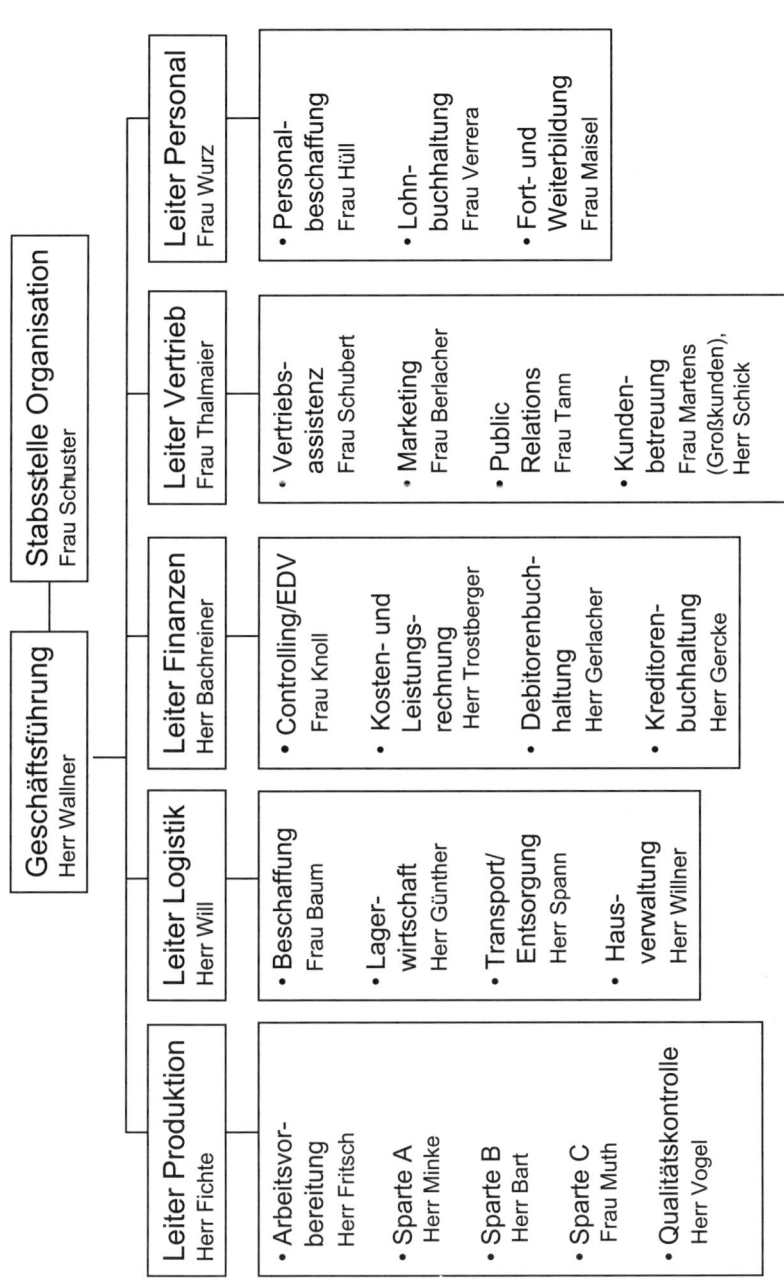

Organigramm eines Unternehmens

Profitcenter-Organisation: Mehr Transparenz im Unternehmen

Bei der Profitcenter-Organisation geht es – kurz gesagt – darum, aus einem großen Unternehmen mehrere kleinere Unternehmen zu machen. Der Begriff „Profitcenter" bedeutet die Unterteilung eines Gesamtunternehmens in eigenständige, ergebnisverantwortliche Teilbereiche.

Kennzeichen eines Profitcenters:

- Ergebnisverantwortung des Profitcenter-Leiters
- Der Profitcenter-Leiter agiert wie ein „Unternehmer"
- Schnelle und kurze Entscheidungswege
- Controlling-Begleitung des Profitcenter-Managements
- Interne Verrechnung der Profitcenter-Leistungen

Im Einzelnen: Ergebnisverantwortung des Profitcenter-Leiters heißt, dass der Profitcenter-Leiter für sein Profitcenter-Ergebnis verantwortlich ist und dafür geradesteht. Sollten etwa die Kosten aus dem Ruder laufen, muss der Profitcenter-Leiter korrigierende Maßnahmen ergreifen. Der Profitcenter-Leiter agiert wie ein Unternehmer: Er trifft alle Entscheidungen, die seinen Bereich betreffen, selbst. Dies können Investitionsausgaben sein, Neueinstellungen, Sachausgaben et cetera. Da ein Profitcenter wie ein eigenständiges Unternehmen agieren kann und darf, sind die Entscheidungswege schneller und kürzer als bei traditionellen Organisationsformen. Der Leiter muss mit seinem Budget aber auch wirtschaften. Hierbei unterstützt ihn ein Controller. „To control" bedeutet „regeln" oder „steuern". Der Controller kontrolliert demnach nicht, sondern sorgt dafür, dass jeder sich selbst kontrollieren kann im Hinblick auf die Einhaltung der gesetzten Ziele: Er liefert dem Profitcenter-Leiter die dafür erforderlichen Informationen.

Der große **Vorteil von Profitcentern:** Es können Gewinn- und Verlustbringer in den unterschiedlichen Unternehmensbereichen identifiziert werden. Man erreicht mehr Transparenz im Unternehmen!

Ein weiteres, wesentliches Merkmal des Profitcenters ist, dass es seine Leistungen an andere Abteilungen intern verrechnet. Im Gegenzug „kauft" ein Profitcenter Leistungen von anderen Bereichen, zum Beispiel zentrale

Gesamtunternehmen ohne Profitcenter	Gesamtunternehmen mit Profitcenter

Übersicht alle Produkte		
Umsatz	500	
- Kosten	460	
= Ergebnis	40	

Profitcenter I Produkt A		Profitcenter II Produkt B	
Umsatz	150	Umsatz	200
- Kosten	130	- Kosten	175
= Ergebnis	20	= Ergebnis	25
Profitcenter III Produkt C		**Profitcenter IV** Sonstige Produkte	
Umsatz	100	Umsatz	50
- Kosten	110	- Kosten	45
= Ergebnis	-10	= Ergebnis	5

Gesamtergebnis: 40

Ergebnisse:

Profitcenter I	20
Profitcenter II	25
Profitcenter III	-10
Profitcenter IV	5
Gesamtergebnis:	**40**

Zwar ist das Gesamtergebnis positiv, aber das Profitcenter III ist nicht profitabel!

Transparenz durch Profitcenter-Organisation

Dienstleistungen. Dieses Prinzip nennt man „**Innerbetriebliche Leistungs-verrechnung**". Es ist die konsequente Weiterführung des Profitcenter-Verständnisses als „Unternehmen im Unternehmen".

Positive Effekte aus der Einführung einer Profitcenter-Organisation sind:

- Mehr Transparenz der Kosten- und Leistungsströme
- Erhöhung des Kostenbewusstseins
- Motivation durch mehr Freiraum in den Entscheidungen
- Serviceverständnis und Servicebereitschaft (andere Abteilungen sind meine Kunden)

Tipp: In der Praxis hat sich gezeigt, dass man (begeistert von der möglichen Transparenz im Unternehmen) oft versucht ist, zu viele Profitcenter zu bilden. Die Kunst liegt in der Beschränkung und der Schaffung einer übersichtlichen, aber

sinnvollen Profitcenter-Struktur. Ein kleines Unternehmen müsste mit vielleicht zwei oder drei Profitcentern auskommen. Größere Unternehmen teilen sich in drei bis vier Unternehmensbereiche auf, die ihrerseits drei bis vier Profitcenter haben könnten.
Transparenz ist gut, aber sie muss noch überschaubar sein!

Wie Sie Ihre internen Prozesse optimieren

Bisher haben wir in diesem Kapitel vorwiegend die **Aufbauorganisation** betrachtet, also die organisatorische Struktur eines Unternehmens. Demgegenüber betrachtet die **Ablauforganisation** die betrieblichen Abläufe und Prozesse. So ist in einem Unternehmen beispielsweise festgelegt, welchen Weg eine Kundenbestellung im Unternehmen geht. Die Kundenbestellung geht beim Vertrieb ein und wird an das Lager weitergegeben. Ist das gewünschte Produkt nicht im Lager, wird ein Fertigungsauftrag erstellt. Das Produkt wird qualitätsgesichert und anschließend verpackt und versendet. Gleichzeitig wird in der Buchhaltung die Rechnung erstellt.
Betriebliche Prozesse können in einem *Flussdiagramm* oder *Netzplan* veranschaulicht werden. Die folgende Abbildung zeigt den Weg einer Kundenbestellung durch das Unternehmen bis hin zum Versand.

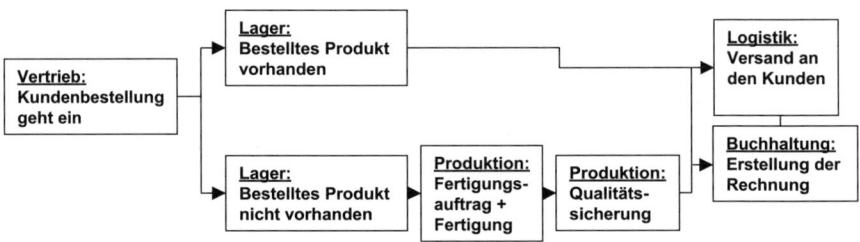

Der Weg von der Kundenbestellung bis zum Versand

Durch die Beschreibung oder bildliche Darstellung betriebsinterner Prozesse kann man Ansatzpunkte für Prozessoptimierungen erkennen.

Praxisbeispiel: Erstellung einer Rechnung in einem Hotel

Als erster Teilschritt erfolgt die Prüfung der Rechnungsunterlagen durch den Sachbearbeiter in der Buchhaltung (Aufenthaltsdaten, Zimmerpreis, Rechnungsadresse etc.), circa 10 Minuten. Dann wird die Rechnung per Abrechnungsprogramm erstellt und ausgedruckt, circa 3 Minuten. Die Rechnung wird nochmals vom Sachbearbeiter geprüft und schließlich in den Postausgang gelegt, circa 3 Minuten.

Gestaltungsmöglichkeiten der Prozessoptimierung sind in diesem Fall:

- **Straffung,** etwa durch Reduktion der Bearbeitungszeiten durch EDV-Einsatz, zum Beispiel schnellere Rechnungserstellung
- **Minimierung der Bearbeitungszeit,** beispielsweise bessere Koordination zwischen Buchhaltung und Rezeption
- **Vereinfachung des Verfahrens,** zum Beispiel Prüfung der Kundenadresse für die spätere Rechnung bereits beim Eintreffen eines Gastes im Hotel bei der Vorlage des Personalausweises, nicht erst bei der Rechnungserstellung
- **Zusammenfassung von Teilprozessen,** etwa Zusammenfassung von Prüfung und Versand einer Rechnung
- **Weglassen,** etwa durch Verzicht auf unnötige Verwaltungstätigkeiten, beispielsweise manuelle Listenführung neben der EDV-Erfassung.

1.5 Projektmanagement

Projektmanagement ist keine brandneue Methode. Wie wären wohl sonst die Pyramiden der Inkas oder Ägypter entstanden? Allerdings wissen wir leider so gut wie nichts über deren Projektmanagementmethoden. Ein Großteil der Projektmanagementmethoden, die in unserer Zeit entwickelt wurden, entstand in der zweiten Hälfte des 20. Jahrhunderts. Rüstung und Raumfahrt standen Pate. Projektarbeit diente zur Entwicklung von Großvorhaben. Das Vorhaben „Wer bringt den ersten Menschen wann und wie auf den Mond?" war ausgefeiltes Projektmanagement.

Durch viele neue Aufgabenstellungen in den technischen und kaufmännischen Bereichen der Unternehmen wurde und wird zunehmend das Werkzeug Projektarbeit angewandt, von der Entwicklung neuer Produkte bis hin zur Einführung neuer Managementmethoden (z. B. Balanced Scorecard). Auch Softwareeinführung ist klassische Projektarbeit.

Was ist eigentlich ein Projekt?

Der Bau einer Pyramide war ein Projekt, jeder Hausbau ist ein Projekt, aber auch die Planung einer Urlaubsreise ist ein Projekt. Welche Gemeinsamkeiten haben diese Aktivitäten, die sie als Projekt kennzeichnen?

Ein Projekt ist in erster Linie dadurch charakterisiert, dass es sich um eine *einmalige Aufgabenstellung* handelt. Ein bestimmtes Gebäude kann man nur einmal bauen. Baut man an einem anderen Standort ein ähnliches Gebäude, so ist dies ein anderes Projekt. Jeder Standort hat seine eigenen Besonderheiten, die man beim Bau berücksichtigen muss: Bodenuntergrund, Größe und Form des Grundstücks, Verkehrsanbindung um die Materialien herbeizuschaffen und so weiter. Auch treten während des Baus eventuell ganz andere Schwierigkeiten auf – Schwierigkeiten mit dem Wetter oder örtlichen Baubestimmungen. Die Erfahrungen eines Projektes lassen sich auf andere Projekte übertragen, aber jedes Projekt ist letztendlich einmalig. Immer wieder stellen sich neu die Fragen: „Was ist die Aufgabe, welche Besonderheiten sind zu beachten, was könnte speziell in diesem Fall schief gehen?" Das unterscheidet die Projektarbeit von Routineaufgaben. Daueraufgaben, Routinearbeiten oder wiederkehrende Aufgaben sind keine Projekte. Projekte sind jenseits vom Tagesgeschäft zu sehen.

Andere charakteristische Merkmale von Projekten ergeben sich letztendlich aus dieser Einmaligkeit der Aufgabenstellung. So ist die Projektdauer zeitlich begrenzt. Ein Projekt hat einen klaren Anfang. Meist wird zu Beginn eine Projektstartveranstaltung durchgeführt, die man auch Projekt-Kick-off-Meeting nennt. Und das Projekt hat (hoffentlich) einen klaren Schluss, bei dem das erstellte Projektergebnis von dem Auftraggeber des Projektes abgenommen, das heißt akzeptiert wird. Zudem wird eigens zur Bewältigung des Projektauftrages eine spezielle Projektorganisation ins Leben gerufen. Ein Projektleiter wird bestimmt und verschiedene Mitarbeiter werden für das Projekt benannt. Das Projekt hat einen klaren Auftrag, klare Verantwortlichkeiten und ein definiertes Projektziel. Zur Zielerreichung stehen dem Projekt nicht unbegrenzt Ressourcen zur Verfügung, sondern ein bestimmtes Budget wird für die Projektdurchführung bereitgestellt.

Die **wesentlichen Merkmale eines Projektes** sind also zusammengefasst:

- Einmaligkeit der Aufgabenstellung, keine Routineaufgabe
- Zeitliche Befristung (definierter Anfang/definiertes Ende)

- Spezielle Projektorganisation (Projektleiter, Projektteam)
- Eindeutige Aufgabenstellung, Verantwortung und Zielsetzung für ein Projektergebnis
- Begrenzter Ressourceneinsatz

Projektablauf

Das einfachste Projektablaufmodell besteht aus den drei Projektphasen: Projektstart – Projektdurchführung – Projektabschluss.
Andere Vorgehensmodelle sind zumeist Variationen dieses einfachen Grundmodells. Schwerpunkte der einzelnen Phasen eines Projektes sind (am Beispiel einer Softwareeinführung):

1. Projektstart
- *Analyse der Ausgangssituation:* Brauchen wir eine neue Software? Welche Anforderungen muss die neue Software erfüllen (Erstellung eines Pflichtenheftes)? Welche Softwareanbieter kommen infrage?
- *Zieldefinition:* Auswahl einer geeigneten Software
- *Projektgrobplanung:* Termine, Kosten, Projektteam

2. Projektdurchführung
- *Projektfeinplanung:* Auftragsvergabe, detaillierter Terminplan
- *Aufgabendurchführung:* Anpassen der Standardsoftware an die Anforderungen des Unternehmens (Customizing), Altdatenübernahme, Integrationstests, Schnittstellendefinition
- *Laufende Überwachung der Zielerreichung:* durch Projektleiter und eventuell einen Projektlenkungsausschuss (aus Vertretern des Unternehmens und des Auftragnehmers)

3. Projektabschluss
- *Projektabschluss:* Produktivsetzung und Betrieb
- *Projektübergabe:* Abnahme der Software
- *Projektnachlese:* Was lief gut, was lief schlecht, gab es Pannen?

Projektmanagement heißt die Planung, Steuerung und Überwachung von Projekten über die gesamte Laufzeit des Projektes.

Projektstart: Projektdefinition und -planung	Projektdurchführung: Umsetzung/Realisierung der Planung	Projekt- abschluss

Projektmanagement: Planung, Steuerung und Überwachung

Projektmanagement erfolgt in allen Phasen des Projektes

Projektorganisation

Projektarbeit ist **Teamarbeit**. Was ist die ideale Teamgröße? Ein arbeits-fähiges Team sollte aus nicht mehr als sechs bis sieben Teammitarbeitern bestehen. Bei dieser Teamgröße ist die gegenseitige Information und Zusammenarbeit noch gewährleistet. Erfordert das Projekt eine größere Anzahl an Projektmitarbeitern, sollte die Projektorganisation in Teilprojekte aufgegliedert werden. Dann gibt es ein Fachteam zum Thema X und ein anderes Fachteam zum Thema Y. Die Teilprojektleiter dieser Teams sprechen sich sooft wie möglich und nötig ab und bilden sozusagen den „inneren Kreis", das Kernteam. Ein Projektleiter, der über den Teilprojektleitern steht, manchmal auch „Programmmanager" genannt, koordiniert die Gesamtprojektleitung.

Die **Projektleitung** ist das Bindeglied zwischen dem Projektteam, dem Auftraggeber des Projektes, den Führungskräften der Projektmitarbeiter, den vom Projekt Betroffenen und eventuell den externen Beratern. Alle Bedürfnisse und Wünsche, die das Projekt betreffen, werden an die Projektleitung herangetragen. Da heißt es die Balance zu halten zwischen den unterschiedlichen Interessen und Konflikte rechtzeitig zu erkennen.

Bei größeren Projekten leistet die Projektleitung meist selbst keinen fachlichen Beitrag mehr zum Projekt, sondern ist völlig mit Steuerungsaufgaben, Projektkommunikation und Koordination beschäftigt. So stellt sich die Frage, ob ein Projektleiter überhaupt noch fachlich kompetent sein muss in der Themenstellung des Projektes. Hierzu zeigt die Erfahrung, dass der Projektleiter nicht der Spezialist im Thema sein muss, er muss aber sehr wohl Ahnung von der Materie des Projektes haben. Schon allein bei der Auf-

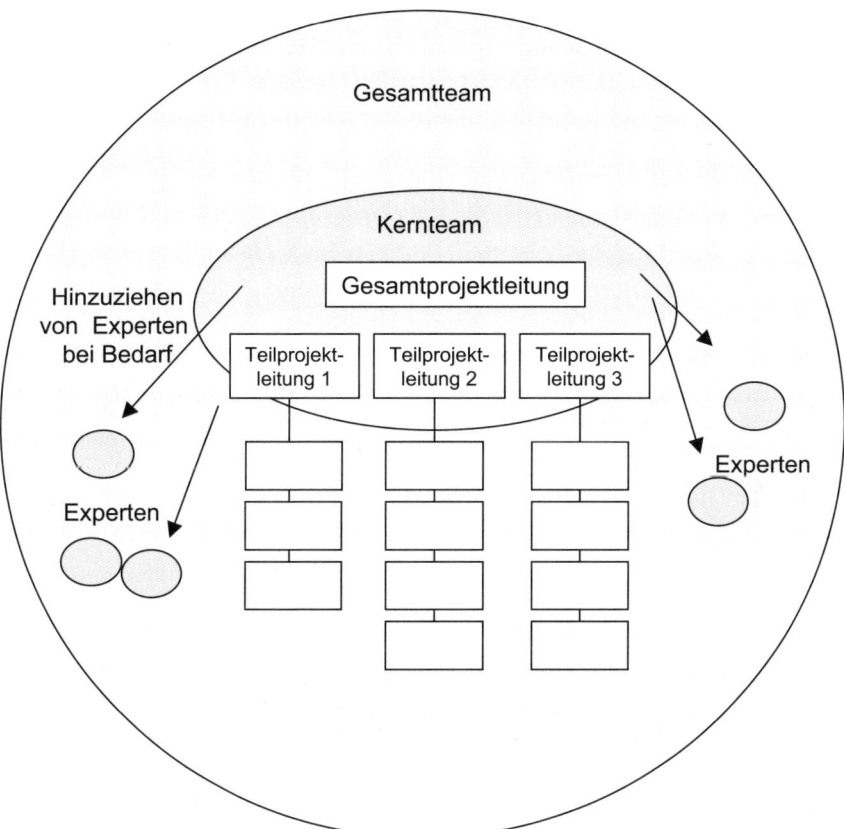

Beispiel einer Projektorganisation

wandsschätzung für ein Projekt muss der Projektleiter ein Gefühl für die geforderten Größenordnungen haben und sich nicht voll auf die Zuarbeit von Experten verlassen müssen.

Wie viel Einfluss hat die Projektleitung?

Hat die Projektleitung Weisungsbefugnis gegenüber den Projektmitarbeitern? Hierzu gibt es in der Praxis unterschiedliche Modelle, je nach der Stärke der Weisungsbefugnis des Projektleiters:

1. Reine Projektorganisation: Starke Weisungsbefugnis des Projektleiters
Die reine Projektorganisation kann man am besten beschreiben als „Unternehmen auf Zeit". Die Projektmitarbeiter werden für die Laufzeit des Projektes zu 100 Prozent für das Projekt freigestellt. Sie werden komplett von ihren bisherigen Aufgaben entlastet. Der Projektleiter ist für die Projektlaufzeit die Führungskraft für die Projektmitarbeiter. Der Projektleiter hat damit die volle Weisungsbefugnis über die Projektmitarbeiter, ihm obliegt die Personalentwicklung der Mitarbeiter, er genehmigt Schulungsmaßnahmen, Urlaub und Gehaltserhöhungen. Diese Projektorganisationsform wird vor allem bei mehrjährigen Großprojekten gewählt.
Vorteile: Volle Kompetenz, klare und eindeutige Projektverantwortung der Projektleitung, kürzeste Kommunikationswege, optimale Ausrichtung auf das Projektziel, schnelle Reaktionsmöglichkeiten bei Störungen, Identifikation der Mitarbeiter mit dem Projekt.
Nachteile: Starre Organisationsform, hohe Gemeinkosten, unklare Perspektiven der Mitarbeiter nach Projektende, Versetzungsproblematik vor/nach dem Projekt, hoher Aufwand der Etablierung der Projektgruppe.

2. Matrix-Projektorganisation: Geringe Weisungsbefugnis des Projektleiters
Dies ist die häufigste Projektorganisationsform in der Praxis. Die Projektmitarbeiter behalten ihre bisherige disziplinarische Führungskraft und der Projektleiter erhält lediglich das Recht der fachlichen Weisung während der Projektlaufzeit. Der Projektmitarbeiter bespricht damit Gehalt, Urlaub, Schulungen, et cetera nach wie vor mit seiner Führungskraft. Der Projektleiter ordnet die fachlichen Aufgaben an. Er hat die Projektverantwortung, aber keine volle Weisungsbefugnis.
Vorteil dieser Projektorganisationsform ist, dass die Zusammenfassung interdisziplinärer Mitarbeitergruppen möglich ist, ohne die Projektmitarbeiter völlig aus ihren Strukturen zu lösen.
Nachteilig ist, dass es zu Konflikten zwischen der disziplinarischen Führungskraft und dem Projektleiter kommen kann, wenn sie unterschiedliche Aufgabenprioritäten für den Mitarbeiter sehen, der Mitarbeiter zum Beispiel dringend in seiner Abteilung gebraucht wird, aber gerade unabkömmlich für das Projekt ist.

3. Projektkoordination, auch Stabs-Projektorganisation oder Einfluss-Projektorganisation genannt: Keine Weisungsbefugnis des Projektleiters
In dieser Projektorganisationsform hat der Projektleiter die geringste Einflussmöglichkeit auf den Einsatz der Projektmitarbeiter. Er ist voll auf das Wohlwollen der Fachvorgesetzten angewiesen, dass sie ihre Mitarbeiter für das Projekt freigeben. Der Projektleiter hat keine Weisungsbefugnis und damit keine Durchsetzungsmöglichkeit seiner Personalanforderungen für das Projekt. Er ist in einer sehr schwachen Position, außer er hat glänzende Kontakte zur obersten Managementebene des Unternehmens.
Vorteil dieser Projektorganisationsform ist, dass sie die geringste Änderung der bestehenden Unternehmensorganisation darstellt.
Nachteile: Schwache Position des Projektleiters, geringe Identifikation der Projektmitarbeiter mit dem Projekt, hoher Koordinationsaufwand.

In folgender Abbildung sehen Sie nochmals die unterschiedlichen Ausprägungen der Weisungsbefugnis des Projektleiters gegenüber seinen Projektmitarbeitern.

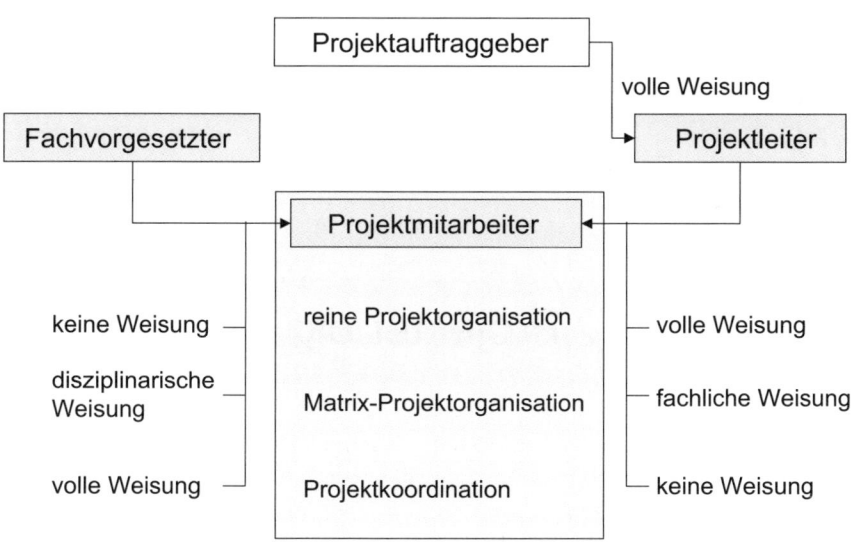

Weisungsbefugnisse bei den unterschiedlichen Modellen der Projektorganisation

Projektcontrolling: Wann ist ein Projekt erfolgreich?

Projekte sind manchmal ein Spiel mit Illusionen. Hier zeigen sich oft zwei unterschiedliche Mentalitäten von Projektmitarbeitern:

- Da ist zum einen der **Optimist**: Egal wie unsicher das Projekt auch ist, er strahlt immer Optimismus aus. Das Projekt läuft gut, alles im Plan! Gibt es Probleme, wird der Optimist dies erst zugeben, wenn „der Karren schon ganz tief im Dreck steckt".
- Anders der **Pessimist**: Er findet immer einen Haken an der Sache, unvorhergesehene Probleme, die das Projekt wenn nicht ganz unmöglich machen, so doch in Zeit und Budget weit zurückwerfen.

Aber woran erkennt man eigentlich, ob ein Projekt erfolgreich ist? Antwort: Wenn das Projektergebnis mit den gegebenen Ressourcen in der geforderten Qualität zum vereinbarten Termin fertig gestellt ist.

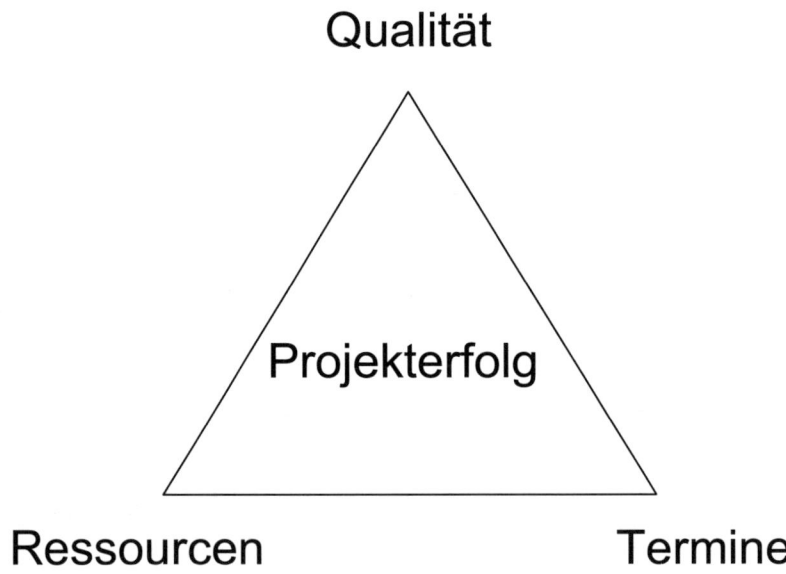

Schlüsselfaktoren des Projekterfolgs

Die drei Schlüsselfaktoren Ressourcen, Termine und Qualität beeinflussen wechselseitig den Projekterfolg beziehungsweise das Projektergebnis. Gibt es Probleme an einer Ecke des Dreiecks, geht das zu Lasten der anderen Faktoren. Wird ein Termin nicht eingehalten, so müssen auch überplanmäßig mehr Ressourcen (mehr Projektbudget, mehr Mitarbeiterkapazität) in das Projekt eingebunden werden, oder die Qualität leidet unter dem Zeitdruck. Ist das Projektbudget zu knapp kalkuliert, kann die Qualität des Projektergebnisses darunter leiden.

Die am häufigsten verwendeten Instrumente des Projektcontrolling beziehen sich daher auf diese drei Schlüsselfaktoren des Projekterfolgs: Terminüberwachung, Controlling der Projektkosten, Überwachung des Projektfortschritts und der Qualität der Projektleitung.

Praxisbeispiel: Projektrechnung für ein Werbeprojekt

In einem Markenartikelunternehmen wurde ein größeres Werbeprojekt für ein Produkt (Trekkingschuhe) aufgelegt. Überzeugend erläuterte der Marketingchef in der Vorstandssitzung die Hebelwirkung derartiger Projekte. Hebelwirkung heißt: Jeder Euro Werbung bedeutet mehr Umsatz. Der eingesetzte Werbeaufwand würde sich somit auf alle Fälle rechnen.

In der Tat stieg der Umsatz nach dem Werbeprojekt. Zwar nicht um den Faktor 1,5 wie prognostiziert, aber der Werbeaufwand von 300.000 Euro wurde umsatzmäßig deutlich wieder erwirtschaftet. Dummerweise hatte der Marketingchef Umsatz mit Ergebnis verwechselt. Zwar stieg der Umsatz, aber natürlich stiegen auch die Herstellungskosten für die zusätzlich verkauften Produkte. Damit war der positive Effekt des Werbeprojektes wieder „weggefressen". Etwas verkürzt sah die Rechnung wie folgt aus:

	Vor der Werbekampagne	Nach der Werbekampagne	Das war das Ziel
Umsatz	1.500.000	2.000.000	2.250.000
Werbekosten	65.000	300.000	300.000
Herstellkosten	1.100.000	1.465.000	1.650.000
Ergebnis	**335.000**	**235.000**	**300.000**

Projektrechnung Werbekampagne

Selbst eine Umsatzsteigerung durch diese Werbekampagne um 50 Prozent hätte sich im ersten Ansatz nicht gerechnet. Das Ergebnis wäre unter dem Strich schlechter als vor dem Werbeprojekt gewesen. Gerechterweise muss man sagen, dass sich Werbung im ersten Ansatz nicht immer rechnet und die Werbeaktion möglicherweise langfristige Wirkung (etwa Imageverbesserung) hatte. Aber das hätte dann auch als Projektziel so formuliert werden müssen. So war die Werbeaktion zunächst ein Flop.

Mit dem Werbeaufwand ist es immer so eine Sache. Henry Ford sagte einmal sinngemäß: „Ich weiß zwar, dass ich die Hälfte meines Werbebudgets sinnlos zum Fenster hinauswerfe, ich weiß nur nicht, welche Hälfte."

Projektstatusbericht

Ein wesentliches Werkzeug des Projektcontrollings ist der Projektstatusbericht. Er dient als regelmäßiges Berichtswesen über den Fortschritt eines Projektes. Dieser Bericht wird in regelmäßigen Abständen erstellt, meist monatlich, und gibt Auskunft über alle aktuellen und wichtigen Projektereignisse. Den Projektauftraggeber interessieren meist die Eckpunkte des Projektes: Wird das Projektziel hinsichtlich Fertigstellungstermin, Kosten, Ressourceneinsatz und Qualität erreicht?

Und ganz wichtig: Gibt es einen Handlungsbedarf? Müssen Entscheidungen auf einer höheren Ebene getroffen werden? Kann sich der Auftraggeber ruhig zurücklehnen: „Das Projekt läuft. Alles im Plan." Oder muss er aktiv werden: „Der Fertigstellungstermin ist gefährdet. Es muss eine Entscheidung getroffen werden, ob das Projekt mit zusätzlichen Mitarbeitern ausgestattet wird oder der Leistungsumfang gekürzt werden muss."

Der Projektstatusbericht ist somit auch Grundlage für regelmäßige Statusbesprechungen mit dem Projektauftraggeber.

Eine Art der Darstellung, die sich in der Kostenrechnung und in Controllingberichten bewährt hat, lässt sich auch gut auf Projektstatusberichte anwenden: die **Ampeltechnik**. Wie im Straßenverkehr wird die Situation eines Projektes gekennzeichnet durch verschiedene Ampelzeichen:

- *Grün* – Projekt läuft, keine Probleme
- *Gelb* – Projekt läuft, aber es deuten sich Probleme an, erhöhte Aufmerksamkeit ist nötig
- *Rot* – Das Projekt hat Probleme, die reguläre Projektdurchführung ist gefährdet

Inhaltliche Gliederung des Projektstatusberichts:

- *Kurzübersicht*: Projektstatus nach der Ampeltechnik: rot, grün oder gelb? Das Ampelsignal ganz zu Beginn des Berichts erleichtert es dem eiligen Leser, sich ein schnelles Bild über das Projekt zu machen: Status grün signalisiert: alles in Ordnung, bei Zeitnot muss der Leser nicht weiter lesen, im Großen und Ganzen ist alles o. k. Status gelb oder rot verursacht selbst beim eiligen Leser eine erhöhte Aufmerksamkeit, denn ihm wird signalisiert: Irgendetwas läuft nicht nach Plan.

Projektstatusbericht	Stand Datum
Projekt:	
Projektphase:	
Kurzübersicht	Kurze Beschreibung der aktuellen Projektsituation und Charakerisierung der Projektes als „rot" – kritisch, „gelb" = angespannt oder „grün" = ohne Probleme
Stand der laufenden Arbeiten	
Projektergebnisse:	
- fertig gestellt	
- in Arbeit	
Offene Punkte:	
Kosten:	
Termine:	
Projektteam:	
Entscheidungs- / Handlungsbedarf	
Problemmeldung / Projektsituation:	
Empfohlenes weiteres Vorgehen:	
Weitere Bemerkungen:	
Unterschrift Projektleiter	

Beispiel eines Projektstatusberichts

- *Stand der laufenden Arbeiten:* Welche Meilensteine wurden bereits erreicht, welche Arbeitspakete sind noch in Arbeit? Gibt es fachliche Probleme? Außergewöhnliche Ereignisse? Gibt es noch nicht geklärte offene Punkte?
- *Aufwand/Kosten:* Alles im Plan oder gibt es Abweichungen? Wenn ja, warum?
- *Termine:* Alles im Plan oder zeichnen sich Terminverzögerungen ab. Ursache?
- *Projektteam:* Gibt es Veränderungen? Gibt es Engpässe?
- *Entscheidungs-/Handlungsbedarf:* Gibt es Problem- oder Fehlermeldungen? Müssen Entscheidungen vom Projektlenkungsausschuss getroffen werden?
- *Sonstige Bemerkungen*

10 Gebote für ein erfolgreiches Projektmanagement

Damit das Projektcontrolling klappt, müssen einige Grundvoraussetzungen erfüllt sein. Es gibt eine Fülle von Forderungen, aber im Laufe der Zeit haben sich einige wesentliche Anforderungen herausgeschält. Was ist wichtig?

1. **Das Projektziel muss herausfordernd und erreichbar sein**
   Das Projektziel muss eine gewisse Anspannung haben. Auch ein bisschen sportlicher Ehrgeiz darf dabei sein. Aber ganz wichtig: Es muss erreichbar sein. Nichts ist demotivierender als die Erkenntnis, dass trotz aller Anstrengungen das Projektziel einfach nicht zu schaffen ist.
2. **Es darf nur einen Terminplan geben**
   Falsch ist: Einen Plan für den Projektleiter, einen für die Ausführenden, einen für den Kunden. Es gibt einen Plan und der ist für alle verbindlich!
3. **Ziel ist die Planerreichung**
   Natürlich ist es schön, wenn Termine und Kosten unterschritten werden. Aber wird dies als absolut anzustrebendes Ziel hingestellt, besteht die Gefahr, dass man sich „zu warm anzieht", man plant sich komfortable Sicherheiten ein.
4. **Wer die Projektziele erfüllen soll, muss auch bei deren Erarbeitung dabei sein**
   Nur wenn man in die Planung einbezogen ist, wird man sich mit ihr identifizieren. Es führt schwerlich zum gewünschten Ziel, wenn man

Vorgaben über die Köpfe der Leute hinweg gibt, die letztlich die Arbeit machen müssen.

5. **Hinter den Zielen müssen Maßnahmen stehen**
   Wie ehrgeizig sind manchmal Projektziele! Bei der Frage, wie diese erreicht werden, platzt so manche Seifenblase. Deswegen müssen schon in einer ganz frühen Projektphase Maßnahmen hinter den Projektzielen stehen. So spart man sich unnötige Illusionen über nicht erreichbare Projektziele.

6. **Das Ist muss wie der Plan gebucht werden**
   Um den Projektfortschritt realistisch einschätzen zu können, muss das spätere Ist mit dem Plan vergleichbar sein. Keine Kosten dürfen vergessen werden oder gar in andere Budgets (die eventuell „noch Luft haben") hineingeschummelt werden.

7. **Plan/Ist-Vergleiche soll der Projektverantwortliche erhalten**
   Wer verantwortlich ist, bekommt die Zahlen und nicht etwa nur die Unternehmensleitung.

8. **Die Planung wird während der Projektdauer nicht geändert**
   Wie in der Jahresplanung für das Unternehmen gilt: Egal was passiert, der Plan ist der Plan. Kommt alles anders, macht man eine Hochrechnung und Abweichungsanalyse.

9. **Werden gewisse Meldegrenzen überschritten, muss „nach oben" berichtet werden**
   Ein Projekt bewegt sich in einem gewissen Rahmen und wird von den Verantwortlichen eigenverantwortlich gemanagt. Wird die Lage aber zu kritisch, wird unter Umständen die vorgesetzte Stelle benachrichtigt. Wann, das muss vor der Projektarbeit in klar definierten Eskalationsstufen hinsichtlich Zeit- und Kostenüberschreitung oder Qualitätsänderungen festgelegt werden.

10. **Abweichungen sind keine Schuldbeweise, sondern Anlass für einen Lernprozess**
    Ziel soll sein, mit Abweichungen konstruktiv umzugehen. Was ist falsch gelaufen, was muss zukünftig passieren, dass derartige Abweichungen nicht mehr geschehen? Gerade nach Abschluss des Projektes sollte der Punkt „Lessons learned" (also: „Was haben wir aus dem Projekt, gerade auch aus Fehlern, gelernt?") ein fester Bestandteil der Projektnachlese sein.

2. Bereich Leistungserstellung

Grundsätzlich: Bei der Leistungserstellung geht es um die *Beschaffung* von Waren und externen Dienstleistungen, Anlagen (Maschinen), Personal und so weiter. Ferner um die konkrete *Erstellung von Leistungen*, also etwa um die Produktion oder Dienstleistungen. Es sind aber nicht nur technische Fragen, zum Beispiel in der Produktion, dabei zu lösen. Nein – es geht um handfeste betriebswirtschaftliche Fragestellungen. Was macht die Leistungserstellung heutzutage immer schwieriger?

- **Die Kundenwünsche werden immer individueller.** In der Folge werden die Sortimente immer breiter, das heißt das Angebot wird immer differenzierter. Auswirkung: Höhere Kosten.
- **Die Auftrags-/Produktionsmengen pro Artikel werden immer kleiner.** Das bedeutet Mehraufwand von der Beschaffung über die Produktion bis hin zum Absatz.
- **Das Qualitätsdenken der Kunden nimmt zu** und zieht sich durch alle betrieblichen Bereiche, von der qualifizierten Beratung bis zum späteren Service.
- **Das Problem Schnelligkeit!** Die Leistung muss immer schneller zum Kunden. Das bedeutet Verbesserung aller Abläufe von der Bestellung über die Produktion bis hin zur Auslieferung.

Und all diese Probleme sind vor dem Hintergrund zu sehen, dass wegen der Konkurrenz (Stichwort Globalisierung) die Kosten längst nicht mehr so leicht auf die Produkte „abgewälzt" werden können wie früher.

Ein Kernbereich der Leistungserstellung ist die Logistik. In der traditionellen Sichtweise bezeichnete Logistik alle mit der Materialwirtschaft verbundenen Bereiche, also Einkaufen und Lagern. Heutzutage geht das Verständnis von Logistik deutlich weiter und man versteht darunter die Koordinierung aller betrieblichen Funktionen von der Beschaffung, Lagerhaltung, Produktion bis hin zum Absatz; alle Beziehungen zwischen Zulieferer und Unternehmen oder Unternehmen und Vertrieb. In den letzten Jahren sind in nahezu allen

Branchen die Logistikkosten gestiegen und machen häufig bis zu 20 Prozent der Gesamtkosten des Unternehmens aus.

2.1 Beschaffung/Lagerhaltung

Um einmal eine eher trockene Definition zu benutzen: *„Beschaffung umfasst die Bereitstellung der für den betrieblichen Leistungsprozess benötigten Ressourcen."* Und bleiben wir bei den klassischen Lehrbuchdefinitionen, auch wenn sie teilweise banal klingen, aber man muss sie einfach einmal gehört haben: Die Grundregeln fordern die Beschaffung von den richtigen **Materialien,** zu denn richtigen **Mengen,** am richtigen **Ort,** zum richtigen **Zeitpunkt,** in der richtigen **Qualität** und zu den richtigen (optimalen) **Kosten.** Daraus ergeben sich die Kernfragen, die auf den folgenden Seiten beantwortet werden.

Auch im Einkauf liegt der Gewinn

Bei den typischen Einkäufen handelt es sich um die sogenannten Roh-, Hilfs- und Betriebsstoffe. In der Praxis redet man von den **„RHBs",** ein Begriff, den man einmal gehört haben muss.

- **Rohstoffe** gehen als wichtige Bestandteile in das Produkt ein (z. B. Metall, Holz)
- **Hilfsstoffe** werden Bestandteile des Produktes, sind aber wertmäßig untergeordnet (z. B. Klebstoffe)
- **Betriebsstoffe** gehen nicht in das Produkt ein (z. B. Energie).

Darüber hinaus gibt es noch die sogenannten **Halbteile.** Dies sind selbst erstellte oder zugekaufte Teile, die bereits angearbeitet sind (z. B. zugekaufte Rohbügel bei der Brillenproduktion).
Und natürlich werden auch **Dienstleistungen** eingekauft, also Leistungen, die meist mit einer Arbeitsleistung des Anbieters verbunden sind wie etwa Reparaturleistungen oder externe Beratung.

Die Einkaufskonditionen sind wichtig

Wer kein Einkaufsprofi ist, meint vielleicht, dass es letztlich bei einem günstigen Einkauf nur um den Preis geht, alles andere nachgelagert ist. Falsch! Der gute Einkäufer kümmert sich um ein ganzes Bündel von wichtigen Einkaufskonditionen. Was ist mindestens zu beachten?

- **Lieferort:** Die Frage in diesem Zusammenhang ist, bis wohin zahlt der Lieferant die Frachtkosten? Ein nachgelagertes Problem? Denken Sie an internationale Einkäufe, hier ist es durchaus ein Unterschied, ob Sie oder Ihr Lieferant die Luftfrachtkosten von China übernehmen.
- **Lieferfristen:** Können unsere Lagerkosten minimiert werden, da der Lieferant flexibel liefert?
- **Transport- und Frachtkosten:** Einkaufspreise sind immer im Zusammenhang mit den Frachtkosten zu beurteilen. Wieder das obige Beispiel Luftfrachtkosten aus China: Wer übernimmt die Frachtkosten? Bei Einkaufsverhandlungen wird man immer versuchen, die Frachtkosten auf den Lieferanten abzuwälzen.
- **Gefahrenübergang:** Wer haftet für den Untergang der Ware? Wenn zum Beispiel der LKW beim Transport einen Unfall hat und die Ware verdorben ist?
- **Fristen für Beanstandungen und Mängel:** Unter anderem ist darauf zu achten, dass Mängel, die beispielsweise erst später im Produktionsprozess zu erkennen sind, noch im Nachhinein beanstandet werden können.
- **Gewährleistungen:** Vorsicht, wenn bestimmte Gewährleistungen vom Lieferanten ausgeschlossen werden sollen, zum Beispiel die Farbechtheit. Definieren Sie die gewünschte Leistung!
- **Rabatte:** Immer Verhandlungssache. Wie hoch sind die eingeräumten Preisreduktionen, eventuell abhängig von beispielsweise der Menge?
- **Erfüllungsort/Gerichtsstand:** Das kann – insbesondere bei sensiblen Geschäften – wichtig sein. Wer will schon im Streitfall aufwendig reisen?

Auch auf Zahlungsbedingungen ist zu achten:

- **Zahlungsziel:** Es ist ein Unterschied, ob man eine hohe Summe in 20 oder erst in 90 Tagen zahlen muss. Aufpassen!

- **Skonti:** Wenn möglich, immer Skonti vereinbaren. Ein realisierter Skontoabzug von 2 Prozent bedeutet, dass die Ware letztlich viel günstiger eingekauft wird.
- **Folgen des Zahlungsverzuges:** Beachten Sie zum Beispiel die Höhe von Mahngebühren. Aufpassen, wenn hier besondere (für Sie schlechte) Konditionen vereinbart werden sollen. Zwar meint man vielleicht, ein Zahlungsverzug trifft nicht ein, aber wehe, wenn es doch ernst wird, ein ansonsten guter Kunde nicht zahlt und man seine Lieferanten vertrösten muss.

Tipp: Immer prüfen, ob der Einkauf auch an alles gedacht hat. Manche einzukaufenden Produkte sind recht speziell, da kann eine Einkaufsabteilung überfordert sein. Der Fachmann vor Ort kennt geforderte Qualitäten, notwendige Termine, Risiken und so weiter besser.

Wie Sie den richtigen Lieferanten finden

„Wir nehmen den billigsten", ist häufig ein verständliches, oft auch vernünftiges Auswahlkriterium für einen Lieferanten. Aber nicht nur der Preis ist entscheidend. Was nützt der günstige, aber unzuverlässige Anbieter? So wird bei der Lieferantenauswahl ein Bündel von Kriterien berücksichtigt. Hier eine gängige Vorgehensweise:

1. Zunächst werden **Kriterien für die Lieferantenauswahl aufgestellt**, also beispielsweise Zuverlässigkeit, Preis und andere relevante Punkte.
2. Dann werden die **Kriterien gewichtet**, denn nicht alle Kriterien sind gleich wichtig; so werden Preis und Zuverlässigkeit immer wichtig sein, die Beschaffungsnähe ist aber eventuell nachgelagert.
3. Dann werden die **Lieferanten beurteilt**, es bietet sich ein Punkteverfahren an.
4. **Die Entscheidung:** der Lieferant mit der höchsten Punktzahl bekommt den Zuschlag.

Und so sieht ein seit Jahren bewährtes Auswahlverfahren bei einem mittelständischen Unternehmen in Bayern aus:

Projektstatusbericht

Stand Datum

Projekt:

Projektphase:

Kurzübersicht

Kurze Beschreibung der aktuellen Projektsituation und Charakerisierung der Projektes als „rot" = kritisch, „gelb" = angespannt oder „grün" = ohne Probleme

Stand der laufenden Arbeiten

Projektergebnisse:

- fertig gestellt

- in Arbeit

Offene Punkte:

Kosten:

Termine:

Projektteam:

Entscheidungs- / Handlungsbedarf

Problemmeldung / Projektsituation:

Empfohlenes weiteres Vorgehen:

Weitere Bemerkungen:

Unterschrift Projektleiter

Praxisbeispiel: Entscheidungstabelle zur Lieferantenauswahl

Durch eine derartige Methode kann auch die Qualität einzelner Lieferanten im Zeitablauf beobachtet werden.

ABC-Analyse: Sich um das wirklich Wichtige kümmern

Die ABC-Analyse gehört zu den Klassikern im Bereich Materialwirtschaft. Die Ausgangsfrage ist: Um welche Materialien bei der Fülle der Artikel soll man sich zuerst kümmern? Hintergrund der ABC-Analyse ist die Erfahrung, dass ein verhältnismäßig großer Wertanteil beim Material durch nur geringe Mengen beziehungsweise nur wenige Materialien verursacht wird, dass beispielsweise 10 Prozent aller Materialien 50 Prozent des Wertes ausmachen. Die ABC-Analyse hilft hier, Prioritäten zu setzen.

A = Priorität 1

B = Priorität 2

C = Priorität 3.

Praxisbeispiel: Ein Betrieb kümmerte sich intensiv darum, die Einstandspreise der Materialien zu senken: Alternative Angebotseinholung, härtere Verhandlungen und so weiter. Man beschloss, sich zunächst nur um die wichtigsten Artikel zu kümmern und setzte Schwerpunkte durch eine ABC-Analyse. Man kam zu dem Ergebnis, dass

- 13 % der Artikel schon 50 % des Einkaufsvolumens ausmachen = **A-Artikel**
- 25 % der Artikel 30 % des Einkaufsvolumens = **B-Artikel**
- 62 % der Artikel aber nur 20 % des Einkaufsvolumens = **C-Artikel.**

So kümmerte man sich zunächst um die A-Artikel und konnte so mit relativ wenig Aufwand gleich 50 Prozent des Einkaufsvolumens analysieren.

Grafisch kann man den ABC-Gedanken wie folgt darstellen:

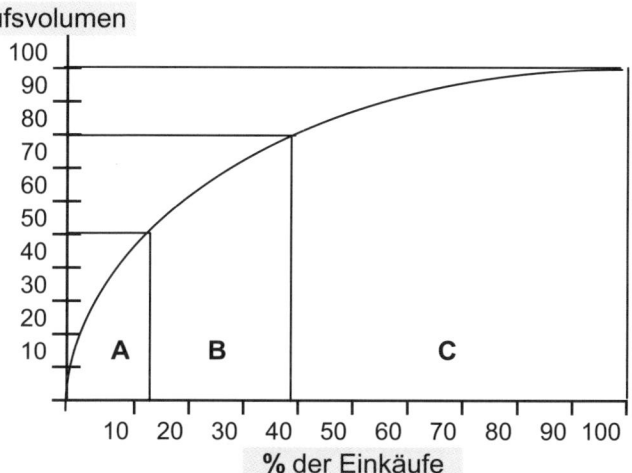

Ergebnis: Die A-Artikel machen mit 13 % schon 50 % des Einkaufsvolumens aus

Grafische Darstellung einer ABC-Analyse

Was kann man jetzt mit den A-Materialien tun?

• **Marktanalyse:** Bieten andere Lieferanten billiger an?
• Kann durch **verbesserte Disposition** ein hoher Lagerbestand für diese Produkte vermieden werden (und dadurch Kapitalkosten gespart werden)?
• Ist ein **Produkt eventuell durch ein billigeres ersetzbar?**
• Aber auch: Gibt es **Versorgungsrisiken** bei diesen wichtigen Produkten? Sollte Kontakt zu einem zweiten Lieferanten aufgebaut werden?

Die Methode der ABC-Analyse ist aber nicht auf den Bereich der Materialwirtschaft beschränkt. Auch andere Bereiche arbeiten mit dieser Methode. So kann man auch die Kosten des Unternehmens in A-, B- oder C-Kosten einteilen. Man spricht im Allgemeinen von der sogenannten *abc-analytischen Herangehensweise.*

> Die ABC-Analyse ist nicht in erster Linie Rechentechnik, sondern eine Denkweise, mit der man Probleme angeht.

Optimale Bestellmenge

Will man festsetzen, welche Mengen man einkaufen soll, befindet man sich in einem Dilemma: Auf der einen Seite bekommt man bei hohen Bestellmengen günstigere Preise und die Bestellkosten sind geringer. Bei großen Bestellmengen steigen dann aber die Lager- und Zinskosten. So hat man sich schon vor langer Zeit Gedanken darüber gemacht, wie eine Menge errechnet werden kann, bei der diese Eckdaten optimiert werden können. Man kann mit der sogenannten Andler'schen Formel arbeiten. Dort werden folgende Daten berücksichtigt:

- **Jahresbedarf** = Mengenmäßiger Bedarf in Stück, kg, Liter und so weiter
- **Einstandspreis** pro Einheit, also zum Beispiel Stück, kg oder Liter
- **Bestellfixe Kosten:** Hierzu gehören beispielsweise Bestellkosten des Einkaufs, Buchungskosten, Kosten der Materialannahme und so weiter. Die bestellfixen Kosten werden jeweils für eine Bestellung ermittelt: Summe der bestellfixen Kosten durch Anzahl der Bestellungen
- **Zinskosten:** Dies sind die Kosten des im Lager durch die Bestände gebundenen Kapitals. Hier wird quasi der entgangene Zinsertrag des gebundenen Kapitals angesetzt, denn man hätte das Geld auch alternativ zinsbringend anlegen können
- **Lagerkostensatz:** Die Kosten des Lagers, wie Abschreibungen, Instandhaltung et cetera bezogen auf den Lagerwert

Mit dieser Formel können obige Daten optimiert werden:

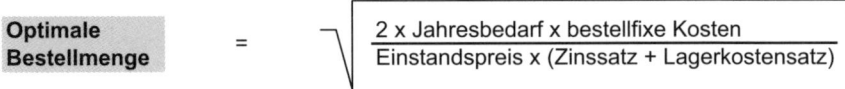

$$\text{Optimale Bestellmenge} = \sqrt{\frac{2 \times \text{Jahresbedarf} \times \text{bestellfixe Kosten}}{\text{Einstandspreis} \times (\text{Zinssatz} + \text{Lagerkostensatz})}}$$

Und so sieht ein Ergebnis dieser Berechnung aus:

Jahresbedarf in Stück	70.000
Bestellfixe Kosten (pro Bestellung):	
im Verwaltungsbereich	25 €
im Transportbereich	600 €
im Lagerbereich	150 €
in sonstigen Bereichen	50 €
Summe bestellfixe Kosten	825 €
Einstandspreis pro Stück	8,75 €
Summe Einstandspreise	612.500 €
Lagerkosten für diesen Artikel pro Jahr	12.000 €
Lagerkostensatz (= Lagerkosten in % der Einstandspreise)	2,0 %
Zinssatz	5,5 %
Optimale Bestellmenge in Stück	**13.303**

Berechnung einer optimalen Bestellmenge

Achtung: Die Ergebnisse derartiger Berechnungen sind etwas problematisch und immer nur als Größenordnung zu begreifen. Die Berechnung geht davon aus, dass die Beschaffungsplanung für ein Jahr erfolgt, der Bedarf keinen zeitlichen Schwankungen unterliegt und die Einkaufspreise und Lagerkostensätze konstant sind.

Fazit: In der Praxis wird man immer auch mit Erfahrungswerten arbeiten und sich nie auf derartige Formeln zu 100 Prozent verlassen. Auch gibt es eine Reihe von EDV-Anwendungen, die die Frage der richtigen Bestellmenge unterstützen.

Einkaufskennzahlen

Um die Entwicklungen im Auge behalten zu können, arbeitet man gern mit Kennzahlen. Dies sind meist mehrere Daten, die in einen Zusammenhang gebracht werden und dann mehr aussagen als eine einzige absolute Zahl. Interessant ist immer auch die Analyse der Kennzahlen im Zeitablauf.

Einkaufskennzahlen			
	Formel	**Daten**	**Ergebnis**
Materialanteil im Unternehmen	$\dfrac{\text{Materialaufwand x 100}}{\text{Gesamtleistung}}$	$\dfrac{750.000\ \euro}{2.300.000\ \euro}$ =	**32,6 %**
Materialausschuss	$\dfrac{\text{Materialausschuss x 100}}{\text{Materialaufwand}}$	$\dfrac{23.000\ \euro}{750.000\ \euro}$ =	**3,1 %**
Wertmäßiger Lagerumschlag	$\dfrac{\text{Umsatz}}{\text{durchschnittl. Lagerbestände}}$	$\dfrac{2.300.000\ \euro}{210.000\ \euro}$ =	**11 im Jahr**
Skontierfähigkeit	$\dfrac{\text{Skontierfähige Einkäufe x100}}{\text{Gesamteinkäufe}}$	$\dfrac{1.350}{1.930}$ =	**69,9 %**
Skontiausnutzung (auf Basis der Skontiermöglichkeit)	$\dfrac{\text{Ist-Lieferantenskonti x 100}}{\text{Mögliche Lieferantenskonti x 100}}$	$\dfrac{1.150}{1.350}$ =	**85,2 %**
Preisverteuerung	$\dfrac{\text{Einkäufe mit Preisanhebung x100}}{\text{Gesamteinkäufe}}$	$\dfrac{103}{1.930}$ =	**5,3 %**
Anteil Preissenkungen	$\dfrac{\text{Einkäufe mit Preissenkung x 100}}{\text{Gesamteinkäufe}}$	$\dfrac{35}{1.930}$ =	**1,8 %**

Einkaufskennzahlenblatt eines mittelständischen Unternehmens

Lagern: Nur so viel wie wirklich notwendig

Lager schaffen Sicherheit – zum Beispiel für die Produktion. Aber diese Sicherheit ist teuer. Dabei geht es nicht nur um die Kosten des Lagers selbst, wie Mieten, Abschreibungen, Personalkosten und so weiter. Ein Hauptproblem jeder Lagerhaltung ist das im Lager gebundene Kapital. Denn Ware, die auf Lager liegt, ist letztlich „totes Kapital", das woanders Zinsen bringen würde.

Beispiel: Wenn Sie Waren im Wert von einer Million Euro zusätzlich und nicht unbedingt notwendig im Lager liegen haben, verschenken Sie bares Geld. Denn diese Million, als Festgeld mit 2 Prozent Zinsen angelegt, würde 20.000 Euro im Jahr erwirtschaften. Noch schlimmer ist es, wenn unnötige Bestände gar mit teuren Krediten finanziert werden.

So lohnt es sich, auch sein Lager einer betriebswirtschaftlichen Betrachtung zu unterziehen.

Lagerbestände: Wie viel Kapital ist gebunden? Diese Untersuchung steht regelmäßig am Beginn jeder Lageranalyse. Es wird die Bestandsentwicklung beobachtet. Das kann die Entwicklung etwa von Stückzahlen, Kilogramm oder Litern sein. Betriebswirtschaftlich sinnvoll ist aber auch die wertmäßige Entwicklung, denn dann ist transparent, wie viel Kapital im Lager gebunden ist. Hier eine Stückbetrachtung:

Jahresbetrachtung in Stück

Monate	Istbestand	Zugang	Abgang	Zielbestand
1	1230	420	610	1150
2	1040	0	280	1000
3	760	500	420	950
4	840	400	380	900
5	860	400	380	850
6	880	150	200	800
7	830			750
8				700
9				650
10				650
11				650
12				650

Ergebnis: Der Zielbestand ist noch nicht erreicht

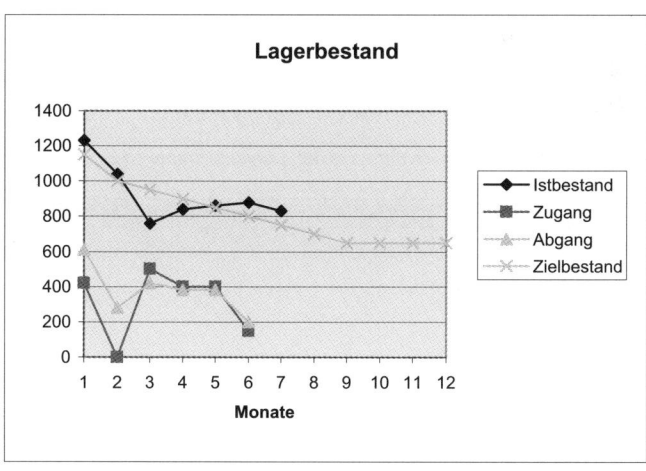

Bestandsentwicklung im Zeitablauf

Bei der Bestandsdarstellung ist es immer sinnvoll, neben den absoluten Beständen die Entwicklung der Zugänge und Abgänge zu zeigen. Empfehlenswert ist auch immer, das Ziel im Auge zu behalten: Wo wollen wir hin? **Umschlagshäufigkeit: Dreht sich unsere Lagerware?** Je häufiger der Umschlag, desto besser. Denn schlägt sich etwas zäh um, bedeutet dies, dass es lange auf Lager liegt und damit eine hohe Kapitalbindung verursacht.

Umschlagshäufigkeit =	$\dfrac{\text{Lagerabgang}}{\text{Durchschnittl. Lagerbestand}}$		
Materialart bzw. Nummer	**in Stück**		**Umschlagshäufigkeit pro Jahr**
	Lagerabgang pro Jahr	**Lagerbestand Durchschnitt**	
2301	1475	545	2,7
2302	10455	3365	3,1
2303	855	753	1,1
3410	247	35	7,1
3412	186	175	1,1
3413	84	23	3,7
4005	583	354	1,6
4010	843	254	3,3
5022	5	3	1,7
5025	64	17	3,8
6005	2845	474	6,0
Summe	**17.642**	**5.998**	2,9

Durchschnittsermittlung: Summe Bestände aller Monate : 12

Ergebnis: Das Lager schlägt sich in Summe 2,9 Mal im Jahr um

Analyse der Umschlagshäufigkeit

Diese Analyse ist insbesondere im Handel wichtig, wo es darum geht, dass sich die Waren besonders schnell „drehen" sollten.
Lagerdauer/Lagerreichweite: Wie lange liegt bei uns etwas auf Lager? Die Lagerdauer ist die Zeit zwischen Ein- und Ausgang der Lagerware. Ziel ist es, die Lagerdauer so kurz wie möglich zu halten.

Lagerdauer	=	$\dfrac{360}{\text{Lagerumschlagshäufigkeit}}$		

Material-Nr.	in Stück		Umschlags-häufigkeit	Lager-dauer in Tagen
	Lager-abgang	Lagerbestand Durchschnitt		
2301	1475	545	2,7	133
2302	10455	3365	3,1	116
2303	855	753	1,1	317
3410	247	35	7,1	51
3412	186	175	1,1	339
3413	84	23	3,7	99
4005	583	354	1,6	219
4010	843	254	3,3	108
5022	5	3	1,7	216
5025	64	17	3,8	96
6005	2845	474	6,0	60
Summe	**17.642**	**5.998**	2,9	122

Ergebnis: Im Durchschnitt lagert ein Stück 122 Tage (ca. 4 Monate)

Lagerdauer

So kann man sich beispielsweise fragen, warum ein bestimmtes Material über 200 Tage auf Lager liegt, wenn die Beschaffungszeit nur wenige Tage beträgt. Die Lagerdauer ist aber nicht nur für den Beschaffungsbereich interessant. Auch der Vertrieb muss sich fragen, wie lange die fertigen Produkte auf Lager liegen. Denn auch durch Fertigprodukte wird Kapital gebunden.

Brauchen wir überhaupt ein Lager? Viele Unternehmen verzichten heute auf ein Lager oder haben lediglich ein „Notlager". Man arbeitet „Just-in-Time" (frei übersetzt: Lieferung zum richtigen Zeitpunkt). Das Material wird genau zu dem Zeitpunkt vom Hersteller geliefert, zu dem es gebraucht wird. Und zwar nicht in ein Lager, sondern „direkt an das Band", also dorthin, wo es gleich verarbeitet wird. Klar, dass hier eine perfekte Koordination notwendig ist und diese Version störanfällig sein kann.

So kann Just-in-Time auch einmal schief gehen

In Logistikkreisen wird gern folgende Story erzählt: Ein Automobilhersteller hatte Schwierigkeiten bei der Just-in-Time-Anlieferung der Autositze. Die Kfz waren ansonsten fertig. So blieb dem Hersteller nichts anderes übrig, als die Kfz auf dem Firmenparkplatz zwischenzulagern um dann die Sitze auf dem Parkplatz einzubauen. Technisch nicht schwierig, aber ein hoher Zeitverlust und mit enormen Lieferschwierigkeiten an die Endkunden verbunden.

Ein relativ neuer Begriff in der Logistik ist das sogenannte **Supply Chain Management** (supply chain = Lieferkette). Ziel ist, dass einzelne Funktionen wie etwa der Beschaffungsprozess nicht isoliert betrachtet werden, sondern dass von der Beschaffung bis zum Kunden alle Prozesse aufeinander abgestimmt werden. Insbesondere geht es darum, auf eigene Lieferanten (zum Beispiel Automobilzulieferer) Einfluss hinsichtlich Qualität, Termine und so weiter zu nehmen oder in die eigene Organisation einzubinden.

Fremdvergabe: Was können Externe besser oder billiger?

Als Alternative zur Eigenerstellung von Leistung wird immer auch eine eventuelle Fremdvergabe zu prüfen sein. Die Entscheidung dafür ist meist eine Kostenentscheidung. Nun darf man nicht den Fehler begehen, seine gesamten intern kalkulierten Kosten – also die variablen *und* die fixen Kosten – mit dem Preis des externen Anbieters zu vergleichen. Beim Kostenvergleich entscheiden die variablen Kosten (also die leistungsabhängigen Kosten, näheres siehe Kapitel 6.2 unter Kostenrechnung). Dabei sind die Kosten der Fremdbeschaffung in der Regel immer variabel und mit den eigenen variablen Kosten zu vergleichen. Denn: die Fixkosten im eigenen Unternehmen fallen auch weiterhin an, wenn fremd beschafft wird oder weniger produziert wird. Sie bleiben deshalb beim Vergleich Eigenfertigung oder Fremdvergabe unberücksichtigt.

Fazit: Liegen die variablen Kosten der Fremdbeschaffung unter den eigenen variablen Kosten, bietet sich die Fremdbeschaffung an.

	Produkte		
	A	**B**	**C**
Eigene variable Kosten:			
Materialkosten	25 €	12 €	35 €
Lohnkosten	40 €	15 €	33 €
Sonstige variable Kosten	3 €	3 €	7 €
Summe variable Kosten	**68 €**	**30 €**	**75 €**
Eigene Fixkosten der Produkte	15 €	15 €	15 €
Eigene Selbstkosten	**83 €**	**45 €**	**90 €**

Vergleich

Es werden folgende Preise für die Fremdbeschaffung ermittelt:

70 €	**33 €**	**65 €**

Man entschließt sich, Artikel C fremd zu beziehen, da die Kosten des externen Anbieters unter den eigenen variablen Kosten liegen. Die Fixkosten würden bei der Fremdbeschaffung nicht wegfallen!

Eigenfertigung oder Fremdbezug?

Immer aber sind weitere **wichtige Aspekte bei der Fremdvergabe** zu beachten:

- Fallen eventuell noch zusätzliche Prüf- oder Nacharbeitungskosten an?
- Gibt es Währungsrisiken oder Finanzierungsrisiken, Qualitätsmängel, besteht die Gefahr von Lieferverzögerungen, Vertragskündigungen und so weiter?
- Und immer ist zu bedenken: Gibt man wichtiges Know-how aus dem Unternehmen an fremde Zulieferer, die eventuell zu Konkurrenten werden können?

Auch das Stichwort **Outsourcing** gehört zu diesem Themenbereich. Beim Outsourcing wird geprüft, ob interne Funktionen oder Leistungen nach außen verlagert werden können, beispielsweise der Fuhrpark oder die Betriebskantine.

2.2 Fertigung/Produktion/Dienstleistung

Dieser Bereich ist naturgemäß stark technisch geprägt. Das bedeutet aber nicht, dass dies ein „BWL-freier" Raum ist. Insbesondere bei Kosten- und Organisationsfragen arbeiten Techniker und BWLer eng zusammen (zumindest sollten sie es, was in der Realität nicht immer gegeben ist). Die folgenden technischen Basics sollte jeder Kaufmann kennen und die betriebswirtschaftlichen Basics jeder Techniker.

Produktionsplanung und -steuerung: Effizienz bei niedrigen Kosten

Die Produktionsplanung und -steuerung legt das Produktionsprogramm fest und organisiert die Leistungserstellung. Jede technische Entscheidung ist dabei auf betriebswirtschaftliche Konsequenzen zu hinterfragen. Manchmal neigen insbesondere Ingenieure dazu, technisch alles „vom Feinsten" zu planen oder einfach in technische „Spielereien" zu investieren. Letztlich muss es aber immer um die Wirtschaftlichkeit gehen.

Langfristige Produktionsplanung:
Das richtige Fertigungsverfahren finden

Ausgangspunkt ist die strategische Unternehmensplanung. Die Realisierung des Produktionsprogramms erfolgt durch die Festlegung der Fertigungsverfahren. Ausschlaggebend ist zunächst die **Anzahl der zu fertigenden Produkte**, wobei die Übergänge der Fertigungsverfahren fließend sein können oder ein Fertigungsverfahren nicht immer eindeutig festzulegen ist (Sortenfertigung kann mit Massenfertigung verschwimmen).

- **Einzelfertigung:** Ein einzelnes Produkt, etwa eine Spezialmaschine wird nach Plänen des Kunden hergestellt. Jeder Fertigungsprozess ist anders.
- **Serienfertigung:** Es werden bestimmte Produkte in größeren Mengen hergestellt, zum Beispiel Brillen einer bestimmten Modellserie. Dann wird die Fertigung umgestellt und ein anderes Modell in Serie hergestellt.
- **Sortenfertigung:** Ein sehr ähnliches Produkt wird in bestimmten Sorten hergestellt. Beispiel: ein Bonbon in verschiedenen Geschmacksrichtungen. Man benutzt ähnliche Rohstoffe, die sich nur in Größe, Geschmack oder Form unterscheiden.

- **Massenfertigung:** Herstellung eines Produktes in großer Stückzahl ohne Umstellung auf ein anderes Produkt und ohne Änderung des Fertigungsablaufes.

Fertigungsverfahren unterscheiden sich auch nach der **Organisation der Fertigung:**

- **Werkstattfertigung:** Maschinen und Arbeitsplätze werden an einem Ort zusammengefasst (Werkstatt). Beispiel: die Fräserei in einem Unternehmen. Ein Produkt kann mehrere Werkstätten bis zur Fertigstellung durchlaufen.
- **Fließfertigung:** Maschinen und Arbeitsplätze orientieren sich am Fertigungsablauf und sind räumlich so angeordnet, dass ein „Fließen" (Stichwort Fließband) des Arbeitsablaufes gewährleistet ist.
- **Gruppenfertigung:** Kombination von Werkstatt- und Fließfertigung. Beispiel: Einzelne Teile eines Produktes werden in Fließfertigung hergestellt, der Zusammenbau erfolgt dann aber als Werkstattfertigung (Möbelindustrie).

Die Fertigungsverfahren haben vielfältige betriebswirtschaftliche Auswirkungen auf Investitionen, Kostenstrukturen oder Mitarbeiterqualifikationen.

Kurzfristige Produktionsplanung: Die Fertigung optimal organisieren

Wir nähern uns dem „Tagesgeschäft" der Produktion. Es geht um zu produzierende Mengen, Maschinenbelegungen und Produktionsabläufe. Im Hintergrund stehen dabei immer die Kosten.

Die optimale Losgröße (Produktionsmenge) finden: Ein Los ist die Menge einer Produktart, zum Beispiel ein bestimmtes Modell bei der Brillenfertigung. Will man nun festlegen, in welcher Größenordnung man jeweils ein Produkt produzieren soll, muss man eine Reihe von Eckdaten berücksichtigen beziehungsweise diese optimieren:

- So sollen 5.000 Stück eines bestimmten Brillenmodells gefertigt werden, das ist der **Bedarf.**
- Dabei müssen Maschinen modellspezifisch „gerüstet" werden, es kommen also jeweils bestimmte Maschinen/Werkzeuge zum Einsatz. Jedes

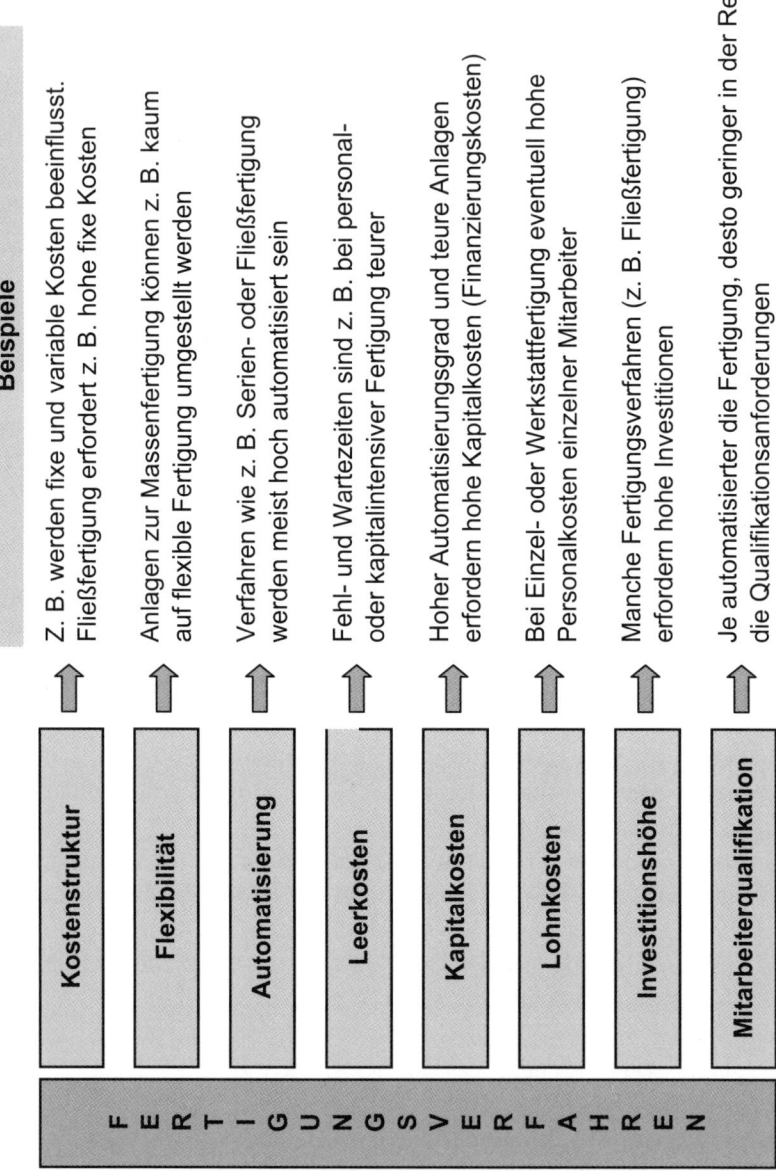

Beispiele

Kostenstruktur → Z. B. werden fixe und variable Kosten beeinflusst. Fließfertigung erfordert z. B. hohe fixe Kosten

Flexibilität → Anlagen zur Massenfertigung können z. B. kaum auf flexible Fertigung umgestellt werden

Automatisierung → Verfahren wie z. B. Serien- oder Fließfertigung werden meist hoch automatisiert sein

Leerkosten → Fehl- und Wartezeiten sind z. B. bei personal- oder kapitalintensiver Fertigung teurer

Kapitalkosten → Hoher Automatisierungsgrad und teure Anlagen erfordern hohe Kapitalkosten (Finanzierungskosten)

Lohnkosten → Bei Einzel- oder Werkstattfertigung eventuell hohe Personalkosten einzelner Mitarbeiter

Investitionshöhe → Manche Fertigungsverfahren (z. B. Fließfertigung) erfordern hohe Investitionen

Mitarbeiterqualifikation → Je automatisierter die Fertigung, desto geringer in der Regel die Qualifikationsanforderungen

FERTIGUNGSGSVERFAHREN

Auswirkungen der Fertigungsverfahren

„**Rüsten**" kostet beispielsweise Personalkosten, Materialkosten oder Verschleiß von Werkzeugen. Ziel ist also, möglichst selten „umzurüsten".

- **Lagerkosten beziehungsweise das im Lager gebundene Kapital** müssen berücksichtigt werden. Dabei wird der Lagerkostensatz in Prozent der Herstellkosten ausgedrückt und der Zinssatz kommt in der Höhe zum Ansatz, zu der man das gebundene Kapital auch alternativ hätte anlegen können, etwa als Festgeld oder in Aktien.

Das Problem ist nun, dass die Rüstkosten bei steigender Losgröße sinken, da seltener gerüstet werden muss (Rüstkosten sind Fixkosten). Das spricht für hohe Losgrößen. Auf der anderen Seite verursachen hohe Losgrößen aber hohe Lagerkosten in Bezug auf Personalkosten, Mieten, Energie und nicht zuletzt eine hohe Kapitalbindung. Ware, die auf Lager liegt, musste eventuell teuer finanziert werden oder die Herstellungskosten hätte man woanders zinsgünstig anlegen können. So muss eine Losgröße gefunden werden, die nun das Optimum zwischen diesen gegenläufigen Entwicklungen erreicht. Dafür wurde folgende Formel entwickelt.

$$\text{Optimale Losgröße} = \sqrt{\frac{2 \times \text{Bedarf der Periode} \times \text{Rüstkosten}}{\text{Herstellungskosten pro Stück} \times (\text{Zinssatz} + \text{Lagerkostensatz})}}$$

Und so kann dies in der Praxis aussehen (die Formel ist eingearbeitet):

Bedarf in der Periode in Stück	5.000
Rüstkosten in Euro pro Rüstvorgang	280 €
Variable Herstellkosten in Euro	17,50 €
Summe variable Herstellkosten in Euro	87.500 €
Lagerkosten für dieses Produkt in Euro	3.500 €
Lagerkostensatz in %	4,0 %
(3.500 Euro sind 4 % von 87.500 Euro)	
Zinssatz in %	5,00 %
Optimale Losgröße in Stück	**1.333**

Berechnung der optimalen Losgröße

Im Beispiel wird die Produktion beauftragt, jeweils 1.333 Stück zu produzieren. Verbunden ist die Frage nach der besten Produktionsmenge mit der Schaffung der dafür benötigten Kapazitäten.

Den Produktionsablauf planen: Nun stellen sich den Technikern und Kaufleuten die Fragen nach den sinnvollsten innerbetrieblichen Produktionsabläufen. In welcher Reihenfolge sollen die Produktionsschritte erfolgen? Gibt es mögliche parallele Fertigungsschritte? Welche Schritte setzen die Fertigstellung eines anderen Arbeitsschrittes voraus? Die populärste Arbeitshilfe in diesem Zusammenhang ist sicherlich der Netzplan. Hier werden die Beziehungen der einzelnen Arbeitsschritte systematisch dargestellt.

Produktionsablaufplanung: Grundschema Netzplan

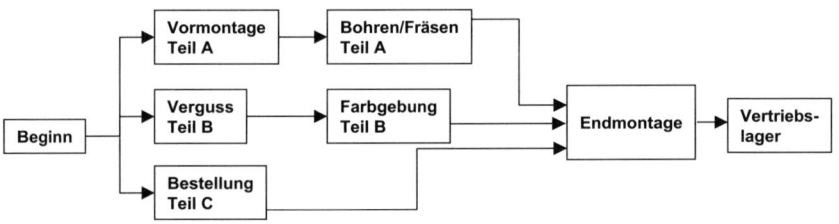

Grundschema der Netzplantechnik

Schnell sieht man, wo es kritisch werden kann.

Tipp: Für die Produktionsplanung gibt es im Handel jede Menge Softwareunterstützung zu Themen wie Netzplantechnik oder Projektorganisation.

Produktionssteuerung: Wie effizient ist die Produktion?

Natürlich gibt es eine Reihe von technischen Methoden, insbesondere computergestützte Methoden, die die Produktionssteuerung unterstützen, PPS genannt (PPS = Produktionsplanungs- und Steuerungssysteme). Ziel ist die Organisation der Produktion sowie die Realisierung kurzer Durchlaufzeiten und möglichst minimaler Bestände. Hier gibt es eine Reihe von branchenabhängigen Lösungen, die mittlerweile auch für kleine Unternehmen bezahlbar sind. In den letzten insbesondere drei Jahrzehnten hat sich auch das Computer Integrated Manufacturing durchgesetzt (CIM). Von der Konstruktion bis zur Qualitätssicherung wird die Produktionssteuerung EDV-technisch unterstützt.

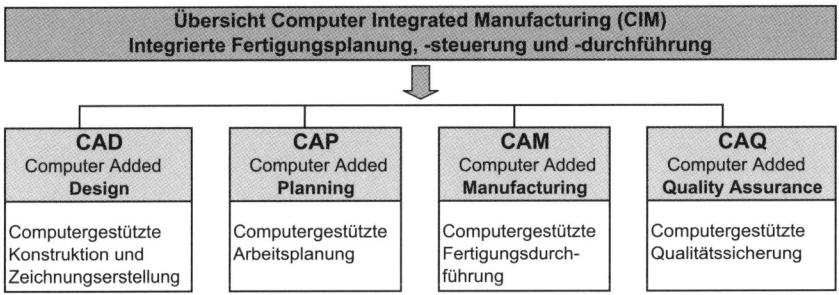

Begriffe der computergestützten Entwicklung und Fertigung

Mit Produktionskennzahlen Transparenz schaffen: Wer die technischen Fragen der Produktion betriebswirtschaftlich hinterfragt, muss schnell ermitteln, wie wirtschaftlich die Produktion abläuft. Die technische Effizienz muss also in Zahlen ausgedrückt werden. Hier bieten sich Produktionskennzahlen an. Aus der Fülle von möglichen Kennzahlen nun einige in der Praxis weitverbreitete Kennzahlen:

- **Leistung zu Anwesenheit:** Die zentrale Frage ist, wie viel Prozent der physischen Anwesenheit der Mitarbeiter in der Produktion tatsächlich zu verwertbarer Leistung geworden ist, denn Mitarbeiter können auch „herumstehen" oder uneffektiv arbeiten. Bei dieser Kennzahl wird die Anwesenheit (in Stunden) registriert und ins Verhältnis zur Normleistung (Output) gebracht (zum Beispiel zu ausgebrachten Stück, die mit Leistungsstunden bewertet werden).

Interessant ist jetzt immer die Abweichung zur 100-Prozent-Leistung: Was machen die Mitarbeiter, wenn letztlich keine Leistung erbracht wird? Warten sie auf Material? Stockt die Produktion? Auch Ausschussproduktion ist keine Leistung. Jetzt wird analysiert. Ziel: So viel Anwesenheit wie möglich muss (verkaufbare) Leistung werden.

Wo liegt der Leerlauf?

Formel	Ist 2010	Ist 2011	Ist 2012	Plan 2013
Leistungsstunden x 100	78.500	79.500	91.250	98.500
Anwesenheitsstunden	97.500	102.000	112.500	112.500
	80,5 %	77,9 %	81,1 %	82,1 %

Leistung zu Anwesenheit

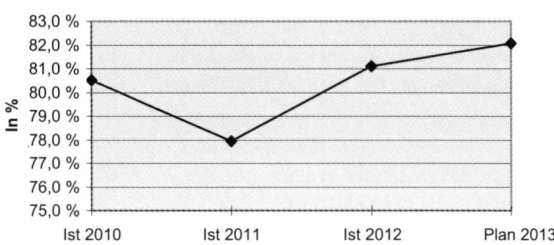

Kennzahl Leistung zu Anwesenheit

- **Stückzahl pro Arbeitsstunde:** Eine einfache, aber effektive Kennzahl. Bei überschaubarer oder gleichartiger Produktion wird einfach im Zeitablauf gemessen, wie hoch die Stückzahlen einer Zeiteinheit sind. Die Analyse zeigt Probleme wie Ausschuss, Leerlauf und so weiter auf.
- **Durchlaufzeiten in der Produktion:** Die Durchlaufzeit ist die Zeit vom Start der Fertigung bis zum Eintreffen der Produkte im Auslieferungslager. Je kürzer diese Zeit ist, desto geringer ist die Kapitalbindung und umso weniger Produktionskapazität muss vorgehalten werden.
- **Kosten pro Produktionsminute oder -stunde:** Eine Kernkennzahl! Was kostet die Produktionsminute mit Personalkosten, Abschreibungen, Reparaturen et cetera? Das sind die Kosten, die in die Kalkulation und damit in die Preise eingehen.

Diese Kennzahl ist immer zu beobachten. Eine Steigerung kann mehrere Gründe haben. Entweder die Kosten steigen oder die Leistung sinkt (oder natürlich beides). Diese Kennzahl ist für den Betriebswirtschaftler ein hervorragendes Analyseinstrument. Interessant ist beispielsweise auch die Abweichung zu einem Planwert und insgesamt die Entwicklung im Zeitab-

	2010	2011	2012
Lohnkosten	360.000 €	365.000 €	372.000 €
Gehaltskosten	98.000 €	99.000 €	102.000 €
Reparaturen	16.000 €	9.000 €	7.000 €
Abschreibungen	8.000 €	8.000 €	7.000 €
Sonstige Kosten	23.000 €	22.000 €	20.000 €
Summe Kosten (ohne Einzelmaterial)	505.000 €	503.000 €	508.000 €

Produktionsminuten (Leistung)	720.000	695.000	685.000

= Kosten pro Minute	0,70 €	0,72 €	0,74 €

Jetzt die Analyse: Warum steigen die Kosten pro Minute?
Antwort: Bei nahezu gleichbleibenden Kosten ist die Leistung gesunken

Kennzahl Kosten pro Produktionsminute

lauf und – wenn vorhanden – der Vergleich zur Konkurrenz. Denn diese Kennzahl bestimmt unter anderem wesentlich die Stellung des Unternehmens im Wettbewerb.

Qualitätsmanagement: Mehr als Endkontrolle

Qualitätsmanagement umfasst heute viel mehr als nur ein Prüfen und Aussortieren fehlerhafter Produkte. Am Anfang des Qualitätsmanagements stand eine **Prüfkultur**, letztlich die Endkontrolle. Zielführender wurde dann eine vorbeugende Qualitätssicherung. Diese sogenannte **Prozesskultur** versuchte Mängel systematisch im Produktionsprozess zu verhindern; sie sollten erst gar nicht auftreten. Die Erweiterung dessen – heute nennt man es **Verhaltenskultur** – besteht nun darin, dass jeder Mitarbeiter an jeder Stelle im Unternehmen sich um Qualität kümmert. Auch der Mitarbeiter in der Produktion, der normalerweise ausführende Tätigkeiten verrichtet, ist nun aufgefordert, sich über Qualitätsverbesserung Gedanken zu machen. Diese Ansätze laufen unter dem Stichwort **„Total Quality Management (TQM)"**. Es wird nicht nur die reine Produktqualität am Ende betrachtet, sondern es erfolgt eine ganzheitliche Betrachtung aller Prozesse. Dazu gehört auch die

„Qualität der Kommunikation" im Unternehmen: Erkennen wir Mängel, geben wir sie weiter, ja sind wir überhaupt motiviert, derartige Probleme zu lösen?

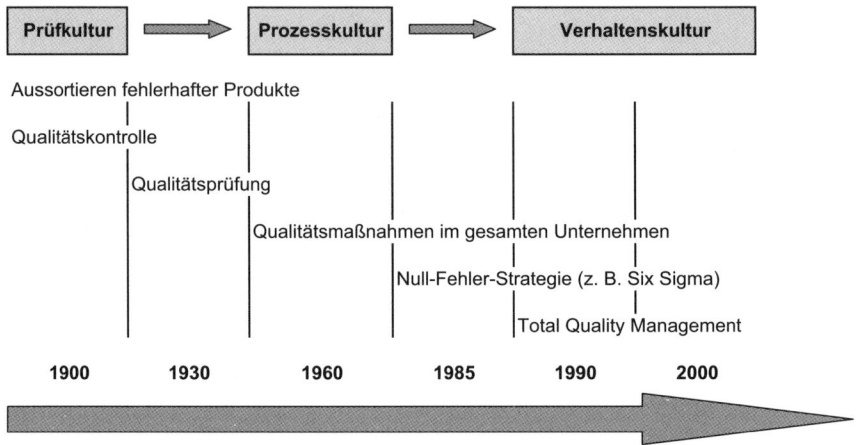

Entwicklungen des Qualitätsmanagements

Im Rahmen des Qualitätsmanagements kommt eine Reihe von Instrumenten zur Anwendung:

- **Die Normenreihe EN ISO 9000ff:** Dies sind übergreifende Qualitätssicherungsstandards von Gütern, aber auch Dienstleistungen. Ein Unternehmen kann sich zertifizieren lassen, wenn es gewisse Standards erfüllt.
- **Six Sigma:** Dies ist ein Begriff aus der Statistik und eine relativ weitverbreitete Methode zur Minimierung von Fehlern. Ziel ist die „0-Fehler-Qualität". Dabei werden Prozesse identifiziert und systematisch verbessert.
- **Qualitätszirkel:** Eine Gruppe von Mitarbeitern trifft sich regelmäßig und analysiert systematisch Schwachstellen, die für die Qualität wichtig sind.
- **Betriebliches Vorschlagswesen:** Die Idee ist, dass die Mitarbeiter vor Ort am besten die Probleme kennen und dafür belohnt werden, wenn sie Ideen für die Verbesserung der Qualität einbringen.

Fazit: Qualität steht heute letztlich nicht nur für ein sicheres Funktionieren von Produkten. Insbesondere im **Dienstleistungsbereich** wird Qualität ein immer sensibleres Thema. Denken Sie beispielsweise nur einmal an Ihre Autowerkstatt an der Ecke und was für Sie dort die Qualitätsanforderungen sind, etwa bei einer Reparatur: Zuverlässigkeit, Termineinhaltung, Sauberkeit, Preissicherheit, Qualifikation der Mitarbeiter, Nachhaltigkeit der Reparatur und so weiter. Wer hier nur in einem Punkt versagt, der verliert!

Forschung und Entwicklung: Die Zukunft steuern

Forschung und Entwicklung werden in der Praxis als FuE abgekürzt. Grob versteht man darunter:

1. **Grundlagenforschung:** Vermehrung des Wissens, eine (wirtschaftliche) Verwertung ist noch ungewiss.
2. **Angewandte Forschung:** Die Suche nach verwertbaren Lösungen, eine Verwertung ist möglich und wahrscheinlich.
3. **Entwicklung:** Konkretisierung einer Produktidee bis zur Marktreife.

Auch im Bereich Forschung und Entwicklung stellt sich neben den technischen eine Reihe von betriebswirtschaftlichen Fragen. So müssen sich FuE-Kosten amortisieren, die Kosten müssen also wieder eingefahren werden. Problem dabei ist, dass die Produktlebenszyklen immer kürzer werden. FuE haben starken Einfluss auf die späteren Kosten. Es werden also strategische Entscheidungen für den späteren Kostenanfall und die späteren Kostenbeeinflussungsmöglichkeiten getroffen.

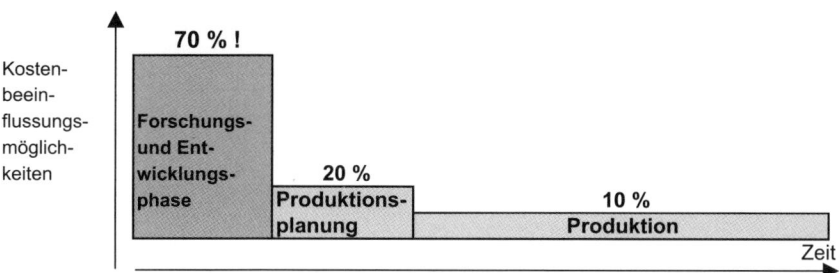

Beeinflussung der Kosten im Zeitablauf

In der FuE-Phase werden im Beispiel 70 Prozent der späteren Kosten beeinflusst, während dann in der konkreten Produktionsphase lediglich nur noch 10 Prozent beeinflusst werden können. Das zeigt die Verantwortung der Ingenieure und Betriebswirte in diesem Bereich für die Unternehmen.
So muss sich ein FuE-Bereich kritische Fragen gefallen lassen:

- Arbeitet der FuE-Bereich *konkret* an verwertbaren Produkten oder Kundenaufträgen oder wird lediglich „auf Verdacht" geforscht?
- Werden die FuE-Kosten laufend verfolgt und die Aktivitäten des Bereiches als Projekte mit Projektmanagementmethoden geführt oder „plätschert" alles nur vor sich hin?
- Ist man auch auf dem neuesten Stand oder „verplempert" man FuE-Gelder für das Know-how von gestern?

Kurz: Arbeitet der FuE-Bereich effektiv?

3. Bereich Finanzierung/Investition

Populär gefragt geht es in diesem Kapitel um die Frage: „Wie kommen wir zu Geld und wie geben wir es am sinnvollsten wieder aus?" Klar ist: Ein Unternehmen muss Gewinne erwirtschaften und für Rentabilität (das heißt, das eingebrachte Kapital muss sich verzinsen) sorgen. Voraussetzung dafür ist die „finanzielle Gesundheit". Das bedeutet, dass immer genügend finanzielle Mittel vorhanden sind, beispielsweise um Schulden zu bezahlen oder aber Investitionen zu tätigen. Bei Investitionen geht es immer um die Zukunft des Unternehmens: Wofür müssen wir heute Geld ausgeben, um morgen erfolgreich zu sein? Derartige Fragen müssen nicht „auf Verdacht" entschieden werden. Es gibt betriebswirtschaftliche Methoden, um hier wirtschaftliche Entscheidungen treffen zu können.

3.1 Finanzierung

Finanzierung ist ein „Dauerbrenner" in jedem Unternehmen. Es beginnt mit der Anfangsfinanzierung, wenn beispielsweise das Unternehmen gegründet wird. Dann muss das laufende Geschäft finanziert werden, vom Wareneinkauf über die Personalkosten bis hin zu den Investitionen. Kritisch wird es immer dann, wenn finanzielle Krisen bewältigt werden müssen.

Praxisbeispiel: Ein Unternehmen benötigt dringend frisches Geld

Ein mittelständisches Bauunternehmen kam in Finanzschwierigkeiten. Einige Bauherren konnten nicht mehr ihre Rechnungen bezahlen und überhaupt zahlten die Kunden sehr zäh. Die gewohnten Aufträge, insbesondere des öffentlichen Dienstes, blieben aus. Löhne, Sozialversicherungen und so weiter wurden fällig, neues Baumaterial musste finanziert werden, es musste „vorgeschossen" werden. Es wurde eng, eigenes Geld war nicht mehr vorhanden, die Bank wollte keine Kredite mehr geben. Kurz: Man benötigte eine Finanzierung für die Zukunft des Unternehmens. Und die sah wie folgt aus:

• Aus der Familie des Eigentümers kam frisches Geld, die Geldgeber wurden Teilhaber und sollten später am Gewinn beteiligt werden.

- Auf das firmeneigene Grundstück wurde eine Hypothek aufgenommen. Jetzt mussten zwar Zinsen gezahlt werden, aber man war immerhin wieder liquide.
- Der dringend notwendige LKW und andere Anlagen wurden geleast statt gekauft. Das kostete zwar Leasinggebühren, aber so blieb das „frische" Geld erst einmal im Unternehmen um das Tagesgeschäft zu finanzieren.

Aufgrund dieser Finanzmaßnahmen überlebte das Unternehmen.

Aber beginnen wir mit einer klassischen Definition, die man einmal gehört haben muss:

Unter Finanzierung versteht man die Beschaffung und Disposition von Finanzmitteln. Dabei sollen Ziele wie Kapitalbeschaffung, Sicherung der Liquidität, finanzielle Unabhängigkeit unter wirtschaftlichen Gesichtspunkten realisiert werden.

Zentrale Frage ist nun, wo die Quellen dieser Finanzmittel liegen; woher kommt das benötigte Geld? Man unterteilt diese Quellen in Außen- und Innenfinanzierung.

Außenfinanzierung				Innenfinanzierung		
Beteiligungs-finanzierung	Kreditfinanzierung		Subventions-finanzierung	Überschussfinanzierung		Finanzierung aus Vermögens-umschichtung
	langfristige Kredit-finanzierung	kurzfristige Kredit-finanzierung		Selbst-finanzierung	Finanzierung aus Abschrei-bungen und Rückstellungen	
Zuführung von haftendem Kapital durch Aufnahme neuer Gesell-schafter, durch Aktienemission usw.	z.B. lang-fristige Bank-kredite, Schuld-scheindarlehen, Anleihen usw.	z.B. Konto-korrentkredit, Lieferanten-kredit, Kunden-anzahlungen usw.	z.B. Investi-tionszulagen, Förderkredite usw.	Einbehaltung von erwirt-schafteten Gewinnen	Zurückbe-haltung von erwirtschafteten Abschreibungen und Rück-stellungsgegen-werten	Veräußerung von Vermögen des Unter-nehmens, z.B. Grundstücke, An-lagen usw.
	Sonderformen: Leasing, Factoring					

Übersicht über die Finanzierungsformen

Klassische Außenfinanzierung: Geld von „draußen"

Wie der Name schon sagt, kommt bei der Außenfinanzierung benötigtes Geld von außen in das Unternehmen. So beteiligen sich beispielsweise Fremde am Unternehmen, aber auch der klassische Kredit ist Geld von „außen". Eigenmittel werden also geschont, aber Vorsicht: Nichts bekommen Sie umsonst! Wer Geld von außen einbringt, will natürlich mitverdienen.

Einlagen- bzw. Beteiligungsfinanzierung: Mehr Kapital oder neue Anteilseigner

Zunächst: Der typische Fall einer Außenfinanzierung ist *die Zuführung von mehr Eigenkapital durch den Inhaber* (es mag nun verwirrend sein, dass dieser Fall unter Außenfinanzierung läuft, da doch der Inhaber *sein* Geld in *sein* Unternehmen einbringt. Aber für das Unternehmen selbst ist dies nun mal eine externe Quelle im Gegensatz etwa zur Finanzierung aus selbst erwirtschafteten Gewinnen). Populär heißt diese Finanzierungsform: Es wird Geld „nachgeschossen".

Hat das Unternehmen beispielsweise die rechtliche Form einer Gesellschaft (z. B. eine GmbH = Gesellschaft mit beschränkter Haftung oder eine Kommanditgesellschaft), können vorhandene Anteilseigner ihre **Kapitaleinlage erhöhen,** die Gesellschafter einer Kommanditgesellschaft ihre Kommanditanteile oder GmbH-Gesellschafter ihre GmbH-Anteile.

Oder aber es werden **neue Anteilseigner** aufgenommen, die Kapital mitbringen. Diese Beteiligungsfinanzierung ist stark abhängig von der Gesellschaftsform. Bei manchen Gesellschaftsformen ist die Aufnahme neuer Gesellschafter relativ kompliziert, wie etwa bei der OHG (Offene Handelsgesellschaft) oder der GmbH. Man muss sich mit den Altgesellschaftern einigen und komplizierte formale Kriterien erfüllen. Einfach ist die Beteiligung bei der Aktiengesellschaft.

Die Grundprinzipien der Aktiengesellschaft: Auch ein Aktienkauf ist eine Beteiligung an einem Unternehmen. Wer heutzutage bei Aktiengesellschaften nur an börsennotierte Großunternehmen denkt, liegt falsch. Die sogenannte *kleine Aktiengesellschaft* ist mittlerweile weitverbreitet und eignet sich auch für kleinere Unternehmen. Ein weitverbreiteter Irrtum soll hier korrigiert werden: Aktiengesellschaften sind nicht zwingend an der Börse vertreten. Man kann diese Gesellschaftsform auch ohne den Gang an die Börse wählen. Trotzdem zum Verständnis kurz die Finanzierung über die Börse.

So kommt das Geld in die Aktiengesellschaft: Bei der Aktiengesellschaft ist das Grundkapital in viele kleine Teilbeträge (das sind die Aktien) aufgeteilt und eine Beteiligung ist bereits mit geringem Kapital möglich. Die Aktien werden ausgegeben (emittiert) und an der Börse gehandelt. Beispiel: Das Grundkapital eines Unternehmens (250.000 Euro) ist in Aktien im Nennwert von 5 Euro aufgeteilt. Da das Unternehmen aber mehr wert ist als das Grundkapital, wird das Unternehmen als Ganzes bewertet und nach dieser

Bewertung richtet sich der Ausgabekurs der Aktien, zum Beispiel 10,00 Euro. Das heißt, *mit jeder verkauften Aktie werden der Aktiengesellschaft Finanzmittel in Höhe des Ausgabekurses zugeführt.* Benötigt nun eine Aktiengesellschaft neues Kapital, um beispielsweise neue Märkte zu erobern, kann eine Kapitalerhöhung stattfinden. Es werden neue (sogenannte junge) Aktien ausgegeben und mit dem Verkauf dieser Aktien fließt neues Geld in die Kasse. Eine hervorragende Finanzierungsform.

Aus Übersichtlichkeitsgründen stark vereinfachtes Rechenbeispiel

Bilanz vor Ausgabe von Aktien			
Aktivseite der Bilanz		Passivseite der Bilanz	
Gebäude/Maschinen	250	Grundkapital	250
Vorräte	75		
Kundenforderungen	150	Verbindlichkeiten	300
Liquide Mittel	**75**		
Bilanzsumme	**550**	**Bilanzsumme**	**550**

Bilanz nach Ausgabe von Aktien			
Aktivseite der Bilanz		Passivseite der Bilanz	
Gebäude/Maschinen	250	Grundkapital	350
Vorräte	75	Kapitalrücklage	100
Kundenforderungen	150	Verbindlichkeiten	300
Liquide Mittel (+200)	**275**		
Bilanzsumme	**750**	**Bilanzsumme**	**750**

Die Gesellschaft verkauft an der Börse Aktien im Wert von 200

= 20 Aktien zum Nennwert von 5 Euro für 10 Euro pro Aktie

Der Gesellschaft sind auf diese Weise liquide Mittel von 200 zugeflossen (20 Aktien à 10 Euro), während sich das Grundkapital lediglich um 100 (10 Aktien à 5 Euro) erhöht hat. Die Differenz „landet" in der Kapitalrücklage.

So funktioniert die Finanzierung der Aktiengesellschaft

Kreditfinanzierung über die Bank: Die populärste Finanzierungsmöglichkeit

Kreditfinanzierung ist sicherlich die am weitesten verbreitete Finanzierungsart. Die erste Frage ist häufig, wie lange ein Kredit in Anspruch genommen werden soll So unterscheidet man:

Kurzfristige Kredite   =   Laufzeit bis circa ein Jahr
Mittelfristige Kredite   =   Laufzeit circa ein bis drei Jahre
Langfristige Kredite   =   Laufzeit ab circa drei Jahre.

K R E D I T E		Handels-/Warenkredite		Geldkredite (Darlehen)			Kreditleihe		
Lang-fristige	Langfristige Bankkredite	Industrieschuld-verschreibung	Gewinnschuld-verschreibung	Wandelschuld-verschreibng	Zero-Bonds	Schuldschein-darlehen			
Kurz-fristige	Kunden-anzahlung	Lieferanten-kredite	Konto-korrent-kredit	Lombard-kredit offiziell seit Einführung der EZB abgeschafft, aber funktional gibt es sie noch	Diskont-kredit	Akzept-kredit	Umkehr-wechsel	Aval-kredit

EZB = Europäische Zentralbank

Formen der Kreditfinanzierung

Kreditformen

Unterschied Kredit zu Darlehen: In der Praxis werden die Begriffe Kredit und Darlehen kaum unterschieden. Aber man sollte wissen, dass der Begriff Kredit weiter gefasst ist und beispielsweise auch den Avalkredit (siehe unten) mit einbezieht. Ein Darlehen ist dagegen eine reine Geldleihe. Der typische Bankkredit ist somit ein Darlehen.

Langfristige Bankkredite

Bei einem Darlehen gibt es eine Reihe von Begriffen, die man kennen sollte. Spätestens beim Gespräch in Ihrer Bank werden die folgenden Krediteckdaten wichtig werden. Warum? Sie haben wesentlichen Einfluss auf die Kosten des Darlehens – und jetzt geht es nicht nur um die Höhe der Zinsen.

Der Effektivzins: Hier werden alle (!) Kosten des Kredites berücksichtigt, also nicht nur die Höhe der Zinsen. Wichtig sind insbesondere der Nominalzins, also das, was man landläufig als den Kreditzins bezeichnet, die Laufzeit des Kredites und das sogenannte Disagio.

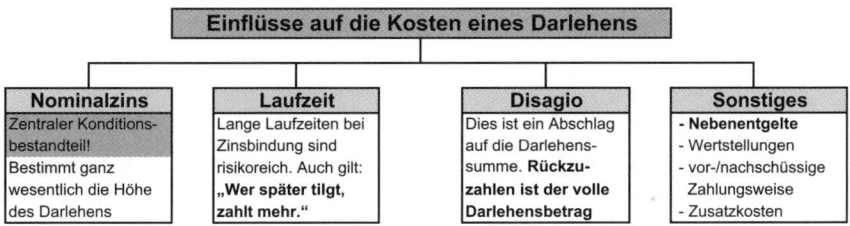

Einflüsse auf die Kosten eines Darlehens			
Nominalzins	**Laufzeit**	**Disagio**	**Sonstiges**
Zentraler Konditionsbestandteil! Bestimmt ganz wesentlich die Höhe des Darlehens	Lange Laufzeiten bei Zinsbindung sind risikoreich. Auch gilt: „Wer später tilgt, zahlt mehr."	Dies ist ein Abschlag auf die Darlehenssumme. **Rückzuzahlen ist der volle Darlehensbetrag**	- **Nebenentgelte** - Wertstellungen - vor-/nachschüssige Zahlungsweise - Zusatzkosten

Was die Kosten eines Darlehens beeinflusst

Vorsicht vor dem Disagio! Dies ist eine raffinierte Konstruktion der Banken. Denn nicht immer ist die Kreditsumme der Auszahlungsbetrag. Nein – es können Abschläge vereinbart werden, die quasi eine erste Zinszahlung darstellen. Denn zurückgezahlt wird das Darlehen zu 100 Prozent.

Beispiel:	Darlehenssumme	100.000 Euro
	– 3 Prozent Disagio	3.000 Euro
	Auszahlungsbetrag	**97.000 Euro.**

Sie bekommen lediglich 97.000 Euro ausbezahlt, müssen aber 100.000 Euro zurückzahlen. Zwar wird der Zinssatz für den Kredit mit einem Disagio geringer sein, aber das muss man jetzt genau rechnen!

Fazit: Fragen Sie im Bankgespräch immer nach dem Effektivzins. Dieser beinhaltet alle Kosten (einschließlich Disagio) und stellt somit einen guten Vergleich der Finanzierungskosten dar.

Die Darlehensarten

Es gibt verschiedene Kreditarten beziehungsweise Möglichkeiten, den geeigneten Kredit zu berechnen. Man sollte sich die diversen Möglichkeiten einmal von der Bank berechnen lassen. Die folgenden sind die wichtigsten Darlehensarten.

Abzahlungsdarlehen: Getilgt wird ein gleichbleibender Beitrag. So sinken im Zeitablauf die Zinsen, genauso die Belastung durch den Kredit.

Darlehenssumme	75.000 €	Zins %	7,50 %		
Laufzeit/Jahre	8	Tilgung p.a.	9.375 €		
Auszahlung	73.500 €				
Disagio %	2,00 %				
Laufzeit Jahre	Anfangsbestand Darlehen	Zinsen	Tilgung	Zinsen u. Tilgung	Endbestand Darlehen
1	75.000,00	56,25	9.375,00	9.431,25	65.625,00
2	65.625,00	49,22	9.375,00	9.424,22	56.250,00
3	56.250,00	42,19	9.375,00	9.417,19	46.875,00
4	46.875,00	35,16	9.375,00	9.410,16	37.500,00
5	37.500,00	28,13	9.375,00	9.403,13	28.125,00
6	28.125,00	21,09	9.375,00	9.396,09	18.750,00
7	18.750,00	14,06	9.375,00	9.389,06	9.375,00
8	9.375,00	7,03	9.375,00	9.382,03	0,00
Summen		253,13	75.000,00	75.253,13	

Abzahlungsdarlehen

Annuitätentilgung: Es wird ein gleichbleibender Betrag für den Kreditkunden errechnet. Die Zinsen verringern sich tilgungsbedingt von Jahr zu Jahr. Da die Annuität konstant bleibt, steigert sich so der jährliche Tilgungsbetrag. Im letzten Jahr wird das Darlehen abgelöst.

Darlehenssumme	100.000 €	Zins		5,50 %	
Laufzeit/Jahre	8				
Auszahlung	98.000 €				
Disagio %	2,00 %				

Laufzeit Jahre	Anfangsbestand Darlehen	Zinsen	Tilgung	Annuität	Endbestand Darlehen
1	100.000,00	55,00	12.475,96	12.530,96	87.524,04
2	87.524,04	48,14	12.482,82	12.530,96	75.041,22
3	75.041,22	41,27	12.489,68	12.530,96	62.551,54
4	62.551,54	34,40	12.496,55	12.530,96	50.054,98
5	50.054,98	27,53	12.503,43	12.530,96	37.551,56
6	37.551,56	20,65	12.510,30	12.530,96	25.041,25
7	25.041,25	13,77	12.517,18	12.530,96	12.524,07
8	12.524,07	6,89	12.524,07	12.530,96	0,00
Summen		247,66	100.000,00	100.247,66	

Annuitätentilgung

Endfälliges Darlehen (oder auch Festdarlehen genannt): Während der Laufzeit werden lediglich Zinsen gezahlt. Getilgt wird am Ende der Darlehensdauer in einer Summe.

Kreditsicherheiten

Dieses Thema kennt jeder: Die Bank will Sicherheiten. Man kann auf vielfältige Möglichkeiten zurückgreifen.

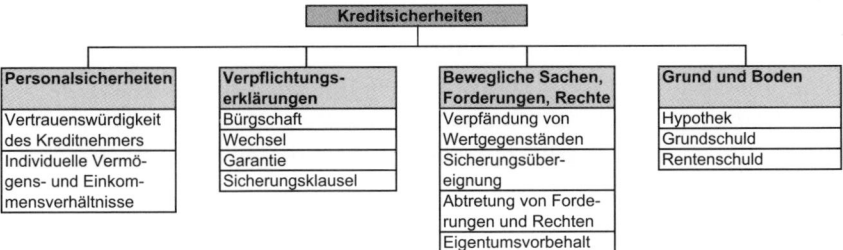

Übersicht über Kreditsicherheiten

Nun gibt es aber ein Problem: Wie bewertet die Bank die Sicherheiten? Schon viele Kreditnehmer haben sich geirrt und meinten, ihre Sicherheiten seien viel mehr wert als angenommen. So werden beispielsweise Grundstücke nur vielleicht zu 50 bis 80 Prozent des Verkehrswertes als Sicherheit bewertet. Forderungen gegenüber den eigenen Kunden oder Aktienpakete eventuell nur mit 50 Prozent. Ihr Warenlager oder ein Kfz bewertet die Bank mit 30 bis 50 Prozent. Also Vorsicht und nicht zu optimistisch sein, schnell erweist sich jetzt so mancher Kreditwunsch als nicht realisierbar.

Rating: Von zunehmender Bedeutung ist das sogenannte Rating. Hier wird die Bonität (Kreditwürdigkeit) des Unternehmens von der Bank oder von Ratingagenturen eingehend geprüft. Das Unternehmen wird einer Ratingklasse zugeteilt, die letztlich darüber entscheidet, ob der Kredit gewährt wird, aber auch darüber, wie hoch die Zinsen ausfallen (geringere Bonität = höhere Zinsen).

Sonstige Kreditfinanzierungsmöglichkeiten: Es muss nicht immer der klassische Bankkredit sein

Neben dem viel genutzten Bankkredit gibt es eine Vielzahl anderer Kreditfinanzierungsmöglichkeiten, von denen allerdings einige nur großen Unternehmen zur Verfügung stehen.

- **Industrieschuldverschreibung:** Auch Anleihe oder Obligationen genannt. Dies ist ein langfristiges Darlehen, welches ein großes Unternehmen an der Börse aufnimmt. Zu diesem Zweck erfolgt eine Aufteilung in Teilschuldverschreibungen. So können private und institutionelle Kapitalgeber „gesammelt" werden, die jeweils einen Zins erhalten.
- **Gewinnschuldverschreibung:** Neben dem Zins erhält der Schuldner noch eine Beteiligung am Gewinn des Unternehmens.
- **Wandelschuldverschreibung:** Hier wird neben den Rechten aus der „normalen" Schuldverschreibung verbrieft, dass der Inhaber ein Umtauschrecht in Aktien hat (Wandelanleihe) oder Bezugsrechte für Aktien erhält (Optionsanleihe).
- **Zero-Bonds:** Während der Laufzeit erfolgt keine Zinszahlung, sondern die Zero-Bonds werden mit einem Disagio (Abschlag) ausgegeben, aber dann zum Nennwert, also zum vollen Wert, getilgt. Die Differenz zwischen Ausgabe- und Rückgabewert ist der Ertrag für den Anleger.
- **Schuldscheindarlehen:** Dies ist eine Kreditform, die ohne Zwischenschaltung der Börse durch einen individuellen Vertrag zustande kommt.

Neben langfristigen Krediten können insbesondere kleinere Unternehmen aber auch die sogenannten Handels- beziehungsweise Warenkredite, die Geldkredite und die Kreditleihe in Anspruch nehmen.

- **Kundenanzahlung:** Insbesondere bei Auftragsfertigung kann eine Anzahlung durch den Kunden plausibel begründet werden.
- **Lieferantenkredit:** Die empfangene Leistung wird erst später bezahlt, man verzichtet zum Beispiel auf die Skontonutzung. Allerdings ist der Skontoverzicht ein sehr teurer Kredit! Man erkauft sich so bei der Zahlungsbedingung „2 Prozent Skonto innerhalb von 10 Tagen oder 30 Tage netto" einen Kredit von lediglich 20 Tagen mit 2 Prozent der Rechnungssumme. Auf das Jahr bezogen wären dies 36 Prozent Zinsen! Der Zinssatz für die Beanspruchung eines Lieferantenkredits berechnet sich nach folgender Formel:

$$\frac{\text{Skontosatz} \times 360}{\text{Zahlungsfrist} - \text{Skontofrist}} \quad \text{z. B.} \quad \frac{2 \times 360}{30 - 10} \quad = \quad \textbf{36 \% Kreditzinsen}$$

- **Wechselkredit:** Beim Wechselkredit kann ebenfalls später bezahlt werden. Drei Monate und länger sind nicht selten. Der Vorteil bei Wechselzahlung liegt für die Lieferanten darin, dass Wechsel sichere Papiere sind. Wird ein Wechsel nicht bezahlt, kommt es zum sogenannten Wechselprotest. Schnell erfolgt die Forderungseintreibung beim Kunden.
- **Kontokorrentkredit:** Hier kann ohne Formalitäten eine Kreditlinie ausgeschöpft werden. Vorsicht: Kontokorrentkredite sind meist teure Kredite.
- **Lombardkredit:** Die Bezeichnung dieser Kreditart ist seit der Einführung der EZB (Europäische Zentralbank) offiziell abgeschafft, aber funktional und auch im Sprachgebrauch gibt es sie noch. Es ist ein Beleihungskredit, die Bank wird quasi zum Pfandhaus. Bewegliche, marktgängige Vermögensgegenstände wie etwa Wertpapiere oder Schmuck werden verpfändet. Gängig ist auch der Warenlombard, die Überlassung gekaufter Waren. Die Zinsen orientieren sich an der sogenannten Spitzenrefinanzierungsfazilität der EZB.
- **Diskontkredit:** Auch hier ist die Bezeichnung Diskontkredit seit der Einführung der EZB offiziell abgeschafft, da es keinen sogenannten

Diskontsatz mehr gibt, aber funktional existiert auch diese Kreditart noch. Hier erfolgt der Verkauf von Wechseln vor Fälligkeit an eine Bank. Die Zinsen orientieren sich an dem sogenannten Basistender der EZB.

- **Akzeptkredit:** Man macht das Wechselgeschäft mit seiner Bank, das heißt hinter dem Wechsel steht letztlich die Bank, was den Wechsel in hohem Maße marktfähig macht.
- **Umkehrwechsel:** Dies ist ein Scheck-Wechsel-Tauschverfahren. Es wird mit Scheck unter Ausnutzung von Skonto gezahlt. Gleichzeitig wird ein Wechsel vom Lieferanten ausgestellt, mit dem über die Bank die Ausnutzung des Skontos vom Kunden finanziert wird.
- **Avalkredit:** Die Bank gibt eine Bürgschaft für eine Verpflichtung des Bankkunden gegenüber Dritten und erhält dafür eine Avalprovision.

Tipp: Greifen Sie nicht gleich zum klassischen Bankdarlehen, sondern prüfen Sie mit Ihrer Bank auch die Alternativen.

Sonderformen der Finanzierung: Leasing und Factoring

Leasing ist *ein langfristiges Mieten von Gegenständen des Anlagevermögens.* Der Leasinggeber überträgt dem Leasingnehmer die Nutzung an einer Sache, etwa einer Maschine, auf eine bestimmte Zeit gegen Entgelt. Der Vorteil ist: Hoher Finanzierungsbedarf wird umgewandelt in regelmäßige Leasingraten. Es entfallen Sicherheiten, wie oft bei der Kreditfinanzierung gefordert, da der geleaste Gegenstand selbst die Sicherheit darstellt. Zudem werden Eigenmittel geschont, die wiederum für andere Zwecke des Unternehmens verwendet werden können. Unter Umständen kann Leasing auch steuerliche Vorteile für das Unternehmen haben. Man unterscheidet zwei Formen des Leasing:

- **Operate-Leasing:** Dies entspricht normalen Mietverträgen und ist eigentlich kein echtes Leasing. Die Mietzeit ist eher kurzfristig und dient der Gebrauchsüberlassung, nicht der Finanzierung. Wartung und Instandhaltung trägt der Leasinggeber (Vermieter). Beispiel: Ein PKW wird für zwei Monate angemietet.
- **Finance-Leasing:** Hier gibt es eine längere Grundmietzeit, in der keine Kündigung möglich ist. Das Investitionsrisiko trägt somit letztlich der Leasingnehmer. Auch ist er für Wartung und Instandhaltung verantwortlich. Das Finance-Leasing ist das eigentliche Leasing. Beispiel: Ein

PKW wird für fünf Jahre geleast, Wartung und Reparatur zahlt der Leasingnehmer.

Sale and lease back: Bei dieser Leasing-Spezialform geht es um „Verkaufen und Zurückmieten". Das Leasingobjekt, beispielsweise ein Gebäude, wird an eine Leasinggesellschaft verkauft und gleichzeitig wird ein Leasingvertrag über die weitere Nutzung des Gebäudes geschlossen.

Factoring: Es werden Forderungen des Unternehmens an seine Kunden vor Fälligkeit an einen Factor verkauft. Normalerweise muss man auf den Zahlungseingang warten, bis die Forderung fällig ist, zum Beispiel 30 Tage nach Lieferung der Ware oder Erbringung der Leistung. Verkauft man nun diese Forderung, bekommt man **sofort**, gegen eine Factoringgebühr, das Geld aus der Forderung. So schafft Factoring zusätzliche Liquidität.

Subventionsfinanzierung

Unternehmen werden von Bund, Ländern, Gemeinden und so weiter subventioniert. Die Formen der Subventionen sind vielfältig. Sie reichen von direkten Zuschüssen, zinsgünstigen Darlehen über Investitionszulagen bis hin zur Übernahme von Infrastrukturaufwendungen (zum Beispiel die Übernahme der Kosten der Zubringerstraße).

> **Wussten Sie,** dass es circa 800 Förderprogramme in Deutschland gibt? Lohnenswert ist die Internetrecherche oder aber die Beratung bei der nächsten IHK (Industrie- und Handelskammer). Viele Unternehmen wissen gar nicht, dass sie förderungswürdig sind!

Die „kreative" Finanzierung: Was ist neu und sinnvoll?

Neue Finanzierungsinstrumente sind in die Diskussion gekommen. Hintergrund ist, dass die Eigenkapitalquote der Unternehmen häufig zu gering ist. Das bedeutet teure Fremdfinanzierung und geringe Absicherung im Krisenfall. So prüfen immer mehr Unternehmen alternative Finanzierungsinstrumente.

Mezzanine: Das Wort „Mezzo" ist italienisch und bedeutet „mittlere/r" oder „halb". Mezzanino ist das Zwischengeschoss in einem Gebäude. Übertragen auf den Begriff Mezzanine-Kapital ist dies eine Finanzierungsform, die sowohl Eigenkapital- wie auch Fremdkapitalcharakter hat, also in der Mitte der Finanzierungsformen liegt. Dabei wird **Geld von außen** – also eigentlich

Fremdkapital – wie Eigenkapital behandelt und damit die Eigenkapitalquote erhöht. Das ist grundsätzlich positiv und damit verbessern sich die Chancen eines Unternehmens auf einen günstigen Bankkredit.

Will man zum Beispiel ein Mitspracherecht von Kapitalgebern zulassen (oder aber nicht), kommen verschiedene Formen des Mezzanine-Kapitals zum Einsatz. Die folgende Übersicht zeigt die gängigsten Ausprägungen von Mezzanine-Kapital.

Mezzanine-Kapital	Stille Beteiligung	Genussschein	Nachrangdarlehen
Erklärung	Eine Beteiligung, die nach außen nicht in Erscheinung tritt. Die Einlage des stillen Gesellschafters in das Vermögen des Unternehmens.	Verbriefte Form eines Genussrechtes. Genussrecht: Man hat Anspruch auf Vermögensrechte, z. B. Zinsen, Gewinnbeteiligung usw.	Im Falle einer Insolvenz oder Liquidation des Unternehmens tritt dieses Darlehen im Rang hinter andere Verbindlichkeiten zurück. Der Darlehensgeber bekommt als letzter sein Geld.
Vergütung für den Kapitalgeber	Zinsen plus erfolgsabhängige Prämie	Flexibel gestaltbar	Fixe Verzinsung
Informations- und Mitbestimmungsrechte des Kapitalgebers	Abhängig vom Gesellschaftsvertrag, in der Regel sehr gering	gering Gläubigerstellung	gering Gläubigerstellung
Gewinnbeteiligung	Ja	Ja	Nein
Verlustbeteiligung	Ja, kann aber begrenzt werden (z. B. auf 50 %)	Üblicherweise ja, abhängig von der Vertragsgestaltung	Üblicherweise nein
Haftung des Kapitalgebers im Insolvenzfall	Haftet nicht persönlich, aber Nachrangabrede	Nein	Nein, aber Rangrücktrittserklärung
Wird das Kapital als Eigenkapital in der Bilanz ausgewiesen	Ja, wenn bestimmte Kriterien erfüllt sind, z. B. Nachrangabrede	Nein, Bilanzierung als Fremdkapital, im Rahmen des Ratings als wirtschaftliches Eigenkapital gewertet	Nein, aber im Rahmen des Ratings gelten mind. 50 % als wirtschaftliches Eigenkapital
Rechtsgrundlagen	§§ 230 bis 237 HGB §§ 705 bis 740 BGB	keine Regelungen	§§ 607 bis 610 BGB § 488 BGB

Formen des Mezzanine-Kapitals

Hinweis: Die Aufzählung der verschiedenen Varianten des Mezzanine-Kapitals kann nicht abschließend sein, denn abhängig von der vertraglichen Regelung sind viele Ausgestaltungen vorstellbar.

Private Equity: Bei dieser Finanzierungsform geht es um die Beschaffung von außerbörslichem *Eigenkapital* für Unternehmen. Der Eigenkapitalgeber ist kein Gesellschafter, sondern ein externer Dritter.

Venture-Capital (= Risikokapital, Wagniskapital) ist eine spezielle Form von Private Equity. Es bezeichnet die risikoreiche Finanzierung einer sehr frühen Phase eines Unternehmens, beispielsweise gibt es Venture-Capital-Gesellschaften, die gezielt in junge, innovative Unternehmen der Hightechbranche investieren. **Business Angels** sind eine weitere Spezialform des Private Equity. Business Angels sind branchenerfahrene, vermögende Privatinvestoren. Im Gegensatz zu anderen Finanzinvestoren stellen sie nicht nur finanzielle Mittel, sondern auch ihre Erfahrung und ihre Branchenkontakte zur Verfügung. Sie möchten vielversprechenden Unternehmen in der Gründungsphase als Partner zur Seite stehen und zum Erfolg verhelfen. Dem Existenzgründer muss dabei klar sein, dass er einen starken Partner an seiner Seite hat, der aber auch wesentlich an unternehmerischen Entscheidungen mitwirken wird.

Vorteile von Private Equity sind: Sie ist oft die einzig mögliche Finanzierungsform, wenn Sicherheiten für einen Bankkredit oder für andere Finanzierungsformen fehlen. Gerade Unternehmensneugründungen nehmen Venture-Capital in Anspruch, da geringe oder keine Sicherheiten vorliegen und die unsicheren Erfolgsaussichten des neuen Unternehmens nur risikowillige Anleger reizt. Neben der Bereitstellung von Finanzmitteln erfolgt auch eine Unterstützung bei der Unternehmensführung. Dies ist besonders vorteilhaft für unerfahrene Existenzgründer.

Nachteile sind: Der Kapitalgeber beansprucht regelmäßig ein starkes Mitspracherecht bei unternehmerischen Entscheidungen. Und Private-Equity-Kapital ist teuer. Die Zinssätze für Private Equity können zum Beispiel 15 Prozent betragen.

	Finanzierung	
	in der Gründungsphase eines Unternehmens, ca. die ersten 2 bis 5 Jahre	in späteren Unternehmensphasen, z. B. bei Umstrukturierungen, Sanierungen
Private-Equity-Gesellschaften	Venture-Capital	sonstiges Private Equity
Private Investoren	Business Angels	

Formen des Private Equity

Fazit: Diese alternativen Finanzierungsformen müssen gut überlegt sein. Zum einen holt man sich eventuell Leute ins Unternehmen, die „mitreden" wollen und zum anderen kann es teuer werden. Aber es kann sinnvoll sein, weil schnell neues Kapital in das Unternehmen einfließen kann und somit die Zukunft finanziert wird.

Klassische Innenfinanzierung: Geld „aus eigener Kraft"

Hier nutzt das Unternehmen interne Finanzmittel, die sich aus der Geschäftstätigkeit beziehungsweise aus dem Gewinn oder Vermögen des Unternehmens ergeben. Auf Geld aus externen Quellen wird nicht zurückgegriffen.

Selbstfinanzierung

Zunächst gibt es Mittelzuflüsse, die weitverbreitet gar nicht als Finanzierung bezeichnet werden: Finanzmittel aus dem laufenden Umsatzprozess, aus dem sogenannten Tagesgeschäft. Durch die Umsätze kommen flüssige Mittel ins Unternehmen, mit denen laufende Kosten finanziert werden: Materialkosten, Löhne und Gehälter, Zinsen et cetera. Finanzierung findet also nicht nur über Gewinne statt.

Gewinnthesaurierung/Selbstfinanzierung

Bei dieser Finanzierungsform finanziert sich das Unternehmen aus dem erwirtschafteten Gewinn (bzw. dem Cash Flow, näheres dazu siehe Kapitel Finanzkennzahlen). Thesaurierung = ansammeln, zurückhalten. Man benutzt also nicht ausgeschüttete Gewinne zur Finanzierung, also Gewinne, die nicht an die Inhaber bzw. Gesellschafter ausgeschüttet werden. Denn es gibt zwei Möglichkeiten, wie man Gewinne behandelt: Man kann sie an den Eigentümer bzw. die Gesellschafter ausschütten – oder sie bleiben im Unternehmen. Entweder als Risikovorsorge oder eben als Finanzmittel, z.B. für Investitionen. Da diese Finanzmittel nicht von außen kommen, z.b. in Form von Bankkrediten, sondern aus dem Unternehmen selber, bezeichnet man diese Finanzierungsform als Selbstfinanzierung.

Selbstfinanzierung

Effekte der Selbstfinanzierung					
Erwirtschafteter Gewinn des Unternehmens	100.000 €	100.000 €	100.000 €	100.000 €	100.000 €
Gewinnausschüttung in Prozent	0%	30%	50%	80%	100%
= Gewinnausschüttung in Euro	100.000 €	30.000 €	50.000 €	80.000 €	100.000 €
Selbstfinanzierungspotenzial	100.000 €	70.000 €	50.000 €	20.000 €	0 €

Je niedriger die Gewinnausschüttung, desto höher das Selbstfinanzierungspotenzial

Selbstfinanzierung

Vorteile der Selbstfinanzierung: Es fallen keine Zins- und Tilgungszahlungen wie z.B. beim Kredit an. Durch die Einbehaltung von Gewinnen wird das Eigenkapital gestärkt. Nicht zuletzt führt dies zu einer positiven Außenwirkung, wodurch man wieder leichter bzw. billiger Kredite bekommt. Und es gibt keine Zweckbindung bei der Selbstfinanzierung (wie z.B. häufig bei Krediten). So können auch risikoreiche Investitionen realisiert werden. Im ersten Ansatz also eine insgesamt problemlose Finanzierungsform, da diese Möglichkeit im Gegensatz z.B. zum Kredit als kostenlose Finanzierung angesehen wird.

Aber! Man darf jetzt nicht übersehen, dass als Vergleich zur Kreditfinanzierung immer auch der entgangene Alternativvertrag des Unternehmensgewinnes gesehen werden muss. Beispiel: Bietet der Kapitalmarkt z.B. über Aktien oder Staatsanleihen, die Möglichkeit, einen Unternehmensgewinn mit z.B. 8 % anzulegen und liegen die Kreditzinsen bei nur 6 %, ist es sinnvoller, die Finanzierung durch Kredit vorzuziehen. Denn nun würde sich die vermeintlich „kostenlose" Finanzierung aus Gewinnen nachteilig auswirken, ein

Kredit wäre die günstigere Alternative. Allerdings ist eine Anlage auf dem Kapitalmarkt meist mit einem Risiko verbunden. Die Finanzkrise der letzten Jahre hat manche Hoffnungen auf gute und vermeintlich sichere Anlagen zerstört.

Finanzierung aus Abschreibungen und Rückstellungen

Diese Finanzierungsformen sind im ersten Ansatz nicht immer transparent. Die Finanzierungseffekte passieren „automatisch" und sind nur schwer konkret zu rechnen.

Grundsätzliches zur Finanzierung aus Abschreibungen: Der Hintergrund ist, dass Abschreibungen als Finanzmittel zurückfließen. Wie das passiert? In die Preise werden in der Regel die Abschreibungen als Kostenfaktoren einkalkuliert. Werden diese einkalkulierten Abschreibungen durch den Verkaufspreis erlöst, fließt Geld in das Unternehmen, dem keine Ausgaben (im Gegensatz etwa zu Materialkosten oder Löhnen) gegenüberstehen: nämlich das Geld aus den einkalkulierten Abschreibungen. Die so, wie man sagt, „verdienten" Abschreibungen stehen dann als Finanzierungspotenzial zur Verfügung.

Konkret: Ersatzinvestitionen durch zurückgeflossene Abschreibungen. Dieser Effekt ergibt sich, wenn die (Ersatz-)Investition nicht sofort getätigt werden muss, sondern erst am Ende der Abschreibungsdauer einer Anlage (man nennt dies auch Kapazitätsfreisetzungseffekt). Nun kommt es im Laufe der Jahre der Anlagennutzung zu Einzahlungen aus den Abschreibungen über die Preise (siehe oben) und am Ende steht ein Finanzierungspotenzial für den Ersatz der Anlage zur Verfügung. Die Finanzierung findet also über die Abschreibungen der Vergangenheit statt. In der Praxis werden derartige Effekte allerdings selten konkret gerechnet. Sie sind aber durchaus vorhanden.

Jahr (31.12.)	2012	2013	2014	2015	2016
Investitionen	5.000 €				1.000 €
Abschreibungen pro Jahr	1.000 €	1.000 €	1.000 €	1.000 €	1.000 €
Abschreibung kumuliert	1.000 €	2.000 €	3.000 €	4.000 €	5.000 €

Nach 5 Jahren ist die neue Investition finanziert (verdient)

Finanzierung aus „verdienter" Abschreibung

Finanzierung

Konkret: Kapitalerweiterungseffekt durch Abschreibungen (in der Literatur auch Lohmann-Ruchti-Effekt genannt). Jetzt werden die freigesetzten Mittel *sofort* wieder investiert. Es ergibt sich ein Kapazitätserweiterungseffekt, jedes Jahr kommen durch verdiente und sofort investierte Abschreibungen zusätzliche Kapazitäten hinzu. Effekt: die Kapazität steigt auf über das Doppelte, nimmt dann wieder ab.

Modellrechnung Kapazitätserweiterungseffekt (Lohmann-Ruchti-Effekt)

Erstinvestition	**1.000** Euro
Nutzungsdauer	**5** Jahre
Anfangskapazität	**5.000** Stück

Jahr	Perioden-kapazität	Abschreibungen = Investition am Ende des Jahres													
		1	2	3	4	5	6	7	8	9	10	11	12	13	14
1	5.000 Stück	200 €	200 €	200 €	200 €	200 €									
2	6.000 Stück	200 €	40 €	40 €	40 €	40 €	40 €								
3	7.200 Stück		240 €	48 €	48 €	48 €	48 €	48 €							
4	8.640 Stück			288 €	58 €	58 €	58 €	58 €	58 €						
5	10.368 Stück				346 €	69 €	69 €	69 €	69 €	69 €					
6	7.441 Stück					415 €	83 €	83 €	83 €	83 €	83 €				
7	7.928 Stück						298 €	60 €	60 €	60 €	60 €	60 €			
8	8.313 Stück							317 €	63 €	63 €	63 €	63 €	63 €		
9	8.536 Stück								333 €	67 €	67 €	67 €	67 €	67 €	
10	8.515 Stück									341 €	68 €	68 €	68 €	68 €	68 €
											341 €				

Kapazitätserweiterungseffekt aus der Finanzierung durch Abschreibungen

Allerdings gibt es hier einige **Einschränkungen:** Bei der Investition muss es sich um identische Anlagen handeln. Abschreibungen müssen am Ende der Periode in liquider Form zur Verfügung stehen und werden sofort wieder investiert. Die Abschreibungen müssen in etwa der Minderung der Nutzungsfähigkeit entsprechen. Und ein Marktaspekt ist zu beachten: Der Kapazitätserweiterung muss natürlich eine **entsprechende Nachfrage** gegenüberstehen. Es gibt also viele Nebenbedingungen, sodass diese Methode eher theoretischen Charakter hat, exakt rechnen lässt sie sich schon gar nicht. *Aber: Der Effekt ist vorhanden!*

Finanzierung aus Rückstellungen: Der Finanzierungseffekt ist hier, dass in die Preise einkalkulierte Rückstellungen **bis zur Auflösung** oder Zahlung der Rückstellung als Finanzpotenzial zur Verfügung stehen. Dieser Effekt wird insbesondere bei Pensionsrückstellungen wirksam.

Es gibt gesetzliche Vorgaben zur Rückstellungsbildung, aber auch Gestaltungsspielräume. So kann man Rückstellungen höher bewerten und erhöht damit das Finanzierungspotenzial. Voraussetzung ist wie bei den Abschreibungen allerdings auch hier, dass die gebildeten Rückstellungen über die Preise „verdient" werden.

Modellrechnung Finanzierung aus Rückstellungen			
	Rechnung vor Rückstellung	Rechnung nach Rückstellung	Abweichung
Erträge	750.000 €	750.000 €	0 €
Materialkosten	150.000 €	150.000 €	0 €
Personalkosten	250.000 €	250.000 €	0 €
Abschreibungen	50.000 €	50.000 €	0 €
Sonstige Kosten	200.000 €	200.000 €	0 €
Rückstellungen	0 €	50.000 €	50.000 €
Summe Aufwendungen	650.000 €	700.000 €	50.000 €
Gewinn	**100.000 €**	**50.000 €**	**-50.000 €**
- Ertragssteuern 30 %	30.000 €	15.000 €	-15.000 €
= Potenzielle Gewinnausschüttung	**70.000 €**	**35.000 €**	**-35.000 €**

Finanzierungseffekte
1. Es ergibt sich eine (zeitlich befristete) Steuerersparnis von 15.000 Euro
2. Der ausschüttbare Gewinn verringert sich um 35.000 Euro

Finanzierung aus Rückstellungen

Was sind Rückstellungen? Zunächst ist wichtig zu wissen: Rückstellungen verkleinern den Gewinn und mindern die Steuerlast. Sie sind letztlich Verbindlichkeiten, die schon verursacht sind. Nur – man weiß entweder noch nicht genau, in welcher Höhe eine Verbindlichkeit auf das Unternehmen zukommt oder wann die Verbindlichkeit kommt. Man weiß nur: Es kommt irgendwann irgendeine Zahlung. Die Bildung von Rückstellungen ist beispielsweise zwingend bei drohenden Verlusten (ein Kunde zahlt nicht) oder absehbaren Gewährleistungen (Kunden beanspruchen Garantie). Lässt man jetzt seine Rückstellung (bewusst) etwas höher ausfallen (Vorsicht, Rückstellungen werden von Wirtschaftsprüfern besonders gern intensiv geprüft), fällt der Gewinn. Die Effekte daraus:

- Es muss **weniger Gewinn** ausgeschüttet werden
- Die **Steuerlast sinkt** (zunächst).

Natürlich müssen Rückstellungen irgendwann aufgelöst werden, etwa wenn Garantieleistungen dann fällig sind. Aber bis dahin „bleibt" das Geld im Unternehmen und kann für Finanzierungszwecke herangezogen werden.

Vermögensumschichtung

Bei dieser Finanzierungsart wird ein Teil des Unternehmensvermögens verkauft, zum Beispiel Anlagevermögen wie nicht mehr benötigte Maschinen oder Grundstücke. In besonderen Fällen wird man auch Umlaufvermögen verkaufen, beispielsweise Vorräte. So kommen über die Verkäufe flüssige Mittel ins Unternehmen.

Finanzierungsregeln: Die optimale Kapitalstruktur finden

In den Unternehmen, aber auch bei den Kreditgebern stellt sich die Frage, welche Struktur die Finanzierung aufweisen sollte. Wie hoch sollten beispielsweise die Relationen Eigen-/Fremdkapital sein oder wie sollte das Vermögen des Unternehmens (Aktivseite der Bilanz) finanziert sein? Hier haben sich eine Reihe von Kapitalstrukturregeln beziehungsweise Finanzierungsempfehlungen gebildet. Diese beschäftigen sich nicht mit der Höhe der Finanzierung oder einzelnen Finanzierungsformen, sondern mit der Zusammensetzung des Kapitalbedarfs.

Vertikale Kapitalstrukturregel: Die Finanzierungsregeln betrachten die Passivseite der Bilanz, das Eigen- und Fremdkapital. Es gilt: Je höher der Eigenkapitalanteil, desto besser die Finanzierungsstruktur. Denn Eigenkapital steht im Prinzip „ewig" zur Verfügung und wird in der Regel nicht zurückgefordert. Fremdkapital muss irgendwann zurückgezahlt werden, wofür dann Liquidität vorhanden sein muss. Ein überwiegend fremd finanziertes Unternehmen finanziert sich darüber hinaus auch teuer, da Kredite Zinsen nach sich ziehen.

Eigenkapital dient als Risikoträger und fängt Verluste auf. Je höher das Eigenkapital, desto höhere Verluste kann sich das Unternehmen „leisten", denn Verluste werden zunächst „intern" durch die Eigenkapitalgeber getragen: Diese verzichten auf Ausschüttungen oder ganz auf ihr Eigenkapital. Fremdkapitalgeber ziehen irgendwann Ihr Geld wieder ab und Kredite müssen getilgt werden. **Fazit:** Hohes Eigenkapital gibt dem Unternehmen Sicherheit.

In ihrer strengsten Form hält die vertikale Kapitalstrukturregel ein 1 : 1-Verhältnis von Eigen- und Fremdkapital für erstrebenswert. In der Praxis findet man dagegen ein derartiges Verhältnis nicht oft. Die Realität liegt häufig beim Faktor 1 : 4 (branchen- und rechtsformabhängig).

Bilanz

Aktiva		Passiva				
			1 : 1	1 : 2	1 : 3	10 : 1
Anlagevermögen	1.000	Eigenkapital	750	500	375	137
Umlaufvermögen	500	Fremdkapital	750	1.000	1.125	1.363
Bilanzsumme	**1.500**	**Bilanzsumme**	**1.500**	**1.500**	**1.500**	**1.500**

↑ **Vertikale**
↓ **Betrachtungsweise**

1: 1 Das Eigenkapital ist genauso hoch wie das Fremdkapital **(erstrebenswert)**
1: 2 Das Eigenkapital beträgt noch 50 % des Fremdkapitals **(solide)**
1: 3 Das Eigenkapital beträgt noch 33 % des Fremdkapitals **(noch o.k., in der Praxis häufig anzutreffen)**
1: 4 Das Eigenkapital beträgt lediglich 10 % des Fremdkapitals **(kritisch!)**

Die vertikale Finanzierungsregel

Horizontale Kapitalstrukturregel: Bei dieser Regel wird gefordert, dass langfristig gebundenes Vermögen (z. B. das Anlagevermögen) auch langfristig zu finanzieren ist. Finanziert man Anlagevermögen kurzfristig, kann es passieren, dass kurzfristige Kredite fällig sind, bevor ein entsprechender Zahlungsfluss durch die Anlagen erwirtschaftet werden konnte.

Horizontale Betrachtungsweise

⟵⟶

Bilanz

Aktiva		Passiva			
			1	2	3	4
Anlagevermögen	1.000	Eigenkapital	1.000	700	900	200
Langfristiges Umlaufvermögen	300	Langfristiges Fremdkapital	300	300	400	200
Kurzfristiges Umlaufvermögen	200	Kurzfristiges Fremdkapital	200	500	200	1.100
Summe Umlaufvermögen	500	Summe Fremdkapital	500	800	600	1.300
Bilanzsumme	**1.500**	**Bilanzsumme**	**1.500**	**1.500**	**1.500**	**1.500**

Situation 1: Das Anlagevermögen ist voll durch das Eigenkapital gedeckt **(o.k.)**
Situation 2: Das Anlagevermögen ist durch das Eigenkapital u. langfristiges Fremdkapital langfristig finanziert **(o.k.)**
Situation 3: Anlagevermögen und langfristiges Umlaufvermögen sind langfristig finanziert **(o.k.)**
Situation 4: Anlagevermögen und langfristiges Umlaufvermögen sind weitestgehend kurzfristig finanziert **(kritisch!)**

Die horizontale Finanzierungsregel

Populär ist auch die sogenannte „goldene Bilanzregel". Sie fordert in ihrer *strengen Auslegung*, dass das Anlagevermögen durch Eigenkapital finanziert wird, also 100 Prozent Anlagendeckung. Im Allgemeinen wird aber in Deutschland und Österreich schon ein Deckungsgrad von 50 bis 60 Prozent als ausreichend bezeichnet (sehr branchen- und rechtsformabhängig). Die Praxis sieht also anders aus. In der *weiten Fassung* der goldenen Bilanzregel wird neben dem Anlagevermögen noch das langfristige Umlaufvermögen und auf der Passivseite das langfristige Fremdkapital betrachtet.

Bilanz

Aktiva	Passiva
Anlagevermögen	Eigenkapital
Langfristiges Umlaufvermögen	Langfristiges Fremdkapital
Kurzfristiges Umlaufvermögen	Kurzfristiges Fremdkapital

Die goldene Bilanzregel

Der Leverageeffekt = Hebelwirkung der Fremdkapitalfinanzierung: Sinnvoll kann es sein, mit der sogenannten „Hebelwirkung" (engl. leverage = Hebelkraft) der Fremdfinanzierung zu arbeiten, etwa mit einem Bankdarlehen. Liegt die Rendite einer Investition über den Kreditzinsen, hat es sich gelohnt, diesen Kredit aufzunehmen. So kann eine weitere Verschuldung durchaus sinnvoll sein; sie „lohnt" sich. Es gibt aber auch die gefährliche umgekehrte Hebelwirkung, denn die Eigenkapitalrentabilität sinkt entsprechend bei unrentablen Investitionen.

Darüber hinaus gibt es noch eine Reihe von finanzmathematischen Modellen zur Finanzierung, die versuchen, die Eigenkapitalquote zu optimieren, ohne dabei die Liquidität zu gefährden. In der Praxis sind diese Modelle noch nicht weitverbreitet und teilweise recht theoretischer Natur.

| | Ausgangs-position | Es wird eine Investition von 2.000 Euro getätigt | | | | | |
| | | Rendite der Investition gleich dem Kreditzins | | Rendite der Investition höher als der Kreditzins | | Rendite der Investition geringer als der Kreditzins | |
		Invest.	Situation neu	Invest.	Situation neu	Invest.	Situation neu
Eigenkapital	10.000	0	10.000	0	10.000	0	10.000
Fremdkapital	0	2.000	2.000	2.000	2.000	2.000	2.000
Gesamtkapital	10.000	2.000	12.000	2.000	12.000	2.000	12.000
Gewinn vor Fremdkapitalzinsen	1.000	120	1.120	300	1.300	80	1.080
Fremdkapitalzinsen	0	120	120	120	120	120	120
Gewinn nach Fremdkapitalzinsen	1.000	0	1.000	180	1.180	-40	960
Eigenkapitalrentabilität	10,0 %	10,0 %		11,8 %		9,6 %	
Gesamtkapitalrentabilität	10,0 %	8,3 %		9,8 %		8,0 %	
Kreditzinssatz		6,0 %		6,0 %		6,0 %	
Rendite der Investition		0,0 %		9,0 %		-2,0 %	
		Die Eigenkapitalrentabilität verändert sich nicht		Positive Hebelwirkung! Durch mehr Fremdkapital steigert sich die Eigenkapitalrentabilität		Negative Hebelwirkung! Durch mehr Fremdkapital sinkt die Eigenkapitalrentabilität	

Der Leverageeffekt

Kritik an den Finanzierungsregeln: Theorie und Praxis üben heftige Kritik an diesen Regeln und bewerten sie als zu **allgemein:** Das bedeutet, bei den starren Regeln werden Branchenzugehörigkeit und Vermögensstruktur vernachlässigt. Ein anlageintensiver Produktionsbetrieb bedarf einer anderen Finanzierungsstruktur als ein vorratsintensiver Handelsbetrieb. Weitere Kritik: die Regeln sind **praxisfremd.** Es heißt, die Regeln werden von den Unternehmen schon lange nicht mehr eingehalten. So wird eine Beurteilung von Unternehmen nach diesen Regeln fraglich. Und nicht zuletzt werden die Regeln als **unzuverlässig** eingeschätzt. Fachleute kritisieren:

1. **Die Einhaltung der Regeln garantiert nicht die Sicherung der Zahlungsfähigkeit:** So können eventuell Forderungen nicht eingetrieben werden oder größere Investitionsprojekte scheitern. Trotz Einhaltung der Regeln kann das Unternehmen in die Insolvenz rutschen.

2. **Die Missachtung der Regeln führt nicht zwingend zur Insolvenz:** Wenn jeweils genügend und sicher Anschlusskredite möglich sind, kann auch ein sehr geringer Eigenkapitalanteil und die Missachtung von Finanzierungsfristen (Missachtung der „goldenen Regel") auf lange Sicht unschädlich bleiben, was die Praxis vielfach zeigt.

Die wichtigsten Finanzkennzahlen:
Vom Cashflow über die Liquidität bis zum ROI

Kennzahlen sind ein in der Praxis weitverbreitetes Instrument. Schnell wird der Finanzbereich transparent und lässt sich so steuern, Risiken werden gut erkannt. Kennzahlen werden gebildet, indem Zahlen in Beziehung zueinander gesetzt werden und dadurch ihre Aussagekraft erhöht wird.

Cashflow: Was fließt an Geld in die Kasse (bzw. aufs Konto)?

Der Cashflow (frei übersetzt = Kassenzufluss) ist eine populäre Messzahl für die Finanzkraft des Unternehmens. Denn der Gewinn fließt nicht in voller Höhe als Einnahme („Cash") in die Kasse, da in ihm Abschreibungen, Rückstellungen et cetera enthalten sind. Bei Abschreibungen und Rückstellungen fließt kein Geld und obwohl der Gewinn gedrückt wird, ist das Geld noch im Unternehmen und steht so für die Finanzierung von beispielsweise Neuinvestitionen oder die Schuldentilgung zur Verfügung. Der Cashflow wird in seiner Grundstruktur wie folgt berechnet: **Gewinn + Abschreibungen + Rückstellungen = Cashflow.**

In der Praxis findet man häufig eine Reihe weiterer Posten. Dem Gewinn werden alle Aufwendungen **zugeschlagen** (+), die nicht Cash sind: Einstellungen in die Rücklagen, Erhöhung des Gewinnvortrages, Abschreibungen, Erhöhung von Wertberichtigungen, Erhöhung der Rückstellungen, Bestandsminderung an fertigen und unfertigen Erzeugnissen, periodenfremde und außerordentliche Aufwendungen.

Es werden aber auch alle Erträge **abgezogen** (-), wo kein Geld geflossen ist: Entnahme aus Rücklagen, Auflösung von Wertberichtigungen, Minderung der Sonderposten mit Rücklageanteil, Auflösung von Rückstellungen, Bestandserhöhungen, aktivierte Eigenleistungen, periodenfremde und außerordentliche Erträge.

Free Cashflow: Dies ist ein erweiterter Cashflow, bei dem schon eine Verwendung des Cashflows berücksichtigt wird, beispielsweise der Teil des „Cash", der investiert wird, oder Erhöhungen von Kundenforderungen. Das Ergebnis ist ein Wert zum Beispiel für Ausschüttungen oder eine Cash-Reserve.

Direkte Ermittlung					Indirekte Ermittlung	
Umsatz	2.880.000			2.880.000	Gewinn	183.000
Aktivierte Eigenleistungen	45.000	Übernahme		---		-45.000
Bestandserhöhungen	55.000	nur der		---		-55.000
Bestandsminderungen	-28.000	Cash-Positionen		---		28.000
Sonstige betriebliche Erträge	28.000			28.000		
Auflösung Rückstellungen	35.000			---	vom	-35.000
Summe Erträge	3.015.000			2.908.000	Gewinn	
Materialaufwand	410.000			410.000	zum	
Personalaufwand	1.430.000			1.430.000	Cashflow	
Abschreibungen	210.000			---		210.000
Zinsen	37.000			37.000		
Sonstiger betrieblicher Aufwand	675.000			675.000		
Erhöhung Rückstellungen	70.000			---		70.000
Summe Aufwendungen	2.832.000			2.552.000		
Gewinn	183.000	Cashflow		356.000	Cashflow	356.000

Ermittlung Cashflow

Cashflow	356.000
-/+ Investitionen	-140.000
-/+ Erhöhung/Minderung Umlaufvermögen	-20.000
= Free Cashflow	196.000

Ermittlung Free Cashflow

Berechnung eines Cashflows

Die folgenden Kennzahlen sind ebenfalls weitverbreitet.

Verschuldungsgrad: In welcher Höhe ist fremdfinanziert? Je höher die Fremdfinanzierung im Unternehmen ist, desto höher das Risiko, denn Fremdkapital muss zurückgezahlt werden. Auch steigt das Risiko der Kapitalbeschaffung, denn es gilt: Je mehr Schulden das Unternehmen hat, umso schwieriger ist die Kreditbeschaffung. Weiteres Risiko: Bei hohem Fremdkapitalanteil muss man auch in „schlechten Zeiten", also in ertragsschwachen Jahren, Zinsen und Tilgung zahlen.

Schuldtilgungsdauer in Jahren: Wann sind die Schulden bezahlt? Es wird analysiert, in wie vielen Jahren das Unternehmen aus eigener Leistungskraft seine Schulden zurückzahlen kann. Die Frage ist: Wie oft (wie viele Jahre) muss der letzte Jahres-Cashflow erarbeitet werden, damit die Schulden zurückbezahlt sind?

Investitionsdeckung: Stimmt die Investitionshöhe? Hier stellt sich die Frage: In welchem Ausmaß können Investitionen aus Abschreibungen finanziert werden? Ausgangspunkt ist, dass die Abschreibungen über die Preise wieder „hereinkommen", da sie in das Produkt als Kosten kalkuliert wurden und über den Preis erlöst werden. Ein Wert von mindestens

100 Prozent deutet an, dass die Neuinvestitionen über Abschreibungen finanziert werden konnten. Er bedeutet allerdings auch, dass mehr abgeschrieben als investiert wurde. Im Unternehmen wird der Wertverlust (Abschreibung) also nicht durch Neuinvestition ausgeglichen. Im Laufe der Zeit verliert das Unternehmen dadurch seine Substanz. Deswegen lautet die grobe Formel für die Höhe von Neuinvestitionen: Investitionen = Abschreibungen.

Working Capital: Ist sicher finanziert worden? Eine sehr weitverbreitete Kennzahl. Ist das Working Capital positiv, übersteigt das Umlaufvermögen die kurzfristigen Verbindlichkeiten. Ein Teil des Umlaufvermögens wurde folglich langfristig finanziert. Das ist positiv und bringt Sicherheit. Negatives Working Capital bedeutet, dass ein Teil des Anlagevermögens kurzfristig finanziert wurde. Liquiditätsgefahr! Je höher also das Working Capital, umso solider die Finanzierung.

Basisdaten sind die Daten aus der Bilanz bzw. der Gewinn- und Verlustrechnung					
Aktiva	**Bilanz**	Passiva	**Gewinn- und Verlustrechnung**	
Anlagevermögen	250	Eigenkapital	200	Umsatz	420
davon Neuinvestitionen	35			Materialkosten	140
Umlaufvermögen		Fremdkapital		Personalkosten	170
- langfristig	30	- langfristig	170	Abschreibungen	40
- kurzfristig	230	- kurzfristig	165	Sonstige Kosten	30
Flüssige Mittel	25			**Gewinn**	**40**
Bilanzsumme	**535**	**Bilanzsumme**	**535**	Cashflow (Gewinn+Abschr.)	80

Aus der Bilanz und der Gewinn- und Verlustrechnung abgeleitete Kennzahlen			
Verschuldungsgrad	**Schuldtilgungsdauer/Jahre**	**Investitionsdeckung**	**Working Capital**
Fremdkapital x 100 / Bilanzsumme	Fremdkapital - flüssige Mittel / Jahres-Cashflow	Abschreibungen x 100 / Investitionssumme	Kurzfristiges Umlaufvermögen - kurzfristiges Fremdkapital = Working Capital
$\frac{335 \times 100}{535}$ = **63%**	$\frac{335 - 25}{80}$ = **3,9 Jahre**	$\frac{40 \times 100}{35}$ = **114%**	230 – 165 = **65 Euro**

Wichtige Finanzkennzahlen

Return on Investment (ROI): Fließen die Mittel zurück? Jetzt geht es um die existenzielle Frage, ob die Rentabilität stimmt. Die eingesetzten Mittel, das Eigen- und Fremdkapital muss einen „Return", also einen Rückfluss, erwirtschaften. Diese Kennzahl setzt sich aus mehreren Komponenten zusammen, die für sich gesehen ebenfalls interessant sind: Umsatzrentabilität und Kapitalumschlagshäufigkeit.

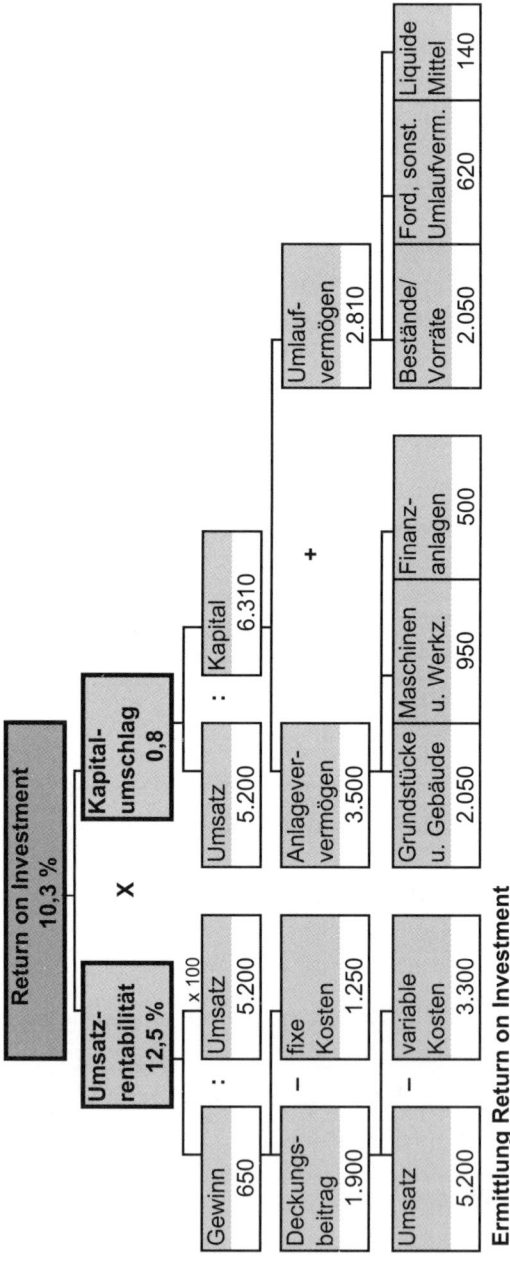

Ermittlung Return on Investment

Grundschema/Aufbau einer ROI-Darstellung

Die Umsatzrentabilität beantwortet die Frage, wie viel Gewinn der Umsatz erwirtschaftet. Es wäre Unsinn, „Umsatz um jeden Preis" erzielen zu wollen. **Der Kapitalumschlag** zeigt, wie intensiv das eingesetzte Kapital im Unternehmen genutzt wird. Eine Umschlagshäufigkeit von 2 bedeutet, dass mit 1 Euro Kapital 2 Euro an Umsatz erzielt wurden. Das heißt: Je höher der Kapitalumschlag, desto geringer der Kapitalbedarf. Denn das Kapital wird öfter umgeschlagen. Die Rendite des gesamten Kapitaleinsatzes wird also (auch) durch die Umsatzrendite und die Umschlagshäufigkeit beschrieben. Durch die weitere Differenzierung sieht man, an welchen Hebeln und Schrauben man drehen kann oder muss, um den ROI zu beeinflussen.

Die ROI-Darstellung in ihrer detaillierten Form nennt man übrigens in Fachkreisen den „ROI-Baum" (siehe Abbildung nächste Seite).

Tipp: Jedes Unternehmen sollte ein Kennzahlenblatt über die finanzielle Situation erstellen und die Kennzahlen regelmäßig verfolgen, mindestens vierteljährlich. Es sollten „Eingreifpunkte" festgelegt werden, also Punkte, an denen eine Kennzahl aus dem Ruder läuft und man gegensteuern sollte.

Finanzplanung: Die finanzielle Zukunft sichern

Vereinfacht gesagt: Es muss dafür gesorgt werden, dass immer genügend Geld da ist. Das ist sicherlich das Hauptziel. Zunächst wird im Rahmen einer ersten Finanzplanung untersucht, was es im laufenden Jahr an Einnahmen und Ausgaben gibt. Basis hierfür ist die Planung. Es werden Umsätze und Kosten geplant, Kreditaufnahmen und Tilgungen. Bei der Übernahme der Einnahmen und Ausgaben heißt es aufpassen: Wenn man zum Beispiel für März 140.000 Euro Umsatz plant, heißt das noch lange nicht, dass diese Einnahme auch im März kommt. Es gibt Zahlungsziele, Vereinbarungen mit Kunden und so weiter. Auch auf der Ausgabenseite müssen die Daten angepasst werden. So sind die Lohnzahlungen unterjährig abgegrenzt, das heißt, das im November gezahlte Weihnachtsgeld ist schon vorab auf die Monate verteilt worden, wobei die Ausgabe natürlich erst im November erfolgt. Auch werden nicht alle Daten aus der Kostenplanung übernommen. Abschreibungen bleiben beispielsweise außen vor, denn hier fließt kein Geld!

Jahresplanung	Übernahme in den Finanzplan	Jahresfinanzplan
Umsätze + sonstige Leistungen = Leistung		Einnahmen lfd. Geschäft – Ausgaben lfd. Geschäft
	nur (!) Cash-Positionen	
– Kosten	einnahmewirksamer und ausgabewirksamer Positionen (z. B. keine Übernahme von Kosten, die nicht ausgabewirksam sind wie etwa Abschreibungen)	– Investitionen +/– Kreditaufnahme/-tilgung +/– Sonstiges
= Ergebnis		**= Finanzplan** *es ergibt sich ein Liquiditätsüberschuss bzw. eine Liquiditätslücke*

Grundschema Erstellung eines Finanzplanes

So kommt man zu einem Finanzplan: Erst wird die normale Jahresplanung erstellt, dann die Finanzplanung abgeleitet.

Alle Daten in 1.000 Euro	1	2	3	4	5	6	7	8	9	10	11	12	Summe
Bestand an flüssigen Mitteln (Kasse, Bank usw.)	30	42	62	28	-42	-24	49	-44	-10	146	163	7	---
Einnahmen:													
Umsatztätigkeit	186	204	174	168	228	204	180	210	234	192	162	258	2.400
Verkauf von Betriebsvermögen	0	0	12	0	0	0	0	0	0	0	0	6	18
Sonstige Einnahmen	12	8	12	8	8	12	13	12	10	13	8	10	127
Kreditaufnahme	0	0	60	0	0	0	0	0	120	0	0	0	180
Einlagen (z. B. Privateinlagen)	0	0	0	0	0	120	0	0	0	0	0	0	120
Summe Einnahmen	198	212	258	176	236	336	193	222	364	205	170	274	2.845
Ausgaben:													
Materialkosten	24	22	25	24	26	25	16	23	26	23	28	26	288
Personalkosten	114	114	116	119	119	156	121	121	121	121	242	121	1.586
Energie	11	11	11	10	10	10	10	10	10	11	11	12	124
Fremdleistungen	10	10	10	10	10	10	10	10	10	10	10	10	115
Instandhaltungen	6	2	2	2	2	18	2	2	2	2	2	2	48
Mieten/Leasing	4	4	4	4	4	4	4	4	4	4	4	4	43
Werbung	0	12	0	0	30	0	0	0	0	0	12	0	54
Kommunikationskosten	4	4	4	4	4	4	2	4	4	4	4	4	42
Zinsen	7	7	7	7	7	7	7	7	7	7	7	7	86
Steuern	1	1	18	1	1	18	1	1	18	1	1	18	82
Sonstige Kosten	0	0	0	0	0	0	0	0	0	0	0	0	0
Investitionen	0	0	90	60	0	0	0	0	0	0	0	0	150
Kredittilgungen	0	0	0	0	0	0	108	0	0	0	0	0	108
Privatentnahmen	6	6	6	6	6	12	6	6	6	6	6	8	80
Summe Ausgaben	186	192	293	246	218	263	287	187	208	188	326	212	2.807
Liquiditätsüberschuss/ bzw. -lücke	42	62	28	-42	-24	49	-44	-10	146	163	7	68	---

Grundschema/Beispiel eines Finanzplanes

Nächste Aufgabe ist es nun, diesen Finanzplan zu glätten. Es gibt vielleicht Monate, da hat sich planerisch eine Finanzlücke ergeben. Also heißt es entweder Kreditaufnahmen vorziehen, Tilgungen verschieben, Investitionen verschieben oder Ähnliches. Aufgabe ist es also, ein finanzwirtschaftliches Gleichgewicht herzustellen und vor allem sicherzustellen, dass zumindest die regelmäßigen Ausgaben gedeckt sind. Nicht, dass wegen einer nur kurzfristigen Finanzlücke uns ein Gläubiger mit Konkurs droht! Deswegen sollte ein Finanzplan auch auf Monatsebene erstellt werden.

Liquidität: Was kann man schnell flüssig machen?

Geprüft werden muss auch die Zahlungsbereitschaft. Hier arbeitet man in der Praxis mit den bekannten und weitverbreiteten Liquiditätskennziffern. Es werden aus der Bilanz die Vermögenswerte nach ihrer Realisierbarkeit gegliedert und dem kurzfristigen Fremdkapital gegenübergestellt.

Benötigte Daten aus der Bilanz	
aus der Aktivseite der Bilanz	
Roh-, Hilfs- und Betriebsstoffe	220.000
Unfertige und fertige Erzeugnisse	98.000
Summe Vorräte	**318.000**
Forderungen aus Lieferungen und Leistungen (L+L)	318.000
Sonstige Vermögensgegenstände	198.000
Wertpapiere	400.000
Flüssige Mittel	213.000
Summe Umlaufvermögen	**1.447.000**
aus der Passivseite der Bilanz	
Bilanzgewinn	165.000
Rückstellungen	550.000
Verbindlichkeiten aus Lieferungen Leistungen (L+L)	143.000
Sonstige Verbindlichkeiten	543.000
Berechnung kurzfr. Verbindlichkeiten	
Verbindlichkeiten aus L+L	143.000
+ Sonstige Verbindlichkeiten	543.000
+ 50% der Rückstellungen	275.000
+ Bilanzgewinn	165.000
Summe	**1.126.000**

Aus der Bilanz abgeleitete Liquiditätskennzahlen

Liquidität 1. Grades
$$\frac{\text{Flüssige Mittel} \times 100}{\text{Kurzfristige Verbindlichkeiten}}$$

Flüssige Mittel
Kurzfristige Verb.
$$\frac{213.000 \times 100}{1.126.000}$$
= **18,9%**

Liquidität 2. Grades
$$\frac{\text{Flüssige Mittel + Ford.L+L} \times 100}{\text{Kurzfristige Verbindlichkeiten}}$$

Flüssige Mittel
+ Ford. aus L+L
Kurzfristige Verb.
$$\frac{531.000 \times 100}{1.126.000}$$
= **47,2%**

Liquidität 3. Grades
$$\frac{\text{Umlaufvermögen} \times 100}{\text{Kurzfristige Verbindlichkeiten}}$$

Umlaufvermögen
Kurzfristige Verb.
$$\frac{1.447.000 \times 100}{1.126.000}$$
= **128,5%**

Liquiditätskennzahlen

Wichtig ist zunächst, die kurzfristigen Verbindlichkeiten wie Bankforderungen, Verbindlichkeiten aus Lieferungen und Ähnliches bedienen zu können. Dies ist schnell realisierbar, wenn flüssige Mittel vorhanden sind, schlicht, wenn Geld in der Kasse oder auf dem Konto liegt. Die nächste Stufe rechnet mit Vermögensgegenständen, die noch relativ schnell zu realisieren sind, beispielsweise Forderungen. Bei diesen Positionen ist die mögliche Realisierung noch relativ sicher. Im nächsten Schritt kommen noch Vorräte dazu. Auch hier geht man davon aus, dass diese zu Liquidität werden können. Fertigware auf Lager und Vorräte können (wieder) verkauft werden. Trotzdem wird die Liquiditätssituation mit jeder Stufe vom ersten bis zum dritten Grad immer unsicherer.

Die 10 häufigsten Fehler bei der Finanzierung

Finanzierungsvorhaben in Unternehmen gehen häufig schief. Dabei ist oft die Finanzierung zu teuer, es wird die falsche Finanzierungsform gewählt oder Finanzmittel werden falsch eingesetzt. Letztlich muss man sagen, dass Finanzierungsfehler meist Managementfehler sind! Die folgenden Punkte werden in der Finanzierungspraxis von Beratern, Banken, Beteiligungsgesellschaften und Ratingagenturen immer wieder beklagt.

1. Schlechte Vorbereitung der Finanzierung

Das Tagesgeschäft bindet regelmäßig viele Kapazitäten. So findet man häufig wenig Zeit, sich um das zusätzliche „Projekt" Finanzierung zu kümmern. Die Praxis bestätigt dieses Problem. Da trifft man schon einmal den Unternehmer, der unvorbereitet die Bankfiliale betritt und außer dem Kreditwunsch nichts weiter vorweisen kann. Häufig fehlen folgende Unterlagen:

- **Businessplan:** Wo will das Unternehmen überhaupt hin?
- **Finanzplanungen:** Wie entwickelt sich die Liquidität?
- **Einbindung der Finanzierung in die Planung:** Mit welchen Kosten ist zu rechnen, können die Kosten in den Preisen verkraftet werden?
- **Fehlende Investitionsrechnungen:** Amortisiert sich das Finanzierungsvorhaben?

Auch erlebt man, dass die Notwendigkeit der Finanzierung nicht plausibel erklärt werden kann, die Planung ist unklar, der Kapitalbedarf ist unscharf.

2. Überhastete Finanzierung

Manchmal meint man, man müsse schnell handeln bei der Finanzierung und übersieht dann vieles:

- Konditionen: Man prüft nur oberflächlich
- Alternativen werden nicht geprüft
- Man kümmert sich nicht um Investitionsrechnungen
- Oder Eckdaten wie Marktentwicklung oder Konjunktur werden vergessen.

Beispiel: Eine Bäckereikette will expandieren

Eine Bäckereikette in einer süddeutschen Großstadt will der Konkurrenz zuvorkommen und weitere Filialen eröffnen. „Wir müssen schnell handeln", sagt der Besitzer und drückt auf den Knopf: Ein schneller Bankkredit wird aufgenommen, es werden überhastet Standorte gesucht und bauliche Maßnahmen angestoßen, Personal wird angestellt. Auf halber Strecke werden die Mittel knapp, es muss nachfinanziert werden. Die Bank wird skeptisch, Finanzierungsalternativen waren nicht geplant. Erste eröffnete Filialen laufen zunächst zäh an. So hatte man sich dies nicht vorgestellt, auch wenn später die Expansion erfolgreich war.

3. Finanzierung zu eng geplant

Eine manchmal unschöne Erkenntnis, die allerdings häufig eintritt: Man braucht mehr Geld als zunächst geplant.

Beispiel: Die Galvanik GmbH braucht mehr Geld

Ein bestehendes Galvanikunternehmen (Galvanik = eine Methode der Oberflächenbearbeitung, z. B. Goldüberzug) übernahm eine Galvanikanlage aus der Konkursmasse eines Unternehmens. Oberflächlich gesehen recht billig, das Finanzierungsvolumen hielt sich in Grenzen. Aber dann: Die Anlaufkosten fielen höher aus, es gab zusätzlich teure Umweltauflagen. Erste Umsätze aus der Investition flossen später, Finanzpuffer waren nicht eingeplant! Es wurde eng.

Sie sollten immer einplanen, dass Ihre Planungen in der Realität anders eintreten können. Was kann beispielsweise passieren?

- Die Folgekosten sind höher als geplant, etwa die Betriebskosten einer Investition.

- Zinsen und Tilgung müssen getragen werden; auch, wenn noch Umsätze fehlen. Dann wird es besonders kritisch.
- Es gibt unvorhergesehene Auflagen, zum Beispiel durch die Gewerbeaufsicht oder Berufsgenossenschaft.

Und was auch schon vorgekommen ist: Falscher Ehrgeiz gegenüber übergeordneten Stellen. Man „rechnet sich schön" und verkündet stolz: „Chef, wir brauchen nicht soviel Geld." Aber dann braucht man es doch!

4. Zu optimistische Herangehensweise

Dies wird von Fachleuten als „ewiges Problem" bei der Finanzierung bezeichnet: Man ist begeistert von den Zukunftsaussichten des Unternehmens und sieht nicht die eher „graue" Realität. In der Folge gehen völlig falsche Eckdaten in die Finanzierung ein.

- Falsche Planung im Hinblick auf Umsätze, Kosten, Zinsen, Konjunktur oder Marktrisiken.
- Keinen oder geringeren Rückfluss aus der Finanzierung; eine Investition amortisiert sich nicht oder viel später.
- Grundsätzlich wird immer nur an den Best Case (an den besten Fall) gedacht, kein Worst-Case-Szenario eingeplant (was tun, wenn der schlechteste Fall eintritt?).

Ein weiteres Problem in diesem Zusammenhang ist, dass man meint, die Finanzierung wäre leichter als gedacht. Der Unternehmer denkt: „Einen Kredit zu bekommen ist kein Problem für uns." Die Bank sieht dies eventuell ganz anders! Oder man meint, jeder müsste doch interessiert an einer Beteiligung am Unternehmen sein, und nachher findet man niemanden, der sich beteiligen will.

Fazit: Bleiben Sie realistisch. Manche Vorstellungen lassen sich deutlich schwerer realisieren als zunächst gedacht!

5. Unrealistische Finanzierungsvorstellungen

Eine Finanzierung ist vielfach ein Sonderfall im Leben eines Unternehmens. Deswegen fehlt es häufig auch sehr professionellen Geschäftsführungen an Erfahrung mit zumindest aufwendigeren Finanzierungsvorhaben. Schnell schleichen sich unrealistische Finanzierungsvorstellungen ein. Dagegen ist die Wirklichkeit oft hart!

* Man hat **falsche Vorstellungen über Finanzierungsbedingungen.** Man meint, die Finanzierung wird billiger als gedacht (weil man sich beispielsweise an der Werbung für billige Verbraucherkredite orientiert hat).
* Aber man findet auch **unrealistische Vorstellungen davon, was die Konsequenz einer Finanzierung ist.** Beispielsweise wird das Mitspracherecht eines Kapitalgebers bei Privat Equity unterschätzt.
* Sehr häufig und allzu oft herrschen **unrealistische Vorstellungen über vorhandene Sicherheiten.** So wundert sich mancher, wenn das Aktienpaket nur mit 30 Prozent des aktuellen Kurswertes zum Ansatz kommt und selbst das Grundstück von der Bank nicht zum vollen angeblichen Verkehrswert bewertet wird.
* Auch der **Aufwand für zumindest größere Finanzierungsvorhaben wird unterschätzt.** Man kann nicht „locker" zur Bank gehen und mal schnell einen Kredit abholen. Ein Rating beispielsweise dauert seine Zeit. Insbesondere Finanzierungen über Beteiligungen dauern ebenfalls und sind mit hohem administrativem Aufwand verbunden (vertragliche Vereinbarungen, notarielle Beurkundungen usw.). Und vom ersten Kontakt mit einer Factoringgesellschaft bis zum Fließen des ersten Geldes kann es Monate dauern.

Tipp: Beachten Sie immer auch den Zeitfaktor bei Finanzierungen. Es kann Monate dauern, bis die Finanzierung „durch" ist.

6. Mangelnde Prüfung der Konditionen

Die Finanzierungskonditionen über ein und dieselbe Summe können von Bank zu Bank sehr unterschiedlich sein. Deswegen:

- Glauben Sie nicht „blind" Ihrer Hausbank oder anderen Instituten, dass die Konditionen „optimal" seien.
- Das berühmte Kleingedruckte beachten, wie etwa Kosten bei Sondertilgungen oder Nebenkosten.
- Prüfen Sie Konditionen bei Beteiligungen. Was bedeutet es beispielsweise, wenn ein Externer sich am Unternehmen beteiligt? Wie weit reden die Venture-Kapitalgeber mit? Wie weitgehend ist man von einem Factoringgeber abhängig, wenn man seine Forderungen verkauft hat?

Beispiel: Vergleichen lohnt sich

Ein Bauunternehmen benötigte neue Anlagen. In einer Stadt von 15.000 Einwohnern, wo das Unternehmen seinen Standort hatte, gab es Zinsdifferenzen bei den Banken von bis zu 1,5 Prozent zwischen dem billigsten und teuersten Angebot. Dies waren bei einem Finanzierungsvolumen von rund 120.000 Euro circa 1.800 Euro im Jahr, über die Finanzierungszeit hätte sich diese Differenz auf über 10.000 Euro summiert.

Tipp auch an kleine oder mittlere Unternehmen: Schauen Sie über den Rand Ihrer Region! Beziehen Sie Konditionen ausländischer Banken mit in Ihre Vergleiche ein. Heute sind räumliche Entfernungen kein Problem mehr.

7. Mangelnde Suche nach Alternativen

In der Realität ist es doch häufig wie folgt: Man benötigt eine Finanzierung, denkt sofort an einen Kredit und läuft vielleicht gleich zum Berater der Hausbank. Vorsicht: Nicht gleich das Erstbeste nehmen!

- Wussten Sie beispielsweise, dass es Hunderte (!) vom Bund, von den Ländern und vielen Institutionen aufgelegte Förderungsprogramme gibt, die eventuell günstige Finanzierungen anbieten?
- Haben Sie wirklich ernsthaft (!) alternative Finanzierungsinstrumente (z. B. Mezzanine-Kapital) geprüft?
- Oder haben Sie ernsthaft eine Alternative zur Finanzierung geprüft, beispielsweise den Verzicht auf Investitionen durch externen Zukauf?
- Oder denken Sie doch einmal an folgende Alternative: Kostensenkung statt teurer Fremdfinanzierung!

Beispiel: Ein Unternehmen wird liquider

Bei einem hessischen Werkzeugbauer mussten immer wieder Überbrückungskredite aufgenommen werden, immer mal wieder signalisierte die Finanzplanung Engpässe. Fazit: Man brauchte Geld. Vielleicht wäre auf Dauer ein „Polster" durch eine Beteiligung sinnvoll? Oder der Verkauf des ungenutzten Grundstückes? Oder aber: Kostensenkung! In Folge wurde ein Kostensenkungsprogramm aufgelegt, man realisierte unter anderem folgende Maßnahmen:

* Zunächst als „Feuerwehrmaßnahme" eine Deckelung der Kosten. Niemand durfte mehr ausgeben als im Vorjahr.
* Dann einige Wertanalysen: Welche Prozesse (z. B. interner Transport) können billiger werden? Und worauf kann man gar ganz verzichten (z. B. den Pförtnerdienst)?
* Potenziale im Einkaufsbereich wurden geprüft. Muss es immer „vom Feinsten" sein?
* Der Personalbereich wurde kritisch durchleuchtet. Ergebnis war beispielsweise eine flexible Arbeitszeitregelung. War nichts zu tun, blieben einige Mitarbeiter zu Hause.

Im Ergebnis kam es zu Kostenersparnissen von über 5 Prozent, wodurch die Finanzsituation deutlich entlastet wurde.

Unabhängig von hilfreichen Kosteneinsparungen wird mit derartigen Maßnahmen auch der Bank signalisiert: Wir tun was! Was wiederum bei der nächsten Finanzierung hilfreich ist.

8. Unkenntnis über Finanzierungsmöglichkeiten, fehlendes Know-how

Jeder hat seine Kernkompetenz und muss nicht gleichzeitig Finanzierungsspezialist sein. Trotzdem ist es problematisch, wenn jegliches Basis-Handwerkzeug zur Finanzierung fehlt. Fehlendes Know-how kann sich wie folgt zeigen:

* Man ist nicht in der Lage, auch nur einigermaßen qualifiziert mit der Bank oder Investoren zu reden. Man beherrscht keinerlei Terminologie in Finanzierungsfragen, wie etwa Disagio, Zinsbindung oder Venturekapital.
* Das Know-how über Instrumente, die die Finanzierung begleiten, fehlt: Man weiß nicht, wie man eine plausible Investitionsrechnung oder einen aussagekräftigen Finanzplan erstellt.

- Im Finanzierungsgespräch merken die Gesprächspartner schnell, dass jegliches betriebswirtschaftliche Grundwissen fehlt.

Es liegt auf der Hand, dass es das Vertrauen seitens der Geldgeber nicht fördert, wenn gravierende Know-how-Defizite erkannt werden. Deswegen: Basiswissen ist wichtig.

9. Unseriöse Beratung und Finanzierung

Jeder hat im privaten Bereich schon einmal etwas von „Kredithaien" gehört. Aber auch im Geschäftsbereich muss man in dieser Beziehung vorsichtig sein. Auch hier gibt es „schwarze Schafe". Haben Sie immer den Hintergedanken: Warum machen es bei vermeintlich so günstigen Konditionen nicht alle so und wählen nicht genau den ach so günstigen Kredit, das „Schnäppchen"? **Also immer fragen: Wo ist der Haken?**
Wo Sie vorsichtig sein müssen:

- **Beim Kredit:** Zunächst müssen freilich die Konditionen transparent sein. Vorsicht, wenn nicht ausgiebig beraten wird, etwa über die Optimierung der Bankkredite (ist z. B. der langfristige Kredit günstiger als der mittelfristige? Lohnt sich das Disagio?). Auch die Bank will verdienen und zeigt Ihnen nicht immer die für Sie günstigste Finanzierungsmöglichkeit auf.
- **Beteiligung:** Was bedeutet Beteiligung für die Führung des Unternehmens? Wer Geld gibt, will in der Regel mitreden! Ist dies deutlich gesagt worden? Ausnahme: Man vereinbart die Stille Beteiligung, wo der stille Gesellschafter vertraglich kaum Mitspracherechte hat. Ansonsten Vorsicht!
- **Innovative Finanzierungsinstrumente** können teuer werden: Man wundert sich vielleicht, wenn Privat Equity deutlich teurer als jeder Bankkredit wird. Natürlich hört es sich gut an, wenn versprochen wird: „Sie sind unabhängig von Ihrer Bank." Aber was kostet diese Unabhängigkeit und in welche anderen Abhängigkeiten begeben Sie sich?

Ein gesundes Misstrauen schadet nie!

10. Fehlende andere betriebswirtschaftliche Instrumente

Gute Finanzierung ist viel – aber nicht alles! Auch das sonstige betriebswirtschaftliche Know-how muss stimmen.

> **Beispiel: Gut finanziert und trotzdem pleite!**
>
> Durch eine gute Finanzierung ist es einem Lebensmittelunternehmen in Niedersachsen gelungen, eine akzeptable Eigenkapitalquote zu erreichen (mehr als 30 Prozent). Die Anteilseigner haben viel Eigenkapital gegeben, Kredite sind durchgängig zu günstigen Bedingungen gelaufen. Fazit: Die Finanzierung war o. k. Und trotzdem kam dieses Unternehmen in eine Krise:
>
> - Es gab **wenig Transparenz** im Unternehmen. Das Controlling war kaum ausgebaut. Konkret: Man wusste nicht, mit welchen Produkten man Geld verdiente oder verlor.
> - **Marktforschung war „kein Thema"** in diesem Unternehmen. Nach dem Motto „wir sind seit Jahrzehnten erfolgreich" kümmerte man sich nicht um die wachsende Konkurrenz.
> - **Die Kosten liefen aus dem Ruder.** Die Preise mussten steigen, nur – der Markt ließ diese Kosten nicht mehr zu. In der Folge: Umsatzeinbrüche.
>
> All dies führte letztlich zur Krise, die auch durch Eigenmittel nicht mehr aufgefangen werden konnte. Erst kam die Insolvenz, dann wurde das Unternehmen von einem Konkurrenten übernommen. Und dabei war die Finanzierung doch so in Ordnung!

So kann gute Finanzierung nur ein Baustein für wirtschaftlichen Erfolg sein. Wichtig ist übergreifendes Know-how. Und dies ist nicht zuletzt der Grund dafür, dass im Rahmen eines Ratingprozesses alle relevanten Faktoren des Unternehmens geprüft werden, auch die Qualität des Managements oder die Qualität der benutzten betriebwirtschaftlichen Instrumente (im Bereich Marketing/Vertrieb, Personal, Logistik, Controlling, EDV usw.).

3.2 Investitionen

Investitionen entscheiden ganz wesentlich über die Zukunft des Unternehmens. Mit Investitionsentscheidungen werden beispielsweise Entscheidungen über künftige Umsätze oder den künftigen Kostenanfall getroffen. Darüber hinaus binden sie finanzielle Mittel, die schwer wieder freizusetzen sind. Dies alles bedeutet, dass falsche Investitionsentscheidungen ein hohes Risiko darstellen. Merkwürdig, dass viele Unternehmen trotzdem Investitionen nach betriebswirtschaftlichen Kriterien wenig überlegt tätigen, denn häufig wird spontan entschieden und gerechnet wird kaum.

Was ist überhaupt eine Investition?

Oft hört man: „Wir investieren in den Markt." Damit soll vielleicht gesagt werden, dass Werbemaßnahmen oder die Kundenbetreuung gefördert werden. Oder: „Wir investieren in das Personal." Das bedeutet dann Personaleinstellung. Hier wird der Begriff Investition falsch angewandt.

Definition: Eine Investition ist die Beschaffung von Betriebsmitteln, die zum Anlagevermögens des Betriebes zählen.

Eng betrachtet ist alles, was nicht Anlagevermögen wird, keine Investition. Insbesondere in größeren Unternehmen ist es sinnvoll, die Investitionen einzuteilen, damit die Entscheider wissen, in welche Richtung die Investition geht. Folgende Gliederung ist verbreitet:

- **Erst- oder Neuinvestition:** Zum Beispiel bei Gründung des Unternehmens
- **Ersatzinvestition:** Ein Betriebsmittel wird ersetzt, weil es entweder kaputt oder zu wartungsanfällig geworden ist. Die Definition Ersatzinvestition ist oft problematisch, denn häufig wird mit der Ersatzinvestition gleichzeitig eine Rationalisierung oder Erweiterung vorgenommen.
- **Rationalisierungsinvestition:** Ein Betriebsmittel wird durch ein wirtschaftlicheres ersetzt. So kann das Leistungsvermögen der neuen Anlage besser sein oder durch die Investition werden Kosten gespart.
- **Erweiterungsinvestition:** Erweiterung des Betriebsmittelbestandes. Es wird erwartet, dass die Leistung des Unternehmens gesteigert wird. Verbunden damit sind oft Rationalisierungsinvestitionen.
- **Investition aufgrund behördlicher Auflagen:** Zum Beispiel Umweltschutzauflagen, regelmäßig aber Auflagen der Berufsgenossenschaft oder der Gewerbeaufsicht. Hier ist meist nicht die Frage, ob die Investition rentabel ist, sondern es geht um die wirtschaftliche Durchführung der Auflagen.

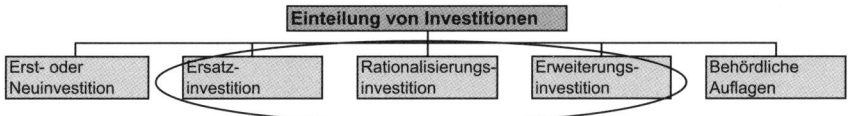

Die Übergänge zwischen Ersatz-, Rationalisierungs- und Erweiterungsinvestitionen sind in der Praxis fließend

Investitionsarten

Gegenteil einer Investition ist die Desinvestition. Man trennt sich von Anlagegütern.

Welche Basisdaten wichtig sind:
Nicht allein die Investitionshöhe ist entscheidend

Im Wesentlichen werden vor der Investitionsentscheidung analysiert:

- **Die Investitionshöhe:** Dies ist nicht nur die Ausgabe für die eigentliche Investition. Häufig kommt eine Reihe von weiteren Ausgaben dazu (die gern vergessen werden), beispielsweise die Zinsen für die Finanzierung der Investition, bauliche Maßnahmen oder Personalschulung.
- **Die laufenden Kosten beziehungsweise Ein- und Ausgaben der Investition:** Investitionen sind langfristig zu beurteilen. So muss die gesamte Laufzeit der Investition in das Kalkül mit einbezogen werden: etwa Personalkosten, Mieten oder Versicherungen.

Anmerkung: Dabei ist idealerweise zu trennen in Kosten und Ein- und Ausgaben. Eine Investition kann Kosten verursachen, etwa Abschreibungen, die aber später keine Ausgaben mehr nach sich ziehen. Diese Trennung ist insbesondere für die Investitionsrechnungen wichtig (siehe unten: Statische Methoden arbeiten mit Abschreibungen, dynamische Methoden nur mit Ein- und Ausgaben).

Entscheidungskriterien für die richtige Investition

Meist wird es ein Rechenvorgang sein, der zur Entscheidung für eine Investition führt. Faktoren wie Wirtschaftlichkeit oder Risiko sind zu berücksichtigen. Auch Finanzierungskosten (Zinsen) machen häufig einen Großteil der Investitionsausgaben aus.

Investitionsprojekt:	Kunststoffvergussanlage		Nutzungsdauer:		8 Jahre			

Einnahmen aus der Investition

		1. Jahr	2. Jahr	3. Jahr	4. Jahr	5. Jahr	6. Jahr	7. Jahr	8. Jahr
Umsätze	1.211.410	125.350	149.615	152.950	157.550	166.175	160.540	161.805	137.425
Sonstige Einnahmen	0	0	0	0	0	0	0	0	0
Liquidationserlös	5.000								5.000
Gesamteinnahmen	1.216.410	125.350	149.615	152.950	157.550	166.175	160.540	161.805	142.425

Investitionssumme, Ausgaben und Kosten für die Investition

	Investitions-höhe		Ermittlung der laufenden Kosten bzw. der Ein- und Ausgaben							
			1. Jahr	2. Jahr	3. Jahr	4. Jahr	5. Jahr	6. Jahr	7. Jahr	8. Jahr
Anschaffungskosten	180.000	AfA	22.500	22.500	22.500	22.500	22.500	22.500	22.500	22.500
Anschaffungsnebenkosten	10.000	AfA	1.250	1.250	1.250	1.250	1.250	1.250	1.250	1.250
Entwicklungskosten	0	AfA	0	0	0	0	0	0	0	0
Zinsen	0		6.000	6.000	6.000	6.000	6.000	6.000	6.000	6.000
Beratungskosten	0		0	0	0	0	0	0	0	0
Bauliche Maßnahmen	10.000	AfA	1.250	1.250	1.250	1.250	1.250	1.250	1.250	1.250
Anpassungskosten	0		0	0	0	0	0	0	0	0
Schulungskosten	0		0	0	0	0	0	0	0	0
Anlaufkosten	0		0	0	0	0	0	0	0	0
Markteinführungskosten	0		0	0	0	0	0	0	0	0
Material/Betriebskosten	0		13.000	30.000	30.000	33.000	35.000	30.000	30.000	10.000
Personalkosten	0		60.000	63.600	65.500	67.500	69.500	71.600	73.700	38.000
Anlagemieten/Raumkosten	0		0	0	0	0	0	0	0	0
Instandhaltung/Wartung	0		3.000	3.000	4.000	3.000	6.000	4.000	3.000	500
Versicherungen	0		0	0	0	0	0	0	0	0
Sonstiges	0		7.000	7.500	7.500	7.500	8.000	8.000	8.000	7.000
Investitionssumme	200.000									
Summe Kosten	1.055.400		114.000	135.100	138.000	142.000	149.500	144.600	145.700	86.500
Summe Ausgaben	855.400		89.000	110.100	113.000	117.000	124.500	119.600	120.700	61.500

AfA = Abschreibungen (Absetzung für Abnutzung) = keine Ausgaben

Ausgaben = Kosten - Abschreibungen

Basisdaten für Investitionen

Beispiel: Fehlinvestition

Ein Werkzeugbauer legte sich eine hochmoderne Fräsmaschine zu. Sie war rund dreimal so schnell wie die alte Maschine. Was übersehen wurde: Die alte Maschine war bereits abgeschrieben und verursachte keine Kosten mehr. Die neue Anlage musste mittels Kredit teuer finanziert werden und lief voll in die Kosten (Abschreibungen!). Zudem lag die Auslastung der Anlage nur bei circa 40 Prozent. Fazit: Diese Hochtechnologie begeisterte zwar die Techniker des Unternehmens, nicht aber den kaufmännischen Geschäftsführer. Es gelang nicht, dass sich die Fräsmaschine amortisierte, sprich, die Kosten konnten über die Preise nicht eingefahren werden. Fehlinvestition!

Man denke auch an qualitative Faktoren, wie etwa die Umweltverträglichkeit der Investition.

Entscheidungskriterien für Investitionen

Nicht investieren? Auch das kann eine Möglichkeit sein. Vielleicht rechnet sich die Investition nicht oder das wirtschaftliche Umfeld stimmt nicht (Konjunkturflaute). Oder – und dies ist immer als Überlegung mit einzubeziehen: Kann die gewünschte Leistung eventuell durch Zukauf oder Fremdvergabe günstig beschafft werden?

Investitionsrechenmethoden:
Mal einfachst rechnen, mal ein wenig Finanzmathematik

Jetzt geht es darum zu erkennen, welche Investition sich lohnt. Investitionsrechnungen sind das Kernstück des Investitionsmanagements. Teilweise sind sie kompliziert. Die Praxis ist, dass insbesondere kleine und mittlere Unternehmen mit begrenztem Investitionsvolumen zu den einfacheren Methoden neigen. Wenn auch viele Investitionsvorhaben mit den einfachen Modellen –

den statischen Methoden – zu lösen sein werden, so kann man sich ruhig einmal mit den komplizierteren dynamischen Methoden beschäftigen. So kompliziert sind sie nämlich auch wieder nicht.

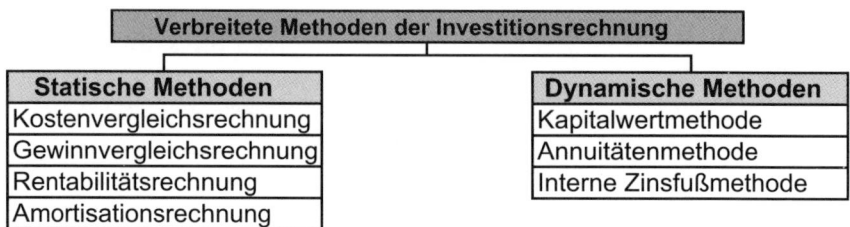

Übersicht Investitionsrechenmethoden

Statische Investitionsrechenmethoden: Einfach und praktikabel

Statische Investitionsrechenmethoden gehören zu den einfacheren Methoden der Investitionsrechnungen und sind relativ schnell gerechnet. Deswegen sind sie in der Praxis weitverbreitet. Im Wesentlichen benötigt man lediglich drei Eckdaten:

1. **Kosten der Investition:** Dies ist nicht der Anschaffungswert, sondern es sind die Kosten, die über die gesamte Laufzeit der Investition anfallen, zum Beispiel Abschreibungen, Personalkosten oder Wartung.
2. **Investiertes Kapital für die Investition:** Anschaffungswert einschließlich aller Nebenkosten, die aufgewandt werden müssen, um die Investition in einen funktionsfähigen Zustand zu bringen.
3. **Umsatz mit der Investition:** Idealerweise (häufig allerdings nicht möglich) wird einer Investition der dadurch realisierte Umsatz zugerechnet.

Mit diesen Eckdaten kann man die wesentlichen statischen Methoden rechnen.

Überblick über die Methoden

Statische Methoden sind alle ähnlich aufgebaut. So empfiehlt es sich, nicht nur mit einer Methode zu rechnen. Die Ergebnisse mehrerer Methoden schaffen Planungssicherheit.

Kostenvergleichsrechnung: Hier werden die Kosten der Investition über die Laufzeit der Anlage gegenübergestellt. Die Alternative mit den niedrigsten Gesamtkosten bekommt den Zuschlag. Diese Methode kommt vor allem bei Ersatzinvestitionen oder behördlichen Auflagen infrage. Ferner bei allen Investitionen, bei denen ein Umsatz oder Gewinn nicht direkt der Investition zugerechnet werden kann. Denn meistens ist es so, dass sich der Gewinn nicht aus einer einzigen Investition ergibt, sondern aus der Leistung des Gesamtunternehmens. Die Gewinne auf die einzelnen Investitionen zu verteilen ist problematisch oder oft nicht möglich. Deswegen ist die Kostenvergleichsmethode eine sehr weitverbreitete Methode.

Kostenvergleichsrechnung über die Laufzeit der Anlage			
Investitionsprojekt:	Kunststoffvergussanlage		
Nutzungsdauer:	8 Jahre		
	Investitionsalternativen		
	A	B	C
Abschreibungen	200.000	240.000	160.000
Zinsen	48.000	60.000	40.000
Beratungskosten	0	3.000	0
Anpassungskosten	0	0	5.000
Schulungskosten	0	5.000	0
Anlaufkosten	0	0	0
Markteinführungskosten	0	0	0
Material/Betriebskosten	211.000	185.000	211.000
Personalkosten	509.400	480.000	540.000
Anlagemieten/Raumkosten	0	0	0
Instandhaltung/Wartung	26.500	35.000	15.000
Versicherungen	0	0	0
Sonstiges	60.500	65.000	80.000
Summe Kosten	**1.055.400**	**1.073.000**	**1.051.000**

Nach der Kostenvergleichsmethode müsste die Entscheidung für die Anlage C ausfallen. Aber man beachte die anderen Methoden!

Kostenvergleichsrechnung

Gewinnvergleichsrechnung: Hier werden die Gewinne verschiedener Investitionsalternativen verglichen. Zuschlag bekommt die Alternative mit der höchsten Gewinnerwartung. Wie schon oben angesprochen, ist es oft problematisch, einer Investition einen Gewinn direkt zuzurechnen. Einfach ist es dann, wenn mit einer Investition ein zurechenbarer Gewinn erzielt wird, beispielsweise wenn die Investition die Gründung einer Zweigstelle ist oder ein bestimmtes Produkt nur mit dieser bestimmten Investition produziert wird.

Rentabilitätsrechnung: Der Gewinn als absolute Zahl ist nicht immer aussagekräftig, denn es kommt darauf an, wie viel Kapital aufgewandt werden musste, um den Gewinn zu erwirtschaften. Jetzt wird der Gewinn zusätzlich ins Verhältnis zum eingesetzten Kapital gesetzt. Die Investitionsalternative bekommt den Zuschlag, die am rentabelsten ist, also die höchste Verzinsung des investierten Kapitals bringt. Ist die Rentabilität der Investition schlecht, kann darüber nachgedacht werden, ob das Kapital nicht besser angelegt werden kann als in Form einer Investition.

Amortisationsrechnung: Wann wird sich die Investition amortisieren, in welchem Zeitraum fließt das eingesetzte Kapital durch Gewinne und Abschreibungen wieder zurück? Die Alternative mit der schnellsten Amortisationszeit bekommt den Zuschlag. Hintergrund: Der Rückfluss, die Einnahmen („Cash") der Investition sind höher als der Gewinn, da im Gewinn Abschreibungen negativ berücksichtigt sind. Deswegen ermittelt man die Amortisationsdauer mittels Gewinn + Abschreibungen. Man macht also hier eine „Cash"-Betrachtung. Frage dabei ist: Wann ist das ausgegebene Geld wieder zurückgeflossen? Sind Gewinne nicht ermittelbar, nimmt man stattdessen zum Beispiel Kosteneinsparungen.

> **Wichtig:** Je schneller die Amortisation, desto risikoloser ist die Investition. Kurze Amortisationszeit = geringes Risiko.

Denn je schneller das Geld „wieder drin" ist, umso geringer das Risiko, dass noch etwas passiert und später die Investition doch noch im Ganzen fehlschlägt.

Nachteile statischer Methoden: Statische Methoden berücksichtigen nicht die Zinseffekte über die Laufzeit der Investition. Sie vernachlässigen, was spätere Einnahmen und Ausgaben aus der Investition zum Zeitpunkt der Investition – nämlich heute – wert sind. Denn wer heute 100.000 Euro für eine Investition ausgibt, könnte das Geld auch alternativ anlegen, beispielsweise langfristig auf der Bank. Jedes Jahr würden Zins und Zinseszins anfallen. Diese alternativen Einnahmen sind aber genau genommen bei einer Investitionsrechnung zu berücksichtigen, was bedeutet: Eine spätere Ein- und Ausgabe ist heute bei der Investitionsrechnung zu einem geringeren

Gewinnvergleichs-/Rentabilitäts- und Amortisationsrechnung Betrachtung jeweils für ein Jahr (Durchschnitt oder repräsentatives Jahr) Investitionsprojekt: Kunststoffvergussanlage Nutzungsdauer: 8 Jahre	Investitionsalternativen		
	A	B	C
Investiertes Kapital	200.000	240.000	160.000
Umsatz	151.400	151.400	135.000
Abschreibungen	25.000	30.000	20.000
Zinsen	6.000	7.500	5.000
Beratungskosten		375	0
Anpassungskosten		0	625
Schulungskosten		625	0
Anlaufkosten		0	0
Markteinführungskosten		0	0
Material/Betriebskosten	26.400	23.100	26.400
Personalkosten	63.700	60.000	67.500
Anlagemieten/Raumkosten		0	0
Instandhaltung/Wartung	3.300	4.300	1.875
Versicherungen		0	0
Sonstiges	7.600	8.100	10.000
Summe Kosten	132.000	134.000	131.400
Gewinn Formel: Umsatz - Kosten	19.400	17.400	3.600
Rentabilität Formel: Gewinn x 100 / Investiertes Kapital	9,7%	7,3%	2,3%
Amortisationszeit in Jahren Formel: Investiertes Kapital / Gewinn + Abschreibungen	4,5	5,1	6,8

Problem:
Die Anlage C hat
zwar die geringsten
Kosten, aber auch
die geringste
Kapazität und
kann damit nur
geringere Umsätze
realisieren.

Die Anlage A erwirtschaftet die höchsten Gewinne, die höchste Rentabilität und amortisiert sich am schnellsten.

Entscheidung für A!

Gewinnvergleichsrechnung, Rentabilitätsrechnung und Amortisationsrechnung

Wert anzusetzen. Bei den dynamischen Investitionsrechenmethoden werden diese Effekte berücksichtigt.

Hinweis: Investitionsrechenmethoden sind auch auf Projektrechnungen anwendbar.

Dynamische Investitionsrechenmethoden: Komplizierter aber genauer

Jetzt wird versucht, die Nachteile dynamischer Methoden zu vermeiden. Dynamische Methoden sind eher Rechenmethoden für größere Investitionen, wie etwa die Investition in ein neues Produkt, die Gründung einer Zweigniederlassung oder Ähnliches. Grundgedanke ist: Eine Investition muss einen „Return" erwirtschaften, das heißt, das ausgegebene Geld soll verzinst wieder „eingefahren" werden.

Wie funktionieren dynamische Methoden?
Schritt für Schritt die Grundidee

Angenommen, man muss in 5 Jahren einen Betrag von 50.000 Euro bezahlen/ausgeben für den Kauf eines Klein-LKWs. Dann muss man diese 50.000 Euro nicht schon heute aufbringen. Heute kann weniger zur Verfügung stehen, denn man kann in der Zeit bis zur Fälligkeit mit dem Geld „arbeiten", mit Zins und Zinseszins. Diese 50.000 Euro sind also heute „weniger wert", nämlich um den abgezinsten Wert. Denn legt man heute Geld für 5 Prozent an, dann muss man für diese 50.000 Euro, die in 5 Jahren fällig sind, lediglich 39.176 Euro anlegen.

Jetzt der umgekehrte Fall: Wenn man in 5 Jahren eine Zahlung von 50.000 Euro aus einer Investition erwartet, dann darf man heute nicht rechnen, als ob diese 50.000 Euro schon zur Verfügung stünden. Man muss den zu erwartenden Betrag auf heute abzinsen. Somit sind die in 5 Jahren erwarteten 50.000 Euro heute bei einem Zinssatz von 5 Prozent lediglich 39.176 Euro wert.

Für die dynamischen Investitionsrechnungen bedeutet das, dass man nicht mit Werten rechnet, die in späteren Jahren anfallen. Man vergleicht spätere Ein- und Auszahlungen aus Investitionen mit dem Wert, der – mit Zins und Zinseszins gerechnet – genau diesen Ein- und Auszahlungen heute entspricht. Die Frage lautet also: Was sind spätere Ein- und Auszahlungen heute, zum Investitionszeitpunkt, wert.

Was sind in diesem Zusammenhang Barwert und Kapitalwert? Der Barwert ist die auf den aktuellen Zeitpunkt der Investition abgezinste Zahlung. Man nehme also die spätere Einnahme und zinse sie mit Zins- und Zinseszins ab. Wen es interessiert: Dies ist die Formel:

$$\frac{1}{(1+i)^t}$$

i = Zinssatz
t = Zeit, z.B. Jahre

Berechnung des Barwerts

Üblich ist in diesem Zusammenhang das Arbeiten mit Barwerttabellen.

Kapitalwert: Es werden für die Investitionslaufzeit alle Einnahmen und Ausgaben geplant. Dadurch ergeben sich pro Jahr Überschüsse oder auch Fehlbeträge. Diese Werte werden nun pro Jahr abgezinst. Der Kapitalwert ist also die Summe der Barwerte.

Kalkulationszinssatz:		7,50%			
Jahre	Einnahmen	Ausgaben	Überschüsse	Abzinsungs-faktoren	Barwerte
1	120.000 €	100.000 €	20.000 €	0,930233	18.605 €
2	130.000 €	110.000 €	20.000 €	0,865333	17.307 €
3	110.000 €	120.000 €	-10.000 €	0,804961	-8.050 €
4	125.000 €	120.000 €	5.000 €	0,748801	3.744 €
5	140.000 €	120.000 €	20.000 €	0,696559	13.931 €
					Kapitalwert =
Summe	625.000 €	570.000 €	55.000 €		**45.537 €**

So errechnet sich der Kapitalwert

Welcher Zins ist anzusetzen? Meist orientiert man sich am Kapitalmarkt plus einem Risikoaufschlag. Bringt beispielsweise eine sichere Anlage 5,5 Prozent, wird man einen Aufschlag wollen, wenn das Geld ins Unternehmen investiert wird. Ferner kann man vergleichbare Anlagen, Produkte und Investitionen im Unternehmen heranziehen. Weiterer Maßstab sind die Ziele des Unternehmens, etwa eine Kapitalrendite von 12 Prozent. Ist dies das Ziel für das gesamte Unternehmen, will man auch mit einer Investition dieses Ziel erreichen.

Überblick über die dynamischen Rechenmethoden

Investitionsrechenmethoden gehören zu den „höheren Weihen" der Betriebswirtschaftslehre und werden von Spezialisten immer wieder gern kritisiert und verbessert. Nur wenige haben noch den Überblick über aktuelle Entwicklungen in diesem Bereich. Aber im Wesentlichen konzentriert sich die Praxis auf die folgenden Methoden:

Kapitalwertmethode: Maßstab dieser Methode ist der Kapitalwert der Investition. Je höher der Kapitalwert bei gegebenen Kalkulationszinsfuß, desto höher die Verzinsung des eingesetzten Kapitals und damit die Rentabilität der Investition. Die Abzinsung erfolgt mit dem Zinssatz, der als Mindestverzinsung gewünscht wird. Ist der Kapitalwert einer Investition = 0, wird gerade noch die gewünschte Mindestverzinsung erreicht. Je höher der Kapitalwert, desto vorteilhafter die Investition.

Investitions-höhe	Barwerte der Überschüsse	Kapitalwert	Entscheidung
100.000 €	100.000 €	0	Die abgezinsten Überschüsse entsprechen der heutigen Investitionshöhe. Vielleicht ist das Geld besser woanders angelegt.
100.000 €	130.000 €	30.000 €	Investieren. Die abgezinsten Überschüsse liegen über der Investitionshöhe.
100.000 €	80.000 €	-20.000 €	Nicht investieren. Die abgezinsten Überschüsse liegen unter der Investitionshöhe.

Entscheidungsfindung bei der Kapitalwertmethode

Die Kapitalwertmethode ist das Grundmodell, auf dem alle anderen Methoden aufbauen.

Annuitätenmethode: Der Kapitalwert ist eine Endwertbetrachtung. Die Annuitätenmethode betrachtet das Jahr. Unter Annuität wird der durchschnittliche jährliche Einzahlungsüberschuss verstanden. Dabei rechnet die-

Kapitalwert- und Annuitätenmethode				Ergebnisse		Der Kapitalwert ist größer 0.
Anschaffungswert 200.000	Nutzungsdauer/Jahre		8	**Kapitalwert**	**Annuität**	Es wird mehr als die
Liquidationserlös 5.000	Kalkulationssinszatz		10,00%	**31.246**	**5.857**	gewünschte Mindestver-
Jahr	**Einnahmen**	**Ausgaben**	**Überschüsse**	**Barwerte**	**Abzinsungsfaktoren**	zinsung erreicht.
0	Anschaffungswert 200.000		-200.000	-200.000	1,000000	**Die Investition ist rentabel.**
1	125.350	89.000	36.350	33.045	0,909091	*oder:*
2	149.615	110.100	39.515	32.657	0,826446	**Die Annuität ist größer 0.**
3	152.950	113.000	39.950	30.015	0,751315	**Die Investition ist rentabel.**
4	157.550	117.000	40.550	27.696	0,683013	
5	166.175	124.500	41.675	25.877	0,620921	
6	160.540	119.600	40.940	23.110	0,564474	
7	161.805	120.700	41.105	21.093	0,513158	
8	137.425	61.500	75.925	35.420	0,466507	
	Liquidationserlös					
8	5.000		5.000	2.333	0,466507	
					Wiedergewinnungsfaktor	
Summe	**1.216.410**	**1.055.400**	**161.010**	**31.246**	**5,334926**	

Kapitalwert- und Annuitätenmethode

se Methode den Kapitalwert in gleich große jährliche Zahlungen um, der Kapitalwert wird also periodisiert, das heißt unter Verrechnung von Zinseszinsen gleichmäßig auf die gesamte Investitionsperiode verteilt. Diese Methode ist eine Variante der Kapitalwertmethode. Sie führt letztlich zum gleichen Ergebnis. Maßstab dieser Methode ist die Annuität. Je höher die Annuität bei gegebenem Kalkulationszinsfuß ist, desto höher ist der jährliche Einnahmenüberschuss. Die Berechnung erfolgt mit sogenannten Wiedergewinnungsfaktoren, die sich als reziproker Wert der Rentenbarwertfaktoren ergeben. Somit kann man auf die Rentenbarwerttabelle zurückgreifen.

Interne Zinsfußmethode: Hier wird auf Basis abgezinster Ein- und Ausgaben der Zinsfuß gesucht, der zu einem Kapitalwert von 0 führt: der interne Zinsfuß. Stehen mehrere Investitionsalternativen zur Auswahl, entscheidet man sich für die Methode mit dem höchsten internen Zinsfuß.

Interne Zinsfußmethode						
Anschaffungswert	200.000	Nutzungsdauer/Jahre		8	**Int. Zinsfuß**	Bei einem Kapitalwert von 0
Liquidationserlös	5.000				**13,8%**	beträgt der interne Zinsfuß
Jahr	**Einnahmen**	**Ausgaben**	**Überschüsse**	**Barwerte**	**Abzinsungsfaktoren**	13,8 %.
0	Anschaffungswert	200.000	-200.000	-200.000	1,000000	Wenn dieser Wert die ge-
1	125.350	89.000	36.350	31.949	0,878917	wünschte Verzinsung ist
2	149.615	110.100	39.515	30.525	0,772495	oder über der gewünschten
3	152.950	113.000	39.950	27.124	0,678959	Verzinsung liegt, kann
4	157.550	117.000	40.550	24.198	0,596748	investiert werden.
5	166.175	124.500	41.675	21.858	0,524492	
6	160.540	119.600	40.940	18.873	0,460985	
7	161.805	120.700	41.105	16.654	0,405168	
8	137.425	61.500	75.925	27.038	0,356109	
Liquidationserlös						
8	5.000		5.000	1.781	0,356109	
Summe	**1.216.410**	**1.055.400**	**161.010**	**0**		

Interne Zinsfußmethode

Unsicherheiten dynamischer Methoden: Bei den Ergebnissen ist immer zu berücksichtigen, dass die Planungsgenauigkeit im Laufe der Jahre immer mehr abnimmt: Wer weiß, was in fünf Jahren ist, welche Ein- und Ausgaben dann wirklich anfallen! Unsicher ist auch der Zinsfuß. Ändert sich der Kapitalmarktzins wesentlich, stimmen eventuell die Eckdaten für die Investitionsentscheidungen nicht mehr.

Tipp: Lassen Sie sich im Zweifel durch komplizierte Rechnungen nicht „bluffen". Auch dynamische Methoden sind mit Unsicherheiten behaftet und lediglich Näherungslösungen.

4. Bereich Marketing/Vertrieb

Was antworten Sie, wenn Sie im Vorstellungsgespräch gefragt werden: „Und wer, denken Sie, wird eigentlich Ihr Gehalt bezahlen?" Genau diese Frage stellte der Vertriebschef einer Direktbank seinen angehenden Vertriebsmitarbeitern. Mit der Antwort „die Bank" oder „die Abteilung Gehaltsabrechnung" war er niemals zufrieden. Die Antwort, die er hören wollte, war: „Der Kunde." Und genauso ist es: Nur wofür der Kunde bereit ist zu bezahlen, egal ob Produkt oder Dienstleistung, nur diese Leistungen und die damit verbundenen Unternehmen werden am Markt bestehen. Einfach gesagt: Nur Unternehmen, die mit Kunden Geld verdienen, sind in der Lage Mitarbeitergehälter zu bezahlen.

Wie der Name „Marketing" schon andeutet, richten sich beim Marketing alle Anstrengungen des Unternehmens auf den Markt (engl. = market). Und der Markt, das sind die Kunden! Gerade vor dem Hintergrund zunehmender Marktsättigung und Austauschbarkeit der Produkte und Dienstleistungen gewinnt Marketing immer mehr an Bedeutung. Der Grundgedanke des Marketing ist: „Wir sind für den Kunden da!" oder „Gut ist, was für den Kunden gut ist." oder „Die Kunden entscheiden, ob es unser Unternehmen in Zukunft noch gibt oder nicht!"

> Die **klassische Marketingdefinition** lautet: Marketing ist Kundenorientierung als durchgängiges Denkschema. Es orientiert alle betrieblichen Funktionen auf den Markt hin.

Rahmenbedingungen für das Marketing heute:

* **Geringe Kundenbindung**
  Früher war die Sache klar: Schuhe kaufte man bei Schuster Böhm, Brötchen bei Bäcker Michel und die neue Kücheneinrichtung beim Einrichtungshaus Maier. Der Kunde hatte seine festen Kunden-Lieferanten-Beziehungen und kam selten auf die Idee woanders zu kaufen.
  Diese Zeiten sind vorbei. Heute kauft der Kunde, wo es am billigsten ist, es den besten Service gibt, oder wo der Kunde sich aus sonstigen individuellen Gründen am besten aufgehoben fühlt. Eine Kundenbin-

dung im Sinne von „Ich kaufe da, weil ich da schon immer gekauft habe" gibt es nicht mehr. Es hängt sicher auch damit zusammen, dass die Kunden kritischer geworden sind. Wenn der Kunde einmal mit einem Unternehmen oder Dienstleister unzufrieden war, dann geht er eben das nächste Mal zur Konkurrenz.

Damit lautet eine im Marketing oft gestellte Frage: „Wie schaffen wir es, dass der Kunde unserem Unternehmen treu bleibt und immer wieder bei uns kauft?" Viele Marketingaktionen (z. B. Treuepunkte oder Meilensammeln) laufen darauf hinaus, den Kunden stärker ans Unternehmen zu binden.

- **Die Konkurrenz schläft nicht**
  Auch die Konkurrenz kämpft um jeden Kunden. Existenzielle Fragen für das Unternehmen und damit für das Marketing sind: Wie stark ist die Konkurrenz? Wer ist Marktführer? Warum ist er Marktführer? Wie ist das Preisniveau der Konkurrenz? Wie schafft es die Konkurrenz, billiger zu sein? Warum kauft der Kunde bei der Konkurrenz und nicht bei uns? Hier muss das Marketing Antworten aufzeigen.
- **Wirtschaftliche Rahmenbedingungen: Die Abhängigkeit von der Konjunktur**
  Dies betrifft auch kleine Unternehmen mehr als man manchmal vermutet. Baubetriebe sind stark von der aktuellen wirtschaftlichen Situation abhängig, wie hoch sind beispielsweise die Zinsen, wie ausgabefreudig ist die öffentliche Hand? Müssen alle sparen? Haben die Kunden überhaupt noch Geld in der Tasche für Sonderausgaben? Kaum eine Branche ist unabhängig von der aktuellen Konjunkturlage.

4.1 Marktforschung

Was will der Kunde? Welche neuen Trends gibt es auf dem Markt? – Die Beantwortung dieser Fragen ist für Unternehmen überlebensnotwendig. Und schon gibt es eine neue Berufsbezeichnung: Der „Trendscout" (engl. scout = Pfadfinder), also der „Spürhund" für neue Trends am Markt. Beispiel: Ein deutscher Markenhersteller der Textilindustrie gab zu, dass er seine Frau und Kinder nach London in „trendige" Boutiquen schickt, um sich umzusehen und die besten Ideen für neue T-Shirts, Pullover et cetera mit nach Hause zu nehmen. Eine bemerkenswert effektive und kostengünstige Art der Marktforschung.

Aufgabe der Marktforschung ist es, Informationen über das Marktgeschehen und das Unternehmensumfeld zu gewinnen. In diesem Umfeld (Konkurrenz, allgemeine wirtschaftliche Lage, Konsumverhalten der möglichen Kundengruppen etc.) gilt es die eigene Unternehmenssituation zu analysieren und zu bewerten. Die Situation der bestehenden Produkte am Markt soll ebenso eingeschätzt werden wie die Chancen für Produktneuentwicklungen. Diese Informationen bilden die Grundlage für die Absatzplanung der Produkte und die Dienstleistungen des Unternehmens.

Einflussgrößen auf die Absatzplanung erkennen

Unter Absatz versteht man die abgesetzte Menge (z. B. Stück) eines Produktes oder die Inanspruchnahme von Dienstleistungen. Umsatz bedeutet dann Absatz × Preis, also der bewertete Absatz. Absatzplanung bedeutet die Planung der Produktmengen oder Dienstleistungskapazitäten, die in einem zukünftigen Zeitraum verkauft/abgesetzt werden sollen. Hierbei wird das zukünftige Käuferverhalten eingeschätzt beziehungsweise vorausgesagt. Die Konkurrenz muss als Einflussfaktor genauso berücksichtigt werden wie die volkswirtschaftlichen Entwicklungen und die unternehmensinternen Rahmenbedingungen.

Analyse der Unternehmenssituation = Analyse der internen Einflussfaktoren

Die interne Unternehmenssituation beeinflusst den Absatz: Welche Produktmenge kann maximal produziert werden? Gibt es Lagerbestände und sind diese noch für den Verkauf geeignet? Müssen eventuell Investitionen getätigt werden, um eine höhere Produktionsmenge zu erreichen und kann sich das Unternehmen das überhaupt leisten? Welches Werbebudget kann für bestimmte Produkte ausgegeben werden? Und welche Produkte versprechen einen hohen Absatz, welche sollten aus dem Sortiment genommen werden?

Die Auswertung der internen Daten zur Unternehmenssituation bildet die Basis für die weiteren Entscheidungen in der Absatzplanung.

Marktforschung ist die Informationsgrundlage für die Absatzplanung

Marktanalyse = Analyse der externen Einflussfaktoren

Volkswirtschaftliche Rahmenbedingungen: In welcher Konjunkturphase befindet sich die Wirtschaft, boomt sie gerade oder befindet man sich inmitten einer Rezession? Haben die Käufer Lust auf Konsum oder sparen sie ihr Geld? Hier kommt es auch auf die Branche an: Günstige Regenschirme kann man zu jeder Zeit verkaufen, für den Absatz von Luxusartikeln und Markenwaren ist eine schlechte Konjunkturlage eher hemmend. Die Marktforschung gewinnt hierbei ihre Informationen beispielsweise aus Verbands- und Branchennachrichten oder der Fachpresse.

Konkurrenzanalyse: Wie stark ist die Konkurrenz? Wer ist Marktführer? Wie ist das Preisniveau der Konkurrenzprodukte? Die Marktforschung stellt hier Vergleiche zwischen den verschiedenen Anbietern an. Wo liegen die Stärken und Schwächen der untersuchten Unternehmen? Es kann allerdings schwierig sein, an Informationen über die Konkurrenz heranzukommen. Zwar gibt es eine Reihe von Informationsmöglichkeiten in einschlägigen Adresskarteien, etwa über Mitarbeiterzahlen oder Umsätze, aber diese Informationen reichen nicht. Interessant sind eher die sogenannten „weichen Faktoren" wie Mitarbeiter-/Servicequalität und Ähnliches. Den Service der Konkurrenz kann man zum Beispiel durch eigene Testeinkäufe dort einschätzen.

Analyse des Kaufverhaltens der Zielgruppe: Wie ist das Konsumverhalten der Zielgruppe? Wie können neue Kunden gewonnen werden und bestehende Kunden gehalten werden?

Der Käufer ist schwer durchschaubar. Bei den Käufern, den Konsumenten, sind die unterschiedlichsten Wertvorstellungen und Kaufvorlieben zu beobachten. Um das unterschiedliche Kaufverhalten transparenter zu machen, teilt man die potenziellen Käufer in unterschiedliche Zielgruppen ein: Da gibt es den Trendsetter, der immer das Neueste vom Neuen haben muss. Der Genussmensch ist zum Kauf bereit, wenn sein persönliches Wohlbefinden positiv beeinflusst wird, während der traditionelle Käufer gern auf Bewährtes zurückgreift. Oder man definiert Zielgruppen nach *soziologischen Gesichtspunkten* wie etwa Familien mit Kindern, Singles, die ältere Bevölkerung, Jugendliche und so weiter.

Die Absatzplanung orientiert sich an diesen Zielgruppen. Bei welcher Zielgruppe kann ein bestimmtes Produkt platziert werden? Wie hoch wird der Absatz bei den einzelnen Zielgruppen sein? Bei dieser vorausschauenden Planung helfen Marktprognosen und Trendforschungen, die oft von Meinungsforschungsinstituten veröffentlicht werden. Oder das Unternehmen beauftragt selbst eine Werbeagentur, die möglichen Absatzchancen eines Produktes oder einer Dienstleistung zu untersuchen. Letztlich geht es hier um Tendenzaussagen und nicht um die letzten Genauigkeiten.

Die so gewonnenen Erkenntnisse der Marktforschung fließen in die jährliche Planung, speziell in die Absatzplanung, ein.

Externe und interne Informationsquellen nutzen

Zur Informationsgewinnung stehen der Marktforschung zwei mögliche Herangehensweisen zur Verfügung:

1. Primärforschung (Feldforschung, Field Research): Hier geht es um Informationen *aus erster Hand*. Informationen werden gezielt erstmals erhoben. Als Werkzeuge dienen der Primärforschung:

- **Befragungen**, beispielsweise von Branchenexperten, Mitarbeitern, Lieferanten, bestimmten Zielgruppen oder bestehenden Kunden. Die Kundenbefragung ist hier ein beliebtes und auch kostengünstiges Hilfsmittel, um die Wünsche und Anregungen, aber auch die Kritik der Kunden zu erfahren. Eine regelmäßige Durchführung empfiehlt sich, um Vergleichswerte über mehrere Jahre zu erhalten.

- **Beobachtungen** wie etwa die Beobachtung des Kaufverhaltens von Kunden in einem Test-Supermarkt. Im Gegensatz zur Befragung ist die Beobachtung nicht auf die Auskunftsbereitschaft der Konsumenten angewiesen. Die Repräsentanz der Ergebnisse wird nicht durch auskunftsunwillige Konsumenten beeinträchtigt. Die Beobachtung beschränkt sich allerdings auf rein äußerliche Merkmale (z. B. Beobachtungsdauer eines Schaufensters oder Gang des Kunden durch den Supermarkt). Kaufmotive oder Meinungen können so nicht erhoben werden. Die Beobachtung ist trotzdem ein gern gewähltes Mittel um beispielsweise die Gestaltung eines Verkaufsraums zu optimieren.

- **Experimente, Tests.** Einer Gruppe von zufällig ausgewählten Personen wird zum Beispiel ein neuer Werbespot vorgespielt. Dann wird getestet, an welche Aussagen des Werbespots sich die Versuchspersonen nach einer bestimmten Zeit noch erinnern können. Experimente sind aufwendig. Sie müssen gut geplant sein um aussagekräftige und unverfälschte Ergebnisse zu erhalten. Die meisten Versuchspersonen erkennen, dass sie einem Test unterzogen werden, und reagieren dann eventuell nicht so wie in einer wirklichen Verkaufssituation. Es gibt hierfür Spezialanbieter, beispielsweise Werbeagenturen, die Werbekampagnen, neue Produkte oder Ähnliches für das Unternehmen testen.

2. Sekundärforschung (Desk Research): Im Rahmen der Sekundärforschung wird auf *bereits bestehende Informationen* zurückgegriffen, beispielsweise auf Verbandsinformationen, Zeitschriften, sonstige Veröffentlichungen oder Datenbanken. Marktforschungsinstitute bieten sogenannte Verbraucherpanels an: Ein Verbraucherpanel ist eine große Stichprobe von Konsumenten, zum Beispiel 10.000 Fälle. Diese protokollieren kontinuierlich ihre Einkäufe. Aus diesen Daten können dann die Marktanteile verschiedener Marken ermittelt werden und die Verschiebung von Marktanteilen zwischen verschiedenen Anbietern. In der Sekundärforschung werden auch unternehmensinterne Informationen ausgewertet wie Umsatzstatistiken, Schriftwechsel mit Kunden, Daten der Kostenrechnung, Auftragseingänge oder Lagerbestände.

	Primärforschung (Field Research)	Sekundärforschung (Desk Research)
Externe Informations- quellen	- Kundenbefragungen - Lieferantenbefragungen - Befragung von Branchen-experten - Beobachtung des Kaufver-haltens von Konsumenten - Experimente, z.B. Testen von Zeitschriftenanzeigen	- Amtliche Statistiken - Verbandsinformationen - Zeitungen, Zeitschriften - Sonstige Veröffentlichungen - Datenbanken - Verbraucherpanels von Marktforschungsinstituten - Internetforen
Unternehmens- interne Informations- quellen	Befragung der Mitarbeiter: - Vertriebsmitarbeiter, - Mitarbeiter, die Reklamationen bearbeiten, - Mitarbeiter der Debitorenbuchhaltung - Kundendienst etc. Berichte der Mitarbeiter von besuchten Messen	- Umsatzstatistik - Schriftwechsel mit Kunden (Anfragen, Reklamationen) - Kundendatei - Daten der Kostenrechnung - Daten der Buchhaltung - Auftragseingangsstatistik - Lagerbestände - Betriebsstatistik

Informationsquellen der Marktforschung

Aus Zeit- und Kostengründen wird ein Unternehmen immer erst versuchen, Informationen aus bereits bestehendem Datenmaterial zu gewinnen (Sekundärforschung). Darauf aufbauend werden in der Praxis oft Mitarbeiterbefragungen (z. B. der Vertriebsmitarbeiter) durchgeführt, um deren Erfahrungen im Kundenkontakt zu nutzen. Ergänzend sollten regelmäßige Kundenbefragungen stattfinden.

Praxisbeispiel: Kundenbefragung als Informationsquelle

Ein Unternehmen hatte eine Serviceoffensive gestartet. Die Mitarbeiter des Verkaufs wurden auf Seminare geschickt und geschult, viele Maßnahmen zur Verbesserung des Service wurden umgesetzt. Nun wollte dieses Unternehmen natürlich wissen, ob diese Serviceverbesserung auch beim Kunden angekommen war, ob der Kunde sie überhaupt bemerkt hatte. Aber wie sollte man vorgehen? Eine Kundenbefragung mit der unterschwelligen Frage: „Hat sich der Service in unserem Unternehmen seit Ihrem letzten Besuch bei uns verbessert?" wurde als zu plump verworfen.Man entschied sich für ein Benotungssystem, angelehnt an die Schulnoten von 1 = sehr gut bis 5 = mangelhaft. Der Kunde durfte in einem anonymen Fragebogen verschiedene Servicebereiche des Unternehmens benoten. So hatte man ein Gesamtbild, wie die Kunden den Service einschätzen. Nach mehrmaliger Durchführung (alle drei Monate) ließen sich die Tendenzen der Kundenzufriedenheit ablesen: Verbesserte sich die gegebene Schulnote durch die Serviceoffensive oder nicht?

4.2 Marketingstrategien

Die strategische Unternehmensplanung umfasst auch die Marketingstrategien. Die Frage, die sich stellt, ist: „Mit welchen Marketingstrategien werden die strategischen Ziele des Unternehmens erreicht?" Generell unterscheidet man vier mögliche Stoßrichtungen der Marketingstrategien, die natürlich auch miteinander kombiniert werden können:

**Marktfeldstrategien
(Produkt-Markt-Kombinationen)**

Welche Produkte werden auf welchen Märkten platziert?

**Marktstimulierungs-
strategien**

Kostenführer oder
Qualitätsführer?

**MARKETING-
STRATEGIEN**

**Marktsegmentierungs-
strategien**

Welche Zielgruppe?

Marktgebietsstrategien

In welchen Gebieten agiert das Unternehmen?
(z.B. regional, national, international)

Marketingstrategien

Ausgehend von einem Unternehmensziel, zum Beispiel „Wir wollen Marktführer werden", werden die Marketingstrategien entwickelt. Es wird festgelegt, auf welchen Märkten man sich mit welchen Produkten platziert (Marktfeldstrategien), oder welche Zielgruppen stärker oder neu beworben werden.
Könnte man für die eigenen Produkte neue Märkte erschließen, vielleicht
international? Bedeutet Marktführer zu sein auch Preisführer zu sein?
Wie eine Checkliste kann das Unternehmen die vier Stoßrichtungen bearbeiten, um das unternehmensindividuelle Marketingstrategiepaket zu schnüren.
Im Folgenden werden die vier bekannten Marketingstrategieausrichtungen
Schritt für Schritt vorgestellt.

Produkt-Markt-Kombinationen:
Wie Sie die optimale Kombination finden

Die Produkt-Markt-Kombinationen, auch Marktfeldstrategien genannt, drehen sich um die Fragen, ob das Unternehmen mit den bestehenden Produkten und/oder mit Produktneuentwicklungen in die Zukunft gehen will und
darüber hinaus, ob der bestehende Markt bearbeitet werden soll und/oder
auch neue Märkte erschlossen werden sollen. Aus der Kombination dieser
beiden Fragen (bestehende und/oder neue Produkte und bestehender und/
oder neuer Markt) ergeben sich vier mögliche Produkt/Markt Kombinatio-
nen:

	Bestehender Markt	Neuer Markt
Neues Produkt	Produkt-entwicklung	Diversifikation
Bestehendes Produkt	Markt-durchdringung	Markt-entwicklung

Produkt-Markt-Matrix nach Ansoff (Marktfeldstrategien)

- **Marktdurchdringung:** Ein bestehendes Produkt soll in einem bestehenden Markt mit einer höheren Absatzmenge verkauft werden. Der Markt soll besser ausgeschöpft werden. Dies kann beispielsweise durch Umsatzsteigerungen bei den Stammkunden mittels Treue-Rabatten erreicht werden. Auch Mengenrabatte sind ein Instrument für die Marktdurchdringung: Der Kunde soll zu einem höheren Kaufvolumen motiviert werden, da der Preis pro Stück durch den Mengenrabatt sinkt. Zudem wird versucht Konkurrenzunternehmen vom Markt zu verdrängen, indem etwa durch besondere Preis- oder Sonderaktionen neue Kunden gewonnen werden.

Praxisbeispiel für Marktdurchdringung:

Ein Versandhandelshaus bietet seinen Kunden Freundschaftsprämien an, wenn der Kunde in seinem Freundes- und Bekanntenkreis neue Kunden für das Versandhaus gewinnt. Zudem gibt es besondere Treue-Rabatte, die bewirken sollen, dass der Kunde Stammkunde bleibt und in Zukunft noch mehr bei diesem Versandhandel kauft.

- **Marktentwicklung:** Ein bestehendes Produkt wird in neue, bisher nicht bearbeitete Märkte getragen. Die Marketingaktivitäten werden auf ein neues Absatzgebiet ausgedehnt oder auf eine neue Zielgruppe.

Praxisbeispiele für Marktentwicklung:

Ein Unternehmen, das in Berlin ansässig ist, eröffnet eine Zweigstelle in Hamburg (räumliche Ausdehnung des Absatzgebietes). Ein Uhrenhersteller, der bisher nur für Privatkunden Uhren hergestellt hat, möchte Firmenkunden dadurch gewinnen, dass er das Firmenlogo auf das Ziffernblatt der Uhr prägt (Erschließung einer neuen Zielgruppe).

- **Produktentwicklung:** Entwicklung neuer Produkte für einen bereits bestehenden Markt. Hierbei geht es um völlig neue Produktentwicklungen, aber auch um Produktdifferenzierungen, das heißt die Abwandlung eines bestehenden Produktes beispielsweise durch neues Design, neue Farbe oder eine neue Formel.

Praxisbeispiele für Produktentwicklung:

Studiosus erfand die Studienreise und schuf damit eine völlig neue Art des Pauschalurlaubs (Produktneuentwicklung). Ein Schokoladenhersteller goss seine Tafel Schokolade in eine neue Form und kreierte so den Schokoriegel (Produktdifferenzierung). Ein Küchengerätehersteller bietet seine Geräte neben dem bestehenden Einheitsweiß auch in schicken neuen poppigen Farben an, zum Beispiel einen Kühlschrank in Limonengelb oder einen Toaster in Knallrot (Produktdifferenzierung).

- **Diversifikation:** Ein für das Unternehmen neues Produkt wird auf einem neuen Markt angeboten. Hierbei unterscheidet man:
  Horizontale Diversifikation: Das neue Produkt ergänzt das bestehende Produktsortiment.
  Vertikale Diversifikation: Das neue Produkt gehört einer vor oder nachgelagerten Absatzstufe an.
  Laterale Diversifikation: Das neue Produkt hat vordergründig keinen Bezug zu dem bestehenden Produktsortiment, trotzdem verspricht sich das Unternehmen von der Ergänzung einen positiven Umsatzeffekt. Inzwischen kommt beispielsweise kaum mehr ein Lebensmitteldiscounter ohne Sonderartikel aus, etwa günstige Kinderbekleidung als Lockmittel, damit dort die Lebensmittel gekauft werden und nicht bei der Konkurrenz.

Praxisbeispiele für Diversifikation:

Ein Versicherungsunternehmen kauft einen Finanzdienstleistungsanbieter. Dies schafft einen sogenannten „Synergieeffekt", da beide Leistungen (Versicherung und Finanzberatung) sich gut ergänzen (horizontale Diversifikation). Ein Reiseveranstalter kauft eine Hotelkette, um zukünftig „alles aus einer Hand" anbieten zu können (vertikale Diversifikation). Ein Baumarkt bietet auch Fertiggerichte an, da Heimwerker kaum Zeit zum Kochen haben (laterale Diversifikation).

Zielgruppen finden: Marktsegmentierung

Um potenzielle Kunden besser bewerben zu können, werden diese in sogenannte Zielgruppen unterteilt, also „segmentiert". Ein bestimmtes Marktsegment steht für eine bestimmte Zielgruppe, die man ansprechen möchte. Da gibt es beispielsweise die Yuppies (Young Urban Professionals =

berufstätige junge Leute, die in einer Stadt wohnen) oder die Woopies (Well off older People = finanziell gut gestellte Senioren), die dann entsprechend zielgruppenspezifisch angesprochen werden, beispielsweise durch Werbung in Zeitschriften, die diese Zielgruppen bevorzugt lesen.

Es gibt eine Vielzahl an Möglichkeiten der Zielgruppensegmentierung. Ein Hersteller für Outdoor-Bekleidung zum Beispiel wird sich neben den demografischen Daten vor allem für das Freizeitverhalten der möglichen Kunden interessieren, ein Handyhersteller eher für das Kommunikationsverhalten.

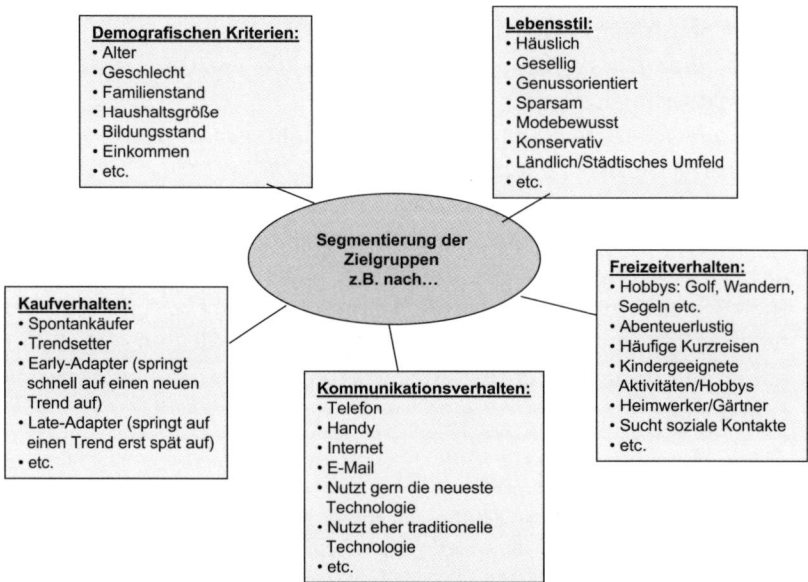

Beispiele für Kriterien zur Marktsegmentierung

Bei der Marktsegmentierungsstrategie kann man zwischen zwei Alternativen wählen:

- Man segmentiert den Markt überhaupt nicht, das heißt man bewirbt die große Masse aller Kunden gleich, zum Beispiel über Fernsehspots. Dies ist eine geeignete Strategie bei Massenartikeln des täglichen Bedarfs wie Duschgels oder Fertiggerichten.

- Der andere Weg ist, gezielt bestimmte Marktsegmente, also Kundengruppen, durch die Werbung anzusprechen.

Praxisbeispiel Zielgruppensegmentierung

Eine bekannte und erfolgreiche deutsche Kreuzfahrtmarke führt nach jeder Kreuzfahrt eine Kundenbefragung durch. Neben Fragen zur Beurteilung der Qualität der Speisen und des Services werden auch ganz gezielt Fragen gestellt, um die Kunden (=Zielgruppe) besser kennenzulernen und damit die Zielgruppe für Kreuzfahrten besser zu verstehen und besser bewerben zu können. Hier einige Fragen an die Kreuzfahrtgäste und deren Bedeutung für die Zielgruppensegmentierung:

- *„Wie haben Sie bisher Urlaub gemacht?"* Diese Frage zielt darauf ab, zu erkennen, welche Urlaubsform ein potenzieller „Kreuzfahrer" bisher gewählt hat. Zur Wahl stehen Antworten wie „Ferienclub", „Ferienhotel/-resort", „Studienreise", „Individuell", „Kreuzfahrten mit anderen Schiffen". Würden nun viele Kunden angeben, dass sie bisher Studienreisen als bevorzugte Urlaubsform gewählt haben, so hilft diese Information dem Kreuzfahrtunternehmen, seine potenziellen Kunden besser anzusprechen. Eine Anzeige in einer Studienreisen-/Kulturzeitschrift könnte Erfolg versprechend sein. Das Unternehmen könnte aber auch eine Kooperation mit einem Studienreisenanbieter anstreben nach dem Motto: „Wir machen die Kreuzfahrt = den Transport, ihr macht die Studienreise vor Ort, beispielsweise in den Häfen von Rom oder Athen."
- *„Welche Zeitschriften lesen Sie?"* In welcher Zeitschrift lohnt es sich deshalb am meisten für das Kreuzfahrtunternehmen eine Anzeige zu schalten.
- *„Welche Fernsehsender/Fernsehsendungen sehen Sie bevorzugt?"* Auch diese Frage soll klären, in welchen Sendungen und bei welchen Sendern ein Fernsehspot die Zielgruppe besonders gut erreichen kann.
- *„Wie alt sind Sie?", „Was machen Sie beruflich?", „Wie viele Personen – Sie eingeschlossen – leben in Ihrem Haushalt?", „Wie viele Personen in Ihrem Haushalt sind unter 18 Jahren?", „Wie hoch ist das monatliche Nettoeinkommen Ihres Haushalts insgesamt?"* Diese Fragen dienen ganz klar zur demografischen Zielgruppensegmentierung. Für das Kreuzfahrtunternehmen ist es immens wichtig zu wissen, ob die größte Zielgruppe etwa akademische Singles oder junge Familien sind. Auf diesen Erkenntnissen baut die gesamte Kommunikationsstrategie und Produktpolitik auf.

Marktstimulierungsstrategien: Kostenführer oder Qualitätsführer?

Für die Marktstimulierungsstrategien (auch Marktimpulsstrategien genannt) gibt es zwei Ausprägungen, wobei manche Unternehmen sich auch im Mittelfeld zwischen diesen beiden Extrempunkten bewegen: Die **Preis-Mengen-Strategie** (*Kostenführerschaft,* d. h. Verkauf durch das beste Preisangebot) und die **Präferenzstrategie** (*Qualitätsführerschaft,* d. h. Verkauf der besten Qualität zu einem eventuell hohen Preis).

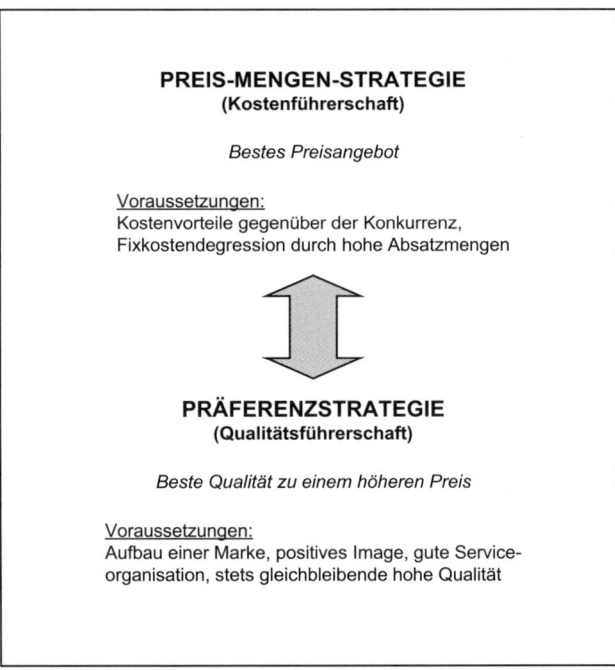

Marktstimulierungsstrategien (Marktimpulsstrategien)

Preis-Mengen-Strategie:
Nach dieser Strategie wird die *Kostenführerschaft* angestrebt, das heißt man will zu günstigeren Preisen als die Konkurrenz anbieten. Dazu muss das Unternehmen günstiger als die Konkurrenz produzieren können. Das Unternehmen benötigt beispielsweise einen Vorsprung bei Einkauf und Beschaf-

fung und geringe Kosten für Marketing und Verwaltung. Durch hohe Absatzmengen wird eine Fixkostendegression angestrebt, um damit geringere Produktionskosten zu realisieren.

Beispiel für eine Preis-Mengen-Strategie

Im Einzelhandel gibt es sogenannte „No-Name-Produkte", auch „weiße Produkte" genannt (da die Verpackung in schlichtem Weiß gehalten ist). Für diese Produkte wird keine Werbung gemacht. Sie werden einzig und allein über den günstigen Preis verkauft.

Das **Risiko** bei der Preis-Mengen-Strategie ist für ein Unternehmen, dass es diese Strategie eventuell nicht überlebt, dass heißt von anderen Unternehmen vom Markt verdrängt wird, die eben noch günstiger anbieten können: Wenn die Unternehmen einer bestimmten Branche untereinander einen Preiskampf führen, dann versuchen diese sich durch besonders attraktive Preise gegenseitig aus dem Markt zu drängen. Beispiel: Luftverkehrsunternehmen, Reiseveranstalter oder Lebensmitteldiscounter. Am Ende werden einige Unternehmen diesen harten Preiskampf nicht überstehen.

Präferenzstrategie:
Im Gegensatz zur Preis-Mengen-Strategie soll ein möglichst hoher Absatz nicht über niedrige Preise erreicht werden, sondern durch besondere Qualität. Das Unternehmen strebt die *Qualitätsführerschaft* an, das heißt das Unternehmen will zu einer besseren Qualität als die Konkurrenz anbieten. Und diese Qualität hat ihren Preis. Mit der Präferenzstrategie wird versucht, Produkte und Dienstleistungen im Hochpreissegment zu platzieren. Hierbei kommen folgende Instrumente zum Einsatz:

* **Markenpolitik:** Um die besondere Qualität der Produkte oder Dienstleistungen beim Käufer herauszustellen wird häufig eine **„Marke"** aufgebaut. Eine Marke steht für ein Produkt oder ein Unternehmen, wie etwa Maggi für Suppenprodukte, Coca-Cola für das alkoholfreie Erfrischungsgetränk, Swatch für Uhren oder Tempo für Taschentücher. Durch die Marke soll ein Produkt sich von anderen Produkten abheben. Der Kunde soll Qualität, guten Service und ein bestimmtes Image mit der Marke verbinden (z. B. Freiheit und Abenteuerlust bei bestimmten

Zigarettenmarken). Eine Marke muss leicht wieder erkennbar sein und eine immer gleich bleibende Qualität garantieren. Die Marke soll dem Kunden die Sicherheit vermitteln, mit dem Kauf dieser Marke ganz bestimmte bekannte Eigenschaften in bewährt hoher Qualität zu erwerben. Der Kunde soll immer wieder „seine Marke" kaufen. Daraus erklärt sich auch der Begriff „Präferenzstrategie": Der Kunde soll seine Marke präferieren, das heißt sein Markenprodukt gegenüber anderen Produkten bevorzugen. Praxisbeispiele für Marken finden sich in vielen Bereichen: bei Kosmetika, Lebensmitteln (Schokolade, Kaffee, Getränke, …), Bekleidung, Automobilen oder in der Unterhaltungselektronik.

- **Unique Selling Proposition (USP),** englisch für „einzigartiges Verkaufsargument" beziehungsweise *Alleinstellungsmerkmal:*
USP bedeutet das Herausstellen eines einzigartigen Verkaufsversprechens, eines Alleinstellungsmerkmals bei der Positionierung eines Produktes oder einer Dienstleistung. Dieses Verkaufsversprechen oder Alleinstellungsmerkmal soll den Kunden davon überzeugen genau dieses Produkt zu kaufen und nicht zur Konkurrenz zu gehen.
Ansatzpunkte zur Entwicklung einer USP können sein:
Hervorragender Service, gute Erreichbarkeit des Unternehmens, kundenfreundliche Betriebszeiten, gute Parkmöglichkeiten, hervorragende Qualität der Produkte, persönliche Betreuung des Kunden oder Eingehen auf Spezialwünsche des Kunden. Die Aufzählung ist keinesfalls vollständig und richtet sich nach den Bedingungen der Branche. So kann ein Fruchtsafthersteller die USP „alles frisch gepresst" wählen, während sich bei Dienstleistungsunternehmen eher kundenfreundliche Öffnungs-/Betriebszeiten und hervorragender Service als positives Unterscheidungsmerkmal zur Konkurrenz anbieten.

Tipp:
Jedes Unternehmen sollte sich von Zeit zu Zeit fragen, ob es eine USP (noch) hat.
In Zeiten der Wachstumsschwäche und wachsender Konkurrenz ist es besonders wichtig, sein Unternehmen oder sein Produkt gegenüber vergleichbaren Unternehmen und Produkten besonders herauszustellen.
Was zeichnet Ihr Unternehmen gegenüber anderen aus? Hat Ihr Unternehmen oder Ihr Produkt ein besonderes Charakteristikum/Alleinstellungsmerkmal, das es gegenüber der Konkurrenz herausstellt, oder schwimmen Sie lediglich mit im Strom der großen Masse?

Marktgebietsstrategien: Auf dem Weg zum Global Player?

Im Rahmen dieser Marketingstrategie muss das Unternehmen festlegen, auf welchen Märkten sich das Unternehmen platzieren möchte. Ist das Unternehmen ein lokaler Anbieter und möchte dies auch bleiben oder möchte man sich ein Standbein im europäischen Markt schaffen? Andere Unternehmen streben zum Beispiel an, ein „Global Player" zu werden, das heißt ein international tätiges Unternehmen.

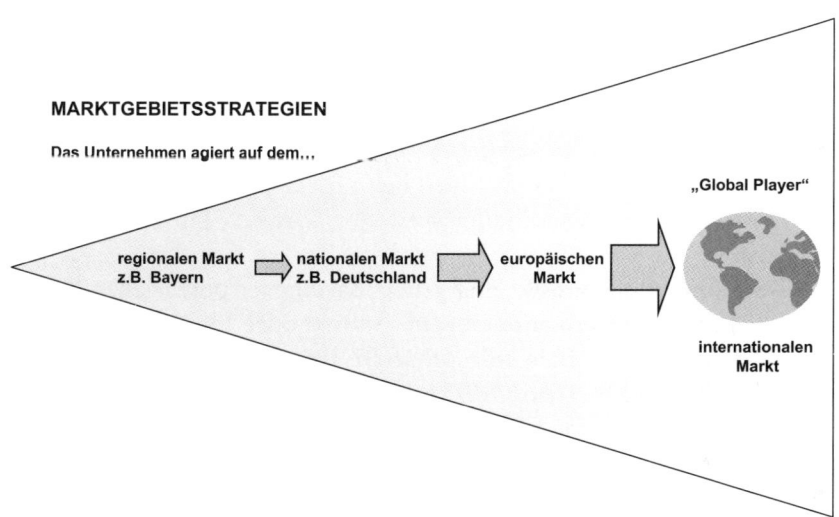

Marktgebietsstrategien

Entscheidungen in Rahmen der Marktgebietsstrategie haben starken Einfluss, beispielsweise auf Produktion und Logistik. Wo das Marketing keine Absatzchancen sieht, wird auch keine Logistikgesellschaft oder Produktionsstätte aufgebaut werden. Sieht das Marketing aber im Gegenteil gute Absatzchancen etwa im ostasiatischen Markt, so wird sich langfristig auch die Frage stellen, ob das Unternehmen nicht auch vor Ort Produktionskapazitäten schaffen kann.

4.3 Marketingmix

Im Marketingmix werden die Marketingstrategien weiter konkretisiert. Es geht um die Ausrichtung der vier Bereiche:

- **Produktpolitik:** Welche Produkte werden angeboten? Welche Eigenschaften sollen diese Produkte haben? Sind Produktneuentwicklungen vielversprechend?
- **Preispolitik:** Bietet das Unternehmen im Niedrigpreissegment oder im Hochpreissegment an? Auch die sonstigen Konditionen wie Rabatte, Zahlungs- und Lieferbedingungen werden festgelegt.
- **Distributionspolitik:** Es wird über die Vertriebswege entschieden, zum Beispiel Direktvertrieb an den Kunden. Das Internet bietet hier ganz neue Möglichkeiten, das Stichwort heißt E-Commerce. Oder es wird der indirekte Vertrieb über Handelsvertreter oder den Einzelhandel angestrebt.
- **Kommunikationspolitik:** Hier geht es darum, den potenziellen Kunden überhaupt mit Informationen zum Produkt oder zur Dienstleistung zu erreichen und zum Kauf zu motivieren. Instrumente der Kommunikationspolitik sind Werbung, Verkaufsförderung und Öffentlichkeitsarbeit (Public Relations, kurz PR).

Marketingmix

Produktpolitik: Welche Produkte, Leistungen sind Ihre „Stars"?

In den jährlichen Planungsrunden wird auch im Marketing gern und lange diskutiert. Natürlich geht es um Kundenwünsche und mögliche Marketingstrategien. Eine der Hauptfragen lautet: „Anhand welcher Indikatoren können wir überhaupt den Erfolg unserer Produkte/Dienstleistungen am Markt verlässlich messen?" Natürlich am Absatz beziehungsweise Umsatz, aber reicht das?

Im Rahmen der Produktpolitik erfolgt als erster Schritt die **Produktanalyse:** Hat das Unternehmen Produkte/Leistungen, mit denen es auch in Zukunft erfolgreich sein wird? Wichtige Hilfsmittel sind hier die Produktlebenszyklusanalyse und die Portfolioanalyse.

Produktlebenszyklusanalyse

Dieses Konzept geht davon aus, dass jedes Produkt einen Lebenszyklus von der Markteinführung bis zum Auslauf hat. Dies gilt für ganze Produktgruppen, beispielsweise sind Digitalkameras vielleicht noch in der Wachstumsphase, Personalcomputer eventuell schon in der Sättigungsphase, während Schreibmaschinen mit Sicherheit eine veraltete Technik darstellen. Auch einzelne Produkte unterliegen diesem Zyklus: Automobilmodelle werden eingeführt, reifen und werden schließlich durch ein neues Modell ersetzt.

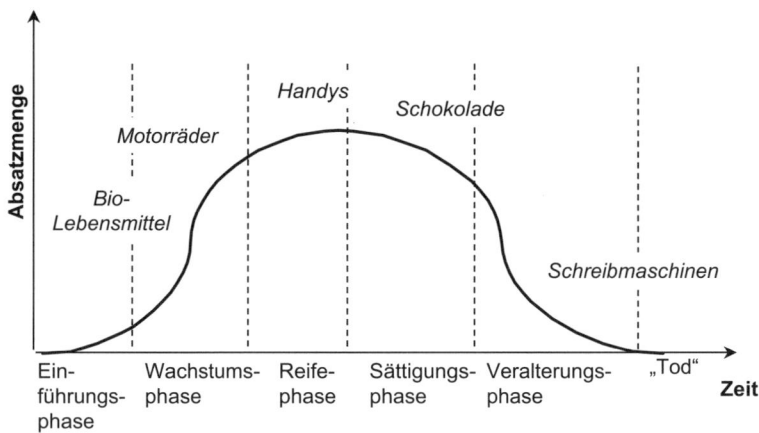

Produktlebenszyklus

Man unterscheidet folgende Lebenszyklusphasen:

- **Einführungsphase:** Der Lebenszyklus beginnt mit der Einführung des Produktes in den Markt.
- **Wachstumsphase:** Die Absatzmengen steigen kontinuierlich, das Produkt kommt bei den Käufern an. Werbemaßnahmen unterstützen die Wachstumsphase des Produktes.
- **Reifephase:** Das Produkt kommt gut an im Markt. Die Absatzmengen sind hoch, können aber noch durch Werbemaßnahmen gesteigert werden.
- **Sättigungsphase:** Keine Steigerung der Absatzmenge mehr möglich. Der Markt ist gesättigt.
- **Veralterungsphase:** Die Absatzzahlen gehen zurück.
- **„Tod":** Das Produkt wird vom Markt genommen.

Falls sich einige Produkte dem Ende ihres Lebenszyklus nähern, sollten andere schon entsprechend in „den Startlöchern" stehen.
Jedes Produkt hat seinen eigenen Verlauf des Lebenszyklus. Einige Produkte schaffen es gar nicht in den Markt (sogenannte Flops), andere haben lange Lebenszyklen (z. B. Waschmittel) und verlängern diese eventuell noch durch sogenannte Relaunchs oder Faceliftings („jetzt mit neuer Frischeformel").

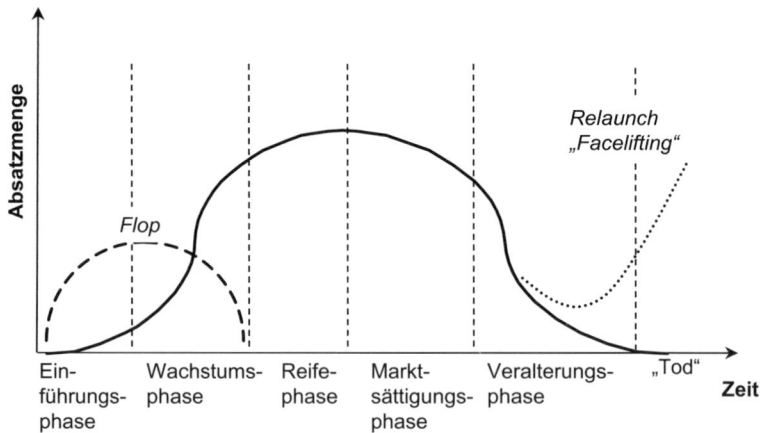

Unterschiedliche Produktlebenszyklen

Praxisbeispiele Produktlebenszyklen

Kurze Produktlebenszyklen trifft man vor allem in der Modebranche. Mal sind die Röcke kurz, mal lang, mal sind Erdfarben „in", mal knallig Buntes. Andere Bereiche folgen diesen Trends. Farben, die in der Mode „angesagt" sind, werden auch von Möbelherstellern oder Badezimmerausstattern übernommen. Andererseits gibt es dort auch lange Produktlebenszyklen, das schwarze Ledersofa oder die klassische weiße Badewanne sind immer „in". Manche Lebenszyklen sind am Ende: Wer arbeitet heute noch mit der Schreibmaschine? Lebenszyklen anderer Produkte, die bereits einmal zu Ende waren, sind wieder neu erwacht: Das Motorrad und auch das Fahrrad sind wieder „in".

Weiteres wichtiges Hilfsmittel der Produktanalyse: Portfolioanalyse

Portfolio ist eigentlich ein Begriff aus dem Bankenbereich. Dort spricht man beispielsweise von einem Wertpapier-Portfolio, wenn ein Anleger verschiedene Wertpapiere in seinem Anlagedepot hat. Manche Wertpapiere sind sichere Anlagen, manche haben ein hohes Risiko. Übertragen auf die Produktpalette eines Unternehmens bedeutet die Portfolioanalyse die Analyse der Produkte nach ihrer Stellung im Markt:

- **Star:** Befindet sich das Produkt in einem wachsenden Markt und hat gleichzeitig einen hohen Anteil an diesem Markt, so ist es ein Star-Produkt. Dies könnte z. B. ein Mobiltelefon (Handy) eines führenden Telekommunikationsanbieters sein.

- **Question Mark:** Im Gegensatz zum Star ist ein „Question Mark" (Fragezeichen) ein Produkt, das sich zwar ebenfalls in einem wachsenden Markt befindet, aber noch keinen hohen Marktanteil hat. Es könnte sich um ein Produkt handeln, das frisch auf dem Markt ist, somit in der Einführungsphase, und von dem man noch nicht weiß, ob es sich am Markt behauptet oder ein Flop wird. Daher wird es als Fragezeichen, als Question Mark bezeichnet. Beispiel für ein Question Mark: Produktneuentwicklung.

- **Cash Cow:** Als „Cash Cow" („Melkkuh" oder „Goldesel") werden Produkte bezeichnet, die sich in einem Markt befinden, der nur noch wenig wächst, die aber an diesem Markt einen hohen Marktanteil haben. Nach dem Produktlebenszyklus-Bild sind dies Produkte, die sich in der Marktsättigungsphase befinden. Ein Beispiel hierfür ist eine bekannte Schokoladenmarke. Der Pro-Kopf-Verbrauch von Schokolade steigt nicht mehr, es gibt folglich kein Marktwachstum, aber durch attraktive Verpackungen und geschickte Werbung schafft es diese Schokoladenmarke, sich einen hohen Marktanteil an diesem Markt zu sichern.

- **Poor Dog:** Ein „Poor Dog" („Armer Hund") ist schließlich ein Produkt, das es nie in den Markt geschafft hat oder ein Produkt, das „out" ist. Das Marktwachstum ist gering und ebenso der Marktanteil.

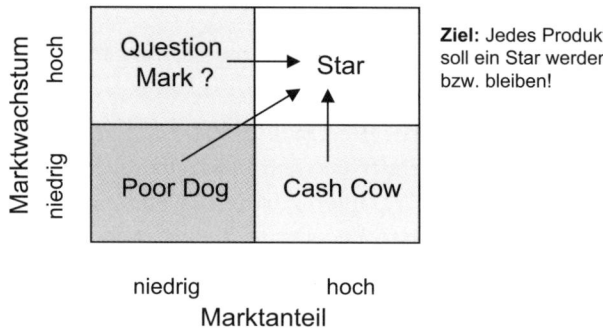

Portfolioanalyse

Konkrete Instrumente der Produktpolitik

Aus den Ergebnissen der *Produktanalyse* (Lebenszyklusanalyse, Portfolioanalyse) kann das Unternehmen nun unterschiedliche Maßnahmen in der Produktpolitik einleiten:

- **Produktneuentwicklung/-innovation:** Das Unternehmen hat festgestellt, dass es neue Produktideen braucht, um am Markt bestehen zu bleiben. Hierzu muss im Vorfeld intensiv Marktforschung betrieben werden, da Produktneuentwicklungen kostenintensiv und risikoreich sind. Das neue Produkt soll ein „Star" werden und nicht als Flop enden.
- **Produktvariation:** Durch Veränderung des Produktes soll der Lebenszyklus eines Produktes verlängert werden. Eine Software bringt ein neues „Update" heraus (Produktverbesserung) oder es gibt eine bekannte Schokoladenmarke in einer neuen Geschmacksrichtung (Produktweiterentwicklung). Ein DVD-Recorder kommt in einer benutzerfreundlicheren Variante mit vereinfachten Bedienungsfunktionen auf den Markt (Produktvereinfachung). Oder das Produkt bleibt im Wesentlichen

dasselbe, es wird nur durch Farbe, Design oder Verpackung auf eine neue Zielgruppe angepasst (Produktdifferenzierung).

- **Produkteliminierung:** Das Produkt wird vom Markt genommen (z. B. ein „Poor Dog").

Neben diesen Maßnahmen, die ein einzelnes Produkt betreffen, gibt es auch Maßnahmen der Produktpolitik, *die alle Produkte betreffen*:

- **Sortimentspolitik:** Das Unternehmen überdenkt generell sein Produktsortiment. Die Produktpalette wird erweitert oder aber bereinigt.
- **Verpackungspolitik:** Alle Produkte werden zum Beispiel mit umweltfreundlicheren Verpackungen neu am Markt platziert.
- **Servicepolitik:** Die Serviceleistungen werden verbessert oder erweitert: bessere Erreichbarkeit des Callcenters oder Schulung der Kundendienstmitarbeiter.

Der Servicepolitik kommt in diesem Zusammenhang ein immer größerer Stellenwert zu. Insbesondere Dienstleistungsunternehmen sollten folgende Erfahrungswerte beherzigen:

Praxisbeispiel: Wodurch verlieren Unternehmen ihre Kunden?

Durch Wegsterben	1 %
Durch Ortswechsel	3 %
Durch andere / neue Gewohnheiten	5 %
Durch Preispolitik	9 %
Durch Qualitätsmängel	14 %
Durch unbefriedigenden Service	**68 %**

Preispolitik: Die Preis-Absatz-Funktion kennen und nutzen

Die Preispolitik eines Unternehmens hängt ganz wesentlich **von der strategischen Ausrichtung des Unternehmens** ab. Je nach Strategietyp (siehe Kapitel 1.1 Visionen, Strategien und Ziele) ist die Preispolitik schon vorgezeichnet. Ein *Kostenführer* und auch ein *Me-too-Anbieter* werden Produkte und Leistungen zu eher *niedrigen Preisen* anbieten. Demgegenüber kann ein *Nischenanbieter* durch das Eingehen auf besondere Kundenwünsche und ein *Innovator* sich eher im Hochpreissegment platzieren.

Zudem werden die Preise auch **von den Kosten bestimmt**. Zumindest langfristig müssen die Preise über den Kosten (fixe und variable Stückkosten) liegen. Dies nennt man auch die *langfristige Preisuntergrenze*. Kurzfristig kann auch schon mal zu den variablen Stückkosten verkauft werden = *kurzfristige Preisuntergrenze*.

Preis-Absatz-Funktion

Dreh- und Angelpunkt preispolitischer Entscheidungen ist die Preis-Absatz-Funktion. Hier geht es um den Zusammenhang zwischen Preis und Absatz. Dabei gibt es zwei wesentliche Marktsituationen: ein preiselastischer oder ein preisunelastischer Markt.

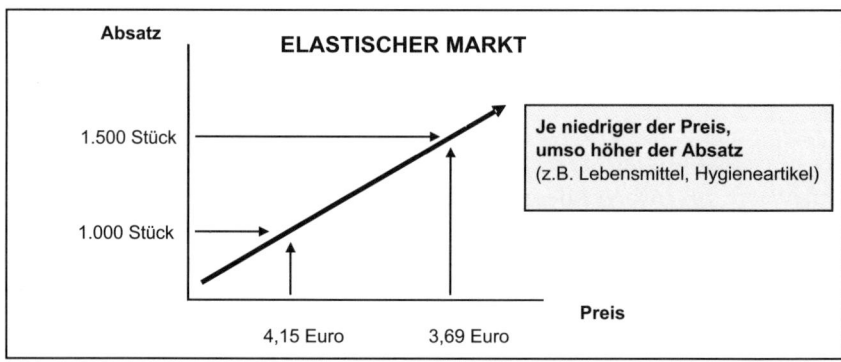

Preis-Absatz-Funktion in einem elastischen Markt

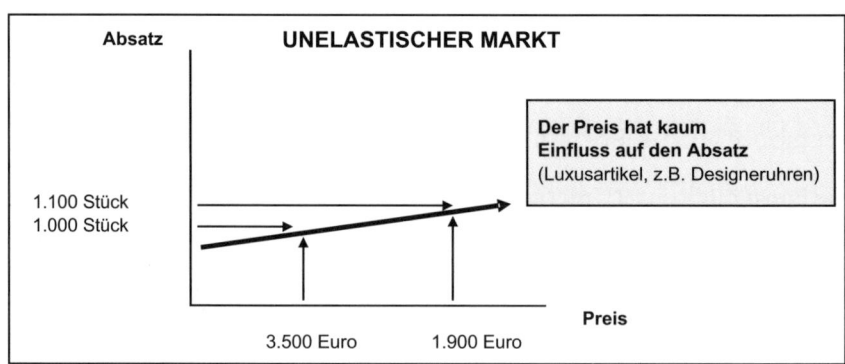

Preis-Absatz-Funktion in einem unelastischen Markt

Eine Preissenkung kann zu erhöhten Absatzzahlen führen (preiselastischer Markt). In einem preisunelastischen Markt müssen andere Mittel zur Absatzsteigerung gefunden werden, etwa im Rahmen der Produkt- oder Kommunikationspolitik. Preissenkung ist darum nicht immer eine Erfolg versprechende Preisstrategie.

Preisstrategien

Bei der Einführung eines neuen Produktes gibt es zwei gängige Preisstrategien: Die Abschöpfungsstrategie und die Penetrationsstrategie.

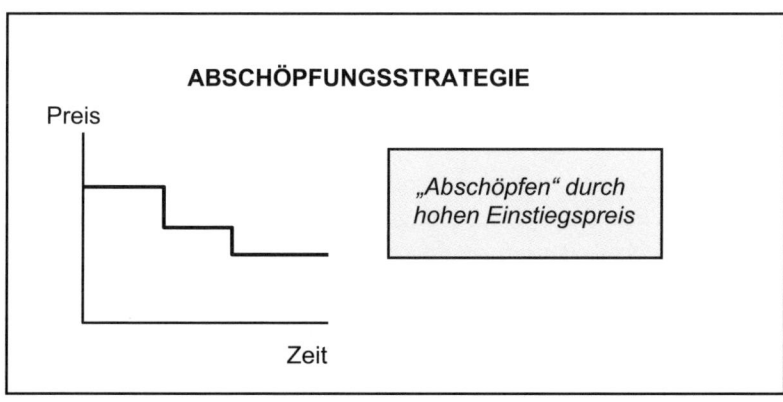

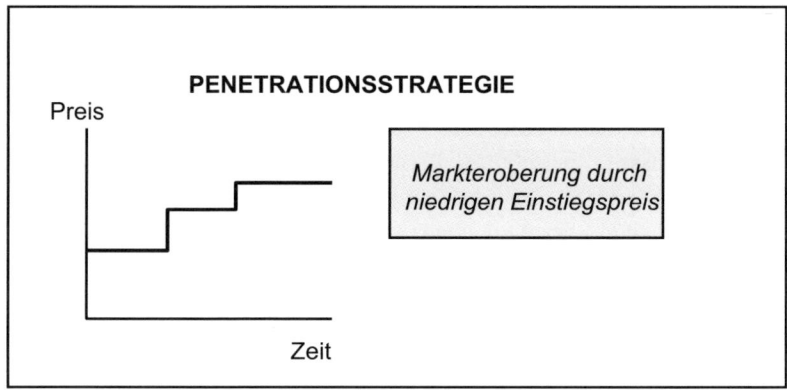

Preisstrategien bei der Einführung eines neuen Produktes

Bei der *Abschöpfungsstrategie* wird das Produkt zuerst zu einem hohen Preis platziert. Dies geht natürlich nur, wenn das Produkt beispielsweise eine technische Innovation darstellt und Konkurrenzprodukte noch nicht auf dem Markt sind. Die Forschungs- und Entwicklungskosten können durch die hohen Preise früh amortisiert werden. Irgendwann zieht aber die Konkurrenz nach oder platziert ein noch besseres Produkt. Dann müssen die Preise gesenkt werden.

Die *Penetrationsstrategie* funktioniert genau umgekehrt: Niedrige Einstiegspreise sollen einen großen Marktanteil sichern. Dann werden die Preise sukzessive erhöht. Das Unternehmen hofft, dass die Kunden dem Produkt treu bleiben und die erhöhten Preise akzeptieren.

Eine weitere Preisstrategie ist die **Preisdifferenzierung**, das heißt es existieren unterschiedliche Preise für

- *unterschiedliche Märkte* (z. B. Länderpreise)
- *unterschiedliche Zeiträume* (z. B. günstige Vor- und Nachsaisonpreise im Tourismus im Gegensatz zu den Preisen der Hochsaison, Last-Minute-Preise, Vorbucherermäßigungen)
- *unterschiedliche Zielgruppen* (z. B. Mengenrabatte für Großabnehmer oder Ermäßigungen für Schüler, Studenten und Senioren).

Konditionenpolitik

Preispolitik wird auch manchmal Kontrahierungspolitik (Kontrahierung = Vertragsschluss) genannt, denn es geht nicht nur um die Festsetzung eines Produktpreises. Auch die mit dem Preis zusammenhängenden Konditionen wie Preisnachlässe (z. B. Rabatte), Liefer- und Zahlungsbedingungen können unterschiedlich ausgestaltet werden und damit den Absatz beeinflussen. Gängige Praxis ist es aber nach wie vor, von der Preispolitik zu sprechen und die Konditionenpolitik als Teil der Preispolitik zu sehen.

Wie die folgende Abbildung zeigt, gibt es in der Konditionenpolitik viele Gestaltungsmöglichkeiten.

Das Rabattgesetz und die Zugabeverordnung wurden Mitte 2001 abgeschafft. Diese Gesetze beschränkten die Möglichkeiten für Anbieter, Rabatte oder Zugaben (Zusatzleistungen beim Kauf) zu geben. Nun sind die Anbieter frei in der Rabattgestaltung und in möglichen Zugaben zur gekauften Leistung.

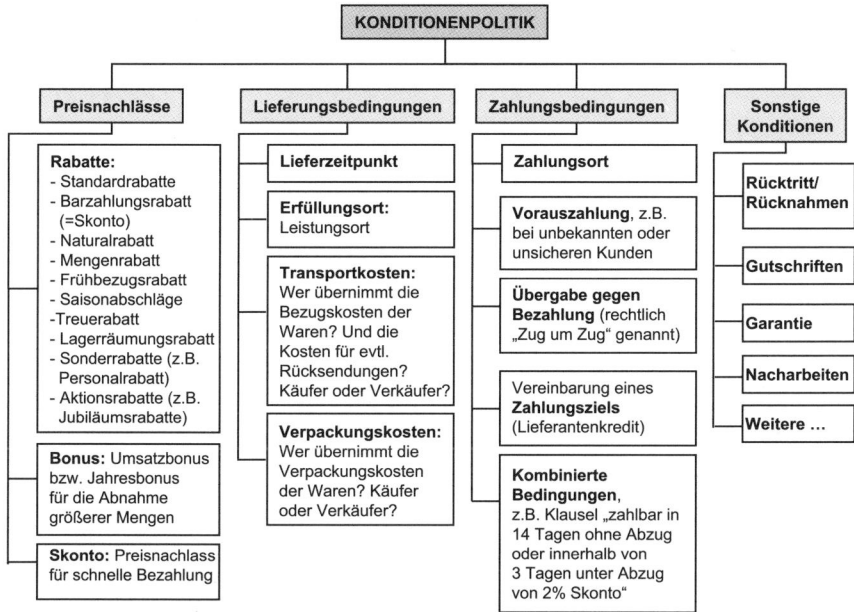

Unterschiedliche Ansatzpunkte für die Konditionenpolitik

Die Bedeutung von Rabatten und Zugaben hat nach dem Fall dieser Gesetze zugenommen.

Kommunikationspolitik:
Werbung, Verkaufsförderung und Öffentlichkeitsarbeit (PR)

Maßnahmen der Kommunikationspolitik (Werbeanzeigen, Fernsehspots etc.) haben wohl die meisten Menschen im Kopf, wenn sie an Marketing denken. Kein Wunder, denn die Kommunikationspolitik ist das Maßnahmenpaket innerhalb des Marketing, das am ehesten von der Öffentlichkeit wahrgenommen wird. Hier geht es darum, das Produkt oder die Leistung möglichst positiv „rüberzubringen" und den potenziellen Kunden zum Kauf der Leistung zu motivieren. Instrumente der Kommunikationspolitik sind *Werbung, Verkaufsförderung* (auch Salespromotion genannt) und *Öffentlichkeitsarbeit* (auch Public Relations, kurz PR, genannt).

Werbung

Werbung ist nahezu allgegenwärtig: im Fernsehen, in der Zeitung, auf Plakatwänden … Im Fachjargon unterscheidet man zwischen *Werbemitteln* (Anzeigen, Fernsehspots, Plakate, etc.) und *Werbeträgern* (Zeitung, Fernsehen, Litfaßsäule, etc.).

Meist richtet sich Werbung an einen sehr großen Personenkreis, wie etwa das Lesepublikum einer Zeitung oder die Passanten einer Litfaßsäule. Diese Breitenwirkung soll gewährleisten, dass die potenziellen Kunden angesprochen werden. Ein großer „Streuverlust" (= Menschen, die sich speziell von dieser Werbung nicht angesprochen fühlen, also keine potenziellen Kunden sind) wird in Kauf genommen. Natürlich möchte man diesen „Streuverlust" minimieren, hierzu dienen die *Werbeplanung* und insbesondere die *Werbeerfolgskontrolle.*

Die **Werbeplanung** klärt vor einer Werbeaktion folgende Details:

- **Werbeziel:** Was soll mit der Werbeaktion erreicht werden? Möchte man den Bekanntheitsgrad des Unternehmens durch Imagewerbung steigern oder soll der Kunde nach einem Fernsehspot direkt zum Telefon greifen um beispielsweise Produktinformationen anzufordern oder direkt einen Artikel zu bestellen? Das Ziel sollte sehr konkret festgelegt werden, damit die Zielerreichung der Werbeaktion auch messbar ist. Beispiel: Ziel der Aktion ist die Gewinnung von 1.000 Neukunden oder eine Umsatzsteigerung von 15 Prozent.
- **Werbebudget:** Was darf die Werbeaktion kosten? Können die Kosten z. B. durch *Verbundwerbung* (Werben von Hersteller und Handel) oder *Gemeinschaftswerbung* (mehrere Unternehmen werben gemeinsam, z. B. alle Einzelläden eines Einkaufszentrums oder einer Stadt) gesenkt werden?
- **Werbeobjekt:** Es wird festgelegt, wofür geworben wird, für ein bestimmtes Produkt oder für das Unternehmen allgemein (Imagewerbung).
- **Werbesubjekt:** Wer wird beworben? Die Zielgruppe für die Werbeaktion wird definiert. Vor einer Werbeaktion muss klar sein, ob die breite Masse möglicher Kunden angesprochen werden soll oder die Werbeaktion sich konkret an eine spezielle Zielgruppe wendet.
- **Werbeinhalt/Werbebotschaft:** Welche Botschaft soll beim Kunden ankommen? Sollen konkrete Produktinformationen dargestellt werden

oder sollen Emotionen angesprochen werden wie zum Beispiel „Fahrspaß" bei einer Automobilwerbung? Soll ein positives Umweltimage des Unternehmens bei den Kunden bekannt werden oder ...? Welche Werbeinhalte unterstützen das Werbeziel?

- **Werbegebiet:** Wo soll geworben werden? Regional, landesweit, international?
- **Werbemittel:** Wie soll die Werbebotschaft transportiert werden? Durch Anzeigen, Prospekte, Fernseh- oder Radiospots, Mailings, Internetwerbung ...?
- **Werbeträger:** Es geht um die Auswahl der von den Werbesubjekten (der Zielgruppe) bevorzugten Medien: Welche Zeitschrift/Zeitung liest die Zielgruppe? Welche Internetseiten könnten als Werbeträger dienen? Welche Fernseh- oder Radiosender werden von der Zielgruppe bevorzugt?
- **Werbegestaltung:** Jetzt geht es um die konkrete Ausgestaltung, zum Beispiel einer Anzeige: Welche Farben kommen zum Einsatz, welche Bilder, welcher Anzeigentext?
- **Werbetermin/Werbezeitraum:** Wann oder in welchem Rhythmus soll geworben werden?
- **Werbeerfolgskontrolle:** Hier wird verglichen, wie einzelne Werbeaktionen mit dem Auftragseingang zusammenhängen. Wie erfolgreich ist eine Mailingaktion, eine Anzeigenaktion oder Telefonakquise?

Praxisbeispiel Werbeerfolgskontrolle

Ein Reisebüro schaltete eine Anzeige für Griechenlandreisen in verschiedenen Zeitungen und Zeitschriften. Die Reisen waren durch Reisenummern gekennzeichnet, wobei jeweils die letzte Ziffer zeigte, welcher Werbeträger (Zeitung/Zeitschrift) benutzt wurde. Griechenlandreise 45 hatte also die Nummer 451 in Zeitung **A**, die Nummer 452 in Zeitschrift **B** und so weiter. Die Reisebüromitarbeiter waren informiert und sollten erfassen, auf welche Zeitung/Zeitschrift sich eine Buchungsanfrage bezog. So konnte man auswerten, in welcher Zeitung/Zeitschrift die Anzeige besonders erfolgreich war.

Wie Werbung idealerweise wirkt, zeigt das **AIDA-Modell**. Zuerst soll die Werbung Aufmerksamkeit (**A**ttention) erregen. Als Werbewirkung reicht dies aber nicht aus. Der Kunde soll auch auf das Produkt neugierig gemacht werden (**I**nterest). Im nächsten Schritt soll der konkrete Kaufwunsch entstehen (**Desire**). Schließlich soll der Kunde handeln (**Action**) und das Produkt kaufen. Dies geschieht direkt, etwa über die Telefonnummer einer angegebenen Bestellhotline, durch Rücksendeschein für das Abrufen weiterer Produktinformationen oder zeitlich später bei dem nächsten Einkaufsbummel.

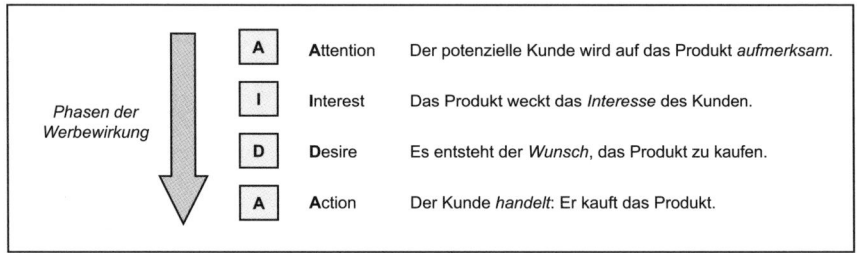

AIDA-Modell: Vier Phasen der Werbewirkung

Verkaufsförderung, Salespromotion.

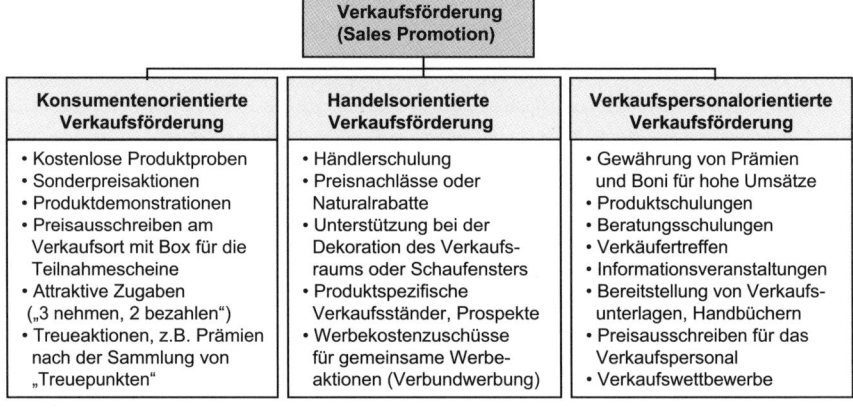

Unterschiedliche Ansatzpunkte der Verkaufsförderung

Die Verkaufsförderung (Salespromotion) umfasst alle verkaufsunterstützenden Maßnahmen am **Ort des Verkaufs (Point of Sale, abgekürzt POS)**. Verkaufsförderung hat einen kurzfristigen Charakter. Der Kunde ist in einem Geschäft und soll durch besondere Maßnahmen (besondere Präsentation der

Produkte, spezielle Ansprache durch das Verkaufspersonal etc.) zum Kauf bewogen werden. Zielgruppe der Verkaufsförderung sind nicht nur die Kunden/Konsumenten, sondern alle Beteiligte am Ort des Verkaufs, somit auch das Verkaufspersonal oder der Handel. Man spricht demzufolge neben der *konsumentenorientierten Verkaufsförderung* (z. B. Produktproben) auch von der *handelsorientierten Verkaufsförderung* (z. B. Dekoration des Verkaufsraums, POS-Material wie Prospekte, Verkaufsständer etc.) und der *verkaufspersonalorientierten Verkaufsförderung* (motivationsfördernde Maßnahmen für das Verkaufspersonal wie etwa Prämien für hohen Umsatz).

Öffentlichkeitsarbeit, Public Relations (PR)

Öffentlichkeitsarbeit wird heute auch kurz PR-Arbeit genannt, wobei PR die Abkürzung für den englischen Begriff Public Relations ist. Der englische Begriff „relations", deutsch „Beziehungen", drückt auch gut aus, worum es geht: Das Unternehmen pflegt „Beziehungen" zur Öffentlichkeit, wobei mit Öffentlichkeit neben den Kunden vor allem die Medien gemeint sind. Diese sollen ein positives Bild vom Unternehmen zeichnen. Sinn der Öffentlichkeitsarbeit ist es, dem Unternehmen und seinen Leistungen ein positives Image in der Öffentlichkeit zu verschaffen. Weiter gedacht, soll dieses positive Image den *langfristigen Markterfolg* des Unternehmens sichern. PR-Aktionen zielen also neben einem positiven kurzfristigen Effekt vor allem auf einen *Langzeiteffekt*: Bekanntheitsgrad und Image des Unternehmens in der Bevölkerung, Wiedererkennungswert der Produktmarken, positive Assoziation mit den Produkten und Leistungen des Unternehmens.

Um diese Ziele zu erreichen steht der PR-Arbeit eine bunte Palette an Maßnahmen zur Verfügung:

- **Pflege guter Kontakte zu den Medien:** Informationen und Themenanregungen an die Presse, Funk und Fernsehen. Regelmäßige Informationen an die Medien etwa über Pressemeldungen, -konferenzen oder den Geschäftsbericht.
- **Öffnung des Unternehmens für die Öffentlichkeit:** Betriebsbesichtigungen oder „Tag der offenen Tür".
- **Corporate Identity:** Die Corporate Identity soll dem Kunden ein positives Firmen- und Produktimage vermitteln, was mithilfe eines einheitlichen Auftretens (Design, Farben, Verhalten, Kommunikation etc.)

erreicht werden soll. Das entstehende, positive Gesamtbild über das Unternehmen und seine Leistungen wird auch als „Corporate Image" bezeichnet.

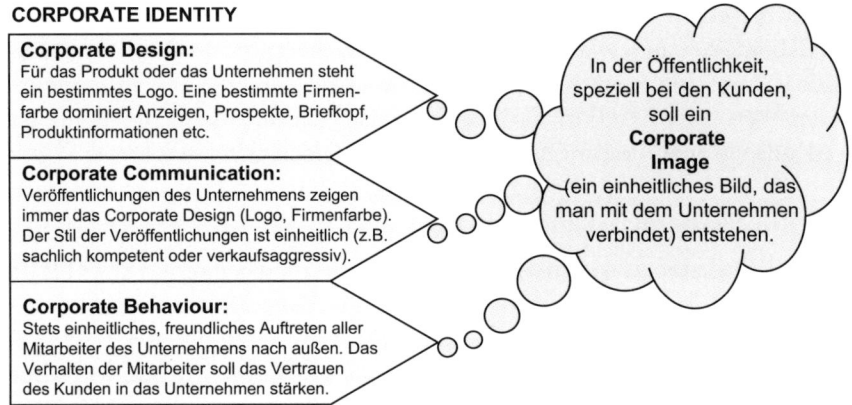

CORPORATE IDENTITY

Corporate Design:
Für das Produkt oder das Unternehmen steht ein bestimmtes Logo. Eine bestimmte Firmenfarbe dominiert Anzeigen, Prospekte, Briefkopf, Produktinformationen etc.

Corporate Communication:
Veröffentlichungen des Unternehmens zeigen immer das Corporate Design (Logo, Firmenfarbe). Der Stil der Veröffentlichungen ist einheitlich (z.B. sachlich kompetent oder verkaufsaggressiv).

Corporate Behaviour:
Stets einheitliches, freundliches Auftreten aller Mitarbeiter des Unternehmens nach außen. Das Verhalten der Mitarbeiter soll das Vertrauen des Kunden in das Unternehmen stärken.

In der Öffentlichkeit, speziell bei den Kunden, soll ein **Corporate Image** (ein einheitliches Bild, das man mit dem Unternehmen verbindet) entstehen.

Corporate Identity

- **Sponsoring:** Sponsoring ist eine weitere Möglichkeit, ein Unternehmen oder Produkt dem Kunden in einem positiven Sinnzusammenhang zu demonstrieren. Sehr beliebt ist hierbei das *Sportsponsoring*. Es wird nicht nur von Unternehmen, die Sportartikel herstellen, betrieben, sondern auch von Unternehmen, die sich davon ein sportlich flottes Image versprechen. Auch *Kultursponsoring* (Unterstützung von kulturellen Veranstaltungen) oder *Sozial Sponsoring* (finanzielle Unterstützung öffentlicher Anliegen, z. B. Spenden, Auftritt in Spendenshows) sind Formen des Sponsorings.
- **Product Placement:** Produkte werden in einem Film oder einer Fernsehsendung platziert (z. B. ein neues Automobilmodell in einem James Bond Film) oder man engagiert Prominente, die das Produkt (z. B. Kleidung, Schmuck, Sonnenbrillen) bei einem öffentlichen Auftritt tragen. Der Kunde, der das Produkt an einem Prominenten sieht, soll bewusst oder unbewusst ein positives Image mit diesem Produkt verbinden.

Distributionspolitik: Welcher Weg führt zum Kunden?

Distributionspolitik, auch *Absatzpolitik* genannt, umfasst alle Entscheidungen, die den Weg des Produkts/der Leistung vom Unternehmen hin zum Kunden/Endabnehmer betreffen. Es geht hier in erster Linie um die Wahl des Absatzweges. Die Grundfrage lautet: direkter Vertrieb oder indirekter Vertrieb?

Beim **direkten Vertrieb** verkauft der Hersteller *direkt* an den Endabnehmer ohne Einsatz unternehmensfremder Absatzmittler. Es handelt sich dabei um eine einfache Logistikkette:

Hersteller/Unternehmen → Kunde.

Indirekter Vertrieb bedeutet, dass zwischen Hersteller und Kunden rechtlich selbstständige *Absatzmittler* in den Vertriebsweg eingebunden werden. Hierbei kann eine beliebige Anzahl von Zwischenstufen gewählt werden. Am häufigsten ist das Einbinden eines Einzelhändlers, Handelsvertreters oder Maklers. Je nach Branche kommt noch die Absatzstufe des Großhandels dazu. Das bedeutet als Logistikkette:

Hersteller/Unternehmer → Großhandel → Einzelhändler/Handelsvertreter/Makler → Kunde.

Was spricht für, was gegen einen bestimmten Vertriebsweg? In vielen Fällen ergibt sich aus der **Art des Produktes**, welcher Vertriebsweg eingeschlagen wird. Für einen *Massenartikel*, der deutschlandweit oder europaweit vertrieben werden soll, wird ein Unternehmen eher den indirekten Vertriebsweg wählen, so bei Pflegeprodukten, Lebensmitteln, oder Elektroartikeln. Eine flächendeckende Distribution ist eher durch den indirekten Vertriebsweg gewährleistet. Eine eigene Vertriebsorganisation (direkter Vertrieb) ist sehr kostenintensiv und wird daher bevorzugt von Nischenanbietern (siehe Marketingstrategien), das heißt von den Anbietern von *Spezialprodukten* betrieben. Eine teure Segelyacht wird nicht beim nächsten Baumarkt um die Ecke verkauft, sondern von Vertriebsvertretern der Reederei, die speziell für das Produkt geschult wurden. Nischenanbieter legen Wert auf den direkten

Kundenkontakt, der es ihnen ermöglicht, auch auf ausgefallene Kunden-wünsche einzugehen.

Ein anderes Entscheidungskriterium für oder gegen einen Vertriebsweg kann die **Konkurrenzsituation** eines Unternehmens sein. Ein Unternehmen kann sich an dem Vertriebsweg der Konkurrenz orientieren (Womit andere erfolgreich sind, kann nicht so schlecht sein.). Oder ein Unternehmen hebt sich gerade dadurch von der Konkurrenz ab, indem es einen ungewöhnlichen Vertriebweg geht. Der Verkauf über das Internet (E-Commerce) bietet vielen Unternehmen die Möglichkeit, einen kostengünstigen direkten Vertriebsweg aufzubauen. Auch die Wahl des Franchising als Vertriebsweg stellt ebenfalls eine relativ neue Art des Vertriebes dar.

Franchising

Franchising ist eine Sonderform des Vertriebsweges. Beim Franchising besteht eine enge Vertriebsbindung zwischen dem Hersteller eines Produktes (Franchisegeber) und dem Händler/Verkäufer (Franchisenehmer). Der Franchisenehmer ist rechtlich selbstständig, sein Handeln ist aber durch die geschäftspolitischen Vorgaben des Franchisegebers stark eingeschränkt. So gibt der Franchisegeber Marketingkonzept, Produktqualität, Lieferungs- und Zahlungsbedingungen bis hin zur Ausstattung der Geschäftsräume vor. Der Franchisenehmer zahlt eine bestimmte Gebühr für die Übernahme des Geschäftskonzeptes des Herstellers. Für den Kunden ist in vielen Fällen ein Franchisekonzept nicht als solches zu erkennen. Der Franchisenehmer tritt auf wie eine Verkaufsniederlassung des Herstellers.

Vorteile des Franchising
Für den Franchisenehmer:
- Übernahme eines erfolgreichen Geschäftskonzeptes, damit vermindertes Erfolgsrisiko
- Übernahme des Produktes/der Dienstleistung und des damit verbunde-nen Know-hows
- Beratung durch den Franchisegeber, Entscheidungsentlastung in vielen Fragen

Für den Franchisegeber:
- schnelle Markterschließung, schnelles Marktwachstum
- geringe Kapitalbindung, damit geringes Kapitalrisiko

- keine Kosten für ein eigenes Vertriebsnetz

Nachteile des Franchising

Für den Franchisenehmer:
- Entrichtung einer Gebühr für die Nutzung des Geschäftskonzeptes
- strenge Vorgaben des Franchisegebers müssen erfüllt werden, sonst erfolgt Lizenzentzug
- große Abhängigkeit vom Franchisegeber

Für den Franchisegeber:
- Notwendigkeit der Kontrolle des Franchisenehmers hinsichtlich Produkt-/Servicequalität
- geringere Einflussmöglichkeiten auf den Franchisenehmer als auf eine eigene Vertriebsorganisation

E-Commerce / E-Business

Der Handel über das Internet wird immer beliebter: keine Ladenschlusszeiten, 24 Stunden Shopping an 7 Tagen die Woche. Viele Kunden wünschen sich einen stressfreien Einkauf von zu Hause aus. Der *Oberbegriff* heißt hier **E-Business** und bezeichnet alle geschäftlichen Transaktionen, die über das Internet getätigt werden. Unterbegriffe sind:
E-Procurement (elektronische Beschaffung, die *Beziehung Unternehmen – Lieferanten*) und **E-Commerce** (elektronischer Direktvertrieb, also die *Beziehung Unternehmen – Kunden*). E-Commerce ist damit eine neue Form des *direkten Vertriebs*. Grundidee ist, dass Käufer und Verkäufer von Waren und Dienstleistungen über das Internet kommunizieren und ihre Geschäfte über diesen Weg abwickeln. Inzwischen haben viele Unternehmen ihr eigenes Unternehmensportal, über das Produkte bestellt werden können oder zumindest Produktinformationen erhältlich sind.

Vorteile des E-Commerce für ein Unternehmen sind:
- *Steigerung der Kundenzufriedenheit*: Der Kunde kann bequem von zu Hause aus einkaufen
- *Gewinnung von Neukunden*: Durch das Internet erschließt ein Unternehmen eventuell eine ganz neue Zielgruppe, die sich bisher nicht für das Produkt oder das Unternehmen interessiert hat.

- *Umsatzsteigerung:* Als Vorreiter im Bereich E-Commerce kann ein Unternehmen sich von der Konkurrenz abheben und seine Umsätze erhöhen.
- *Kosteneinsparungen:* Kaufen immer mehr Kunden über das Internet, so kann ein Unternehmen die Kapazitäten der anderen Vertriebswege reduzieren und damit Einsparungen realisieren.

Eine besondere Vertriebsform in diesem Zusammenhang ist der **Onlineshop.** Es werden Waren und Dienstleistungen im Internet zum Verkauf angeboten. Dabei kann es sich um *direkten oder indirekten Vertrieb* handeln, je nachdem, ob ein Produkthersteller hinter dem Onlineshop steht oder ein Zwischenhändler. Besonders bekannte Formen des Onlineshops sind Buch- und Musikversand und Internetauktionen. Internethändler haben den Vorteil, dass sie keinen physischen Verkaufsraum brauchen, dieser steht als *virtueller Verkaufsraum* im Internet zur Verfügung. Man spricht auch vom *virtuellen Marktplatz.* Zudem brauchen Onlineshops häufig keine Lagerhaltung, da sie eine Lieferung direkt vom Hersteller an den Kunden veranlassen können. Die eingesparten Fixkosten können dann an den Verbraucher weitergegeben werden. Gewinner dieses Trends sind neben den Onlineshops vor allem Logistikunternehmen wie zum Beispiel Zustelldienste. Auch die IT-Branche profitiert, da sie Software für die Erstellung von Internetportalen zur Verfügung stellt und auch das Betreiben dieser Internetportale anbietet.

4.4 Marketingkennzahlen

Kennzahlen sind in der Praxis sehr beliebt, da sie kurz und knapp die betriebswirtschaftliche Situation eines Unternehmens darstellen können. Gerade deswegen arbeiten Finanzanalysten und Ratingexperten gerne mit genau definierten Kennzahlen um Unternehmen zu beurteilen. Ein paar Kennzahlen zur Marktsituation, zu Kunden sowie zu Produkten und Preisen ermöglichen es einem Marketingprofi im Großen und Ganzen, das Unternehmen hinsichtlich Marketing und Vertrieb einzuschätzen.

Marktkennzahlen

Hier wird die Stellung des Unternehmens am Markt untersucht: Wie erfolgreich wird der Markt bearbeitet, welchen Marktanteil hält das Unternehmen? Vor allem geht es hier um die Kennzahlen Umsatzwachstum und Marktanteil, die insbesondere im Zeitablauf zu untersuchen sind.

- **Umsatzwachstum:** Wie wächst der Umsatz? Dabei wird der aktuelle Umsatz mit dem Vorjahresumsatz verglichen. Möglich ist auch eine Betrachtung zum Beispiel auf Stückebene oder Stundenebene.

Berechnung:
$$\frac{\text{Umsatz aktuelles Jahr}}{\text{Vorjahresumsatz}} \times 100 - 100$$

Beispiel:
$$\frac{3.215.000 \text{ Euro}}{2.985.000 \text{ Euro}} \times 100 - 100 = 7,7 \%$$

- **Marktanteil:** Welchen Anteil haben wir am Kuchen? Auf was man den Marktanteil bezieht, kann ganz unterschiedlich sein. Ein international tätiges Unternehmen wird seinen Marktanteil am Weltmarkt wissen wollen, der regionale Anbieter wird sich hingegen am regionalen Markt orientieren.

Berechnung:
$$\frac{\text{Umsatz}}{\text{Gesamtmarktvolumen}} \times 100$$

Beispiel:
$$\frac{3.215.000 \text{ Euro}}{20.000.000 \text{ Euro}} \times 100 = 16,1 \%$$

Kundenkennzahlen

Diese Kennzahlen untersuchen speziell die Beziehungen zwischen dem Unternehmen und den Kunden. Im Marketing steht der Kunde im Mittelpunkt, daher finden diese Kundenkennzahlen besondere Beachtung.

- **Kundenbindung:** Wie treu sind uns die Kunden? Hierzu beobachtet man die Wiederholungskäufe:
  Anzahl Wiederholungskäufe: Ob der Kunde wiederkommt, wird durch die Kennzahl Wiederholungskäufe zur Anzahl der Gesamtkäufe ausgedrückt. Ein Wiederholungskauf definiert sich als mindestens zweiter Kauf eines Kunden bei uns.

Berechnung: $\dfrac{\text{Anzahl Wiederholungskäufe}}{\text{Anzahl Gesamtkäufe}} \times 100$

Beispiel: $\dfrac{4.540}{28.721} \times 100 = 15{,}8\,\%$

Umsatz Wiederholungskäufe: Eine weitere Frage in diesem Zusammenhang ist, ob diese Wiederholungskäufe in der Größenordnung der Erstkäufe liegen. Wenn jetzt beispielsweise der Prozentsatz „Umsatz Wiederholungskäufe" unter dem Prozentsatz „Anzahl Wiederholungskäufe" liegt, deutet das darauf hin, dass die Kunden beim Wiederholungskauf weniger kaufen. Dann ist zu klären, ob der Kunde eingedeckt ist oder ob er mit irgendetwas unzufrieden war (hier bietet sich eine Kundenbefragung an).

Berechnung: $\dfrac{\text{Umsatz Wiederholungskäufe}}{\text{Gesamtumsatz}} \times 100$

Beispiel: $\dfrac{489.000\ \text{Euro}}{3.215.000\ \text{Euro}} \times 100 = 15{,}2\,\%$

- **Neukundenanteil:** Hier wird Auskunft darüber gegeben, wie erfolgreich die Neukundenwerbung war. Zwar freut man sich über seine Stammkunden, aber will das Unternehmen am Markt wachsen, so sollte auch seine Kundenzahl wachsen.

Berechnung: $\dfrac{\text{Neukunden}}{\text{Kunden gesamt}} \times 100$

Beispiel: $\dfrac{32}{200} \times 100 = 16\,\%$

- **Reklamationsquote:** Alle Kunden, die hinter dieser Kennzahl stehen, werden wahrscheinlich unzufrieden sein. Ziel ist hier die Erreichung der Reklamationsquote 0.

Berechnung: $\dfrac{\text{Anzahl Reklamationen}}{\text{Anzahl Verkäufe}} \times 100$

Beispiel: $\dfrac{375}{28.721} \times 100 = 1{,}3\,\%$

4.5 Neue Marketingansätze

Marketing ist sicherlich der Bereich der Betriebswirtschaftslehre, der in schwierigen Zeiten mit am meisten gefordert ist. Was tun, wenn der Umsatz nachlässt? Der Markt um die Kunden ist stark umkämpft und so sind immer wieder neue kreative Ideen im Marketing gefragt.

Problem: Allgemein beklagt man die *geringe Konsumbereitschaft der Kunden*. Als Gegenmittel die Preise zu senken, funktioniert nicht immer beziehungsweise nicht mehr. Zum einen zieht die Konkurrenz schnell nach und zum anderen wird auch durch Preissenkung in bestimmten Produktbereichen der Absatz nicht erhöht. Im Ergebnis ergibt sich lediglich ein ruinöser Wettbewerb, bei dem alle verlieren, siehe zum Beispiel die Lebensmittelbranche. *Mangelnde Kundentreue* macht den Unternehmen ebenfalls zu schaffen. Es hat sich herumgesprochen, dass sich viele Produkte ähneln, dass es etwa keine Qualitätsunterschiede beim Benzin der verschiedenen Anbieter gibt. Warum soll man sein ganzes Leben den Markenorangensaft kaufen, wenn laut jedem Testergebnis das deutlich billigere No-Name-Produkt genauso gut ist. Dies alles führt zum Nachlassen der Kundentreue. Mit dem Hinweis auf die Besonderheit des Produktes überzeugt man die Verbraucher kaum mehr.

Im Folgenden neue Marketingansätze, die in der Praxis gut aufgenommen wurden und erfolgreich praktiziert werden.

Lohnt sich ein Customer Relationship Management (CRM)?

Customer = Kunde, Relationship = Beziehung. Beim Customer Relationship Management geht es um das Management der **Beziehung zwischen Unternehmen und Kunde(n)**. Nun könnte man sich fragen, was das soll: „Bezahlung (Kunde) für Produkt/Leistung (Unternehmen)" reicht doch. Damit ist eine Unternehmen-Kunden-Beziehung doch schon hinreichend geklärt, oder? Es gibt Kunden (wenige, aber es gibt sie), die möchten keinen zuvorkommenden Service. In einer Befragung sagte ein Kunde: „Die wollen doch sowieso nur mein Geld. Das Produkt/die Leistung muss stimmen, der Rest ist mir egal." Diese Kundengruppe achtet vor allem auf ein stimmiges Preis-Leistungs-Verhältnis und weniger auf zuvorkommenden Service. Aber die meisten Kunden schätzen bewusst oder unbewusst guten Service, eine angenehme Kaufatmosphäre und ein freundliches Auftreten der Dienstleistungsmitarbeiter.

Das Konzept des Customer Relationship Management geht aber noch weit über „guten Service" oder eine angenehme Kaufatmosphäre hinaus:

Die Grundidee des Customer Relationship Management (im Folgenden CRM abgekürzt) ist, dass es eine **lebenslange Beziehung zwischen Unternehmen und Kunden** geben soll. Diese sollte man zumindest mittels CRM versuchen zu erreichen. Hintergrund ist die Erkenntnis, dass es wesentlich billiger ist, einen bestehenden Kunden zu halten und als Stammkunden zu gewinnen, als immer wieder neue Kunden gewinnen zu müssen. Somit begreift das CRM den Kunden nicht als Einmalkäufer eines bestimmten Produktes oder einer Dienstleistung, sondern als *„Kunden auf Lebenszeit"*. Wie könnte so eine lebenslange Kundenbeziehung aussehen?

> **Praxisbeispiel: CRM – eine lebenslange Unternehmen-Kunden-Beziehung**
>
> Ein großes Versicherungsunternehmen mit Tochterfirmen im Bereich Finanzdienstleistung stellte sich ein erfolgreiches CRM so vor: Bei Geburt bekommt das Kind ein Sparkonto bei der Bank (Tochterfirma der Versicherung). Wird das Kind älter, kommen Versicherungen und eventuell auch schon ein Bausparvertrag hinzu. Dann beginnt das inzwischen erwachsene Kind eine Ausbildung und tritt ins Berufsleben ein. Der „Dienstleister aus einer Hand" bietet einen Berufsstarterkredit für die erste eigene Bude und zudem die Berufsunfähigkeitsversicherung. Später wird geheiratet, es kommt zur Baufinanzierung des Häuschens und einer Lebensversicherung um die junge Familie abzusichern. Dann denkt man an private Altersvorsorge ...
> Lebenslang soll dieser Kunde seine Bedürfnisse und Probleme hinsichtlich Geldanlage, Finanzierung und Versicherungsbedarf mithilfe dieser Unternehmensgruppe gelöst bekommen. So war die CRM Vision dieses Unternehmens.
> Um die Geschichte abzuschließen: Diese Vision wurde, zumindest bis jetzt, noch nicht verwirklicht, da das Unternehmen den Kunden hierzu ein Beraterhonorar für „Lebensberatung" in Rechnung stellen wollte. Die Kunden akzeptierten diese zusätzliche Gebühr nicht und wechselten zu den Geldinstituten und Versicherungen, bei denen sie gratis beraten werden.

„One Face to the customer": Neue Wege der Kundenbetreuung

Das Motto „One face to the customer" bedeutet, dass der Kunde nicht von unterschiedlichen Verkäufern und Sachbearbeitern für unterschiedliche Produkte und Dienstleistungen bedient werden möchte, sondern speziell nur von seinem Kundenberater, egal ob es um Kauf, Reklamation oder Servicedienstleitungen geht. Viel zu oft mussten Kunden schon die Erfahrung machen, dass eine Hand in einem Unternehmen nicht weiß, was die andere tut. Wurden einem beim Kauf noch große Versprechungen vom Vertriebsmitarbeiter gemacht, so steht man bei Reklamationen eventuell etwas unfreundlicheren Mitarbeitern gegenüber und die Buchhaltung mahnt, obwohl die Ware längst zurückgeschickt wurde. Wer eine lange Kundenbindung erreichen will, muss dafür sorgen, dass die Freundlichkeit und der Service des Unternehmens immer gleich gut sind, egal, um welches Anliegen des Kunden es geht. Im Idealfall wird der Kunde von immer dem gleichen Mitarbeiter betreut.

Fokussierung aller Unternehmensstrukturen auf den Kunden

Die Umsetzung des „One-face-to-the-customer"-Gedankens hat auch zur Folge, dass grundsätzlich Unternehmensstrukturen neu überdacht werden müssen. Oft ist es ja so, dass ein Unternehmen nach Geschäftsbereichen oder Produktgruppen strukturiert ist. Diese Produktgruppen haben alle ihre eigenen Vertriebsmitarbeiter. Deshalb kann es vorkommen, dass ein Kunde von einem Unternehmen mehrfach in Zusammenhang mit unterschiedlichen Produkten angesprochen wird. Die eine Abteilung des Unternehmens weiß nicht, was die andere tut. Oft ist es sogar noch schlimmer: Die Abteilungen konkurrieren untereinander und machen sich gegenseitig die Kunden streitig.

Im Sinne des „One face to the customer" muss das Unternehmen auf den Kunden hin ausgerichtet werden. Dies stellt auch ganz neue Anforderungen an die Mitarbeiter, die von allen Unternehmensbereichen etwas verstehen müssen, um auch alle Anliegen des Kunden bearbeiten zu können. Im Hintergrund kann es die Fachabteilungen zum Beispiel für unterschiedliche Produktsparten geben, aber als Ansprechpartner für den Kunden muss ein Mitarbeiter über das komplette Angebot des Unternehmens Bescheid wissen und den Kunden beraten können.

CRM und „One face to the customer"

Der Ansatz des „One face to the customer" lässt sich gut mit dem CRM-Gedanken verbinden. Da gab es doch in der Werbung immer den netten

Mann von der Versicherung, der in allen Lebenslagen Rat wusste. Dort beriet also ein bestimmter Mitarbeiter des Unternehmens (one face) den Kunden lebenslang (CRM). Letztendlich hat sich dieser Ansatz aber nur in wirklich beratungsintensiven Dienstleistungsbranchen (z. B. Finanzdienstleistung oder Unternehmensberatung) etabliert. Wenn es um Einkäufe des täglichen Bedarfs (Lebensmittel, Hygiene etc.) geht, so ist eine persönliche, freundliche Beziehung zu einem Fachverkäufer sicher angenehm, aber nicht kaufentscheidend.

Cross Selling

Welchen Trends folgt die Zielgruppe? Dabei geht es nicht nur darum, welches Produkt von welchen Käufergruppen gekauft wird. Die Überlegungen gehen vielfach noch einen Schritt weiter: *Welche Produkte und Serviceleistungen sind für eine bestimmte Zielgruppe über das bestehende Produktangebot hinaus noch interessant?* Dies ein neuer Ansatz im Marketing, der auch als Cross Selling bezeichnet wird. Der Gedanke des Cross Selling ist ganz einfach: Man hat einem Kunden ein Produkt oder eine Dienstleistung verkauft. Jetzt überlegt man: Welches Produkt oder welche Dienstleistung könnte man dem Kunden noch zusätzlich anbieten? Kein neuer Gedanke, meinen Sie vielleicht, aber heutzutage richten sich immer mehr Unternehmen danach und bilden sogenannte **„strategische Allianzen"** oder ähnliche Unternehmenskooperationen um ihre *Produkte im Verbund an den Kunden zu bringen.*

Praxisbeispiel Cross Selling

Die Anwendung des Cross Selling beginnt zum Beispiel im Hotel, in dem Sie auch einen Mietwagen für die Zeit Ihres Aufenthalts buchen können. Oder die Bank vermittelt Ihnen neben der Kreditvergabe auch eine Lebensversicherung. Oder es wird Ihnen beim Kauf eines Babysicherheitssitzes für das Auto zusätzlich Babybekleidung angeboten.

5. Bereich Personal

Der Personalbereich wird in vielen Unternehmen betriebswirtschaftlich wenig beachtet. Eigentlich kaum verständlich, macht doch der Personalbereich regelmäßig einen Großteil der Kosten im Unternehmen aus. Da erstellen Unternehmen ausgefeilte Finanzplanungen, rechnen kleinste Investitionen, arbeiten aber beispielsweise ohne Personalkennzahlen oder kümmern sich nicht um die Personalentwicklung. In vielen Leitbildern steht, dass die Mitarbeiter das wichtigste Kapital darstellen – aber man kümmert sich wenig um dieses „Kapital". So werden in den folgenden Kapiteln einige Basics vorgestellt, wie der Personalbereich betriebswirtschaftlich gesteuert werden kann.

5.1 Personalplanung

Hier geht es um die klassischen Dinge, die Personalverantwortliche steuern müssen: Wie viel Personal muss an Bord sein, wie finden wir überhaupt das richtige Personal? Und nicht zuletzt: was kosten unsere Mitarbeiter?

Wie Sie Personalbedarfsrechnungen durchführen

Die Ausgangsfrage ist: Wie viel Personal muss an Bord sein? Grundlage von Personalbedarfsrechnungen sind beispielsweise geplante Umsätze und Produktionsmengen, daraus abgeleitet die benötigten personellen Kapazitäten wie Leistungsstunden. Hierbei geht es um das sogenannte produktive Personal, also um das Personal, bei dem man die Leistung rechnen kann, zum Beispiel in Stück oder Stunden (siehe nächste Seite).
Den Verwaltungsbereich wird man mit dieser Methode der Personalbedarfsrechnung kaum planen können. Zwar gibt es auch hier sogenannte „Standards of Performance", also Leistungskriterien wie etwa die Anzahl der Buchungen in der Buchhaltung oder die Anzahl der Einstellungen im Personalbüro, aber in der Praxis wird mehr mit Erfahrung gearbeitet.

Personalbedarfsrechnung

Vorgehensweise:
1. Feststellung der benötigten Kapazität. Wie viele Stunden werden z. B. für die Produktion benötigt?
2. Feststellung der Anwesenheit pro Mitarbeiter
3. **Personalbedarf:** Benötigte Anwesenheitszeiten: Anwesenheit pro Mitarbeiter
4. Vergleich mit der zurzeit vorhandenen Mitarbeiterzahl, eventuell jetzt Personal anpassen.

Berechnung der benötigten Kapazität

	Stunden
Benötigte Auftragszeiten	**195.000**
Ausschuss/Nacharbeit	8.500
Reklamationen	3.000
Sonstige unproduktive Zeiten	13.000
Sonstiges	5.000
Summe unproduktive Zeiten	**29.500**
Benötigte Zeit	**224.500**

Berechnung der Anwesenheit

Durchschnittswerte pro Mitarbeiter	in Stunden
Wochenarbeitszeit in Stunden	40
Bezahlte Zeiten	2.088
28 Urlaubstage im Jahr	224
12 bezahlte Feiertage im Jahr	96
8 durchschnittliche Krankheitstage im Jahr	64
1 Tag sonstige Fehlzeiten im Jahr	8
Summe Anwesenheit pro Mitarbeiter	**1.696**

Berechnung des Personalbedarfs

	Stunden
Benötigte Zeit	224.500
Durchschnittliche Anwesenheit	1.696
Benötigte Mitarbeiter	**132,4**

Vergleich Ist-Stand/Benötigte Mitarbeiter

Aktueller Personalstand	128,0
Benötigte Mitarbeiter	132,4
Mehrbedarf/ Minderbedarf (-)	**4,4**

Praxisbeispiel einer Personalbedarfsrechnung

Wie Sie mit Anforderungsprofilen die passenden Mitarbeiter finden

Die Entscheidung für einen neuen Mitarbeiter ist (hoffentlich) eine langfristige Entscheidung. Deswegen sollte die Auswahl ähnlich sorgfältig getroffen werden wie eine Investitionsentscheidung in dieser Größenordnung. Denn man bedenke: Ein Jahresgehalt eines Mitarbeiters entspricht häufig der Höhe vieler normaler Investitionen, etwa der für eine Maschine.

Anforderungsprofil: Die Ausgangsfrage ist, was der neue Mitarbeiter „mitbringen" muss. In einem Anforderungsprofil werden die Anforderungen an die zu besetzende Stelle konkretisiert. Das sind Anforderungen an die fachliche wie auch an die sogenannte soziale Kompetenz, zum Beispiel die Teamfähigkeit eines Bewerbers. In der Praxis arbeitet man gern mit vier Kompetenzbereichen:

- **Persönlichkeitskompetenz:** Hier werden Anforderungen wie die selbstständige Arbeitsweise, die geforderte Initiative und Flexibilität beschrieben. Ferner wird festgehalten, ob der neue Mitarbeiter Führungsverantwortung übernehmen soll.

- **Soziale Kompetenz:** Hierunter fallen die sogenannten „soft skills", das heißt, die Eigenschaften und das Verhalten eines Mitarbeiters, die das reibungslose „Miteinander-arbeiten-können" fördern: Der Mitarbeiter soll aufgeschlossen sein, sich in Gespräche einbringen, Informationen und Ideen an andere weitergeben, mit Kritik umgehen und motiviert sein.

- **Methodische Kompetenz:** Dazu gehört das Beherrschen gängiger Arbeitsmethoden, beispielsweise zielgerichtetes Vorgehen, das Beherrschen von Präsentationstechniken oder die Fähigkeit zum Projektmanagement.

- **Fachliche Kompetenz:** Die Beurteilung der fachlichen Kompetenz geschieht anhand der geforderten Aufgaben und Tätigkeiten der Stelle. Das sind kaufmännische oder technische Qualifikationen, z. B. schlicht der notwendige Führerschein für die Tätigkeit.

Im Rahmen eines Anforderungsprofils werden nun die geforderten Kompetenzen aufgelistet und bewertet. Hier ein Beispiel eines mittelständischen Unternehmens für einen Juniorcontroller:

Beispiel: Anforderungsprofil für einen Juniorcontroller

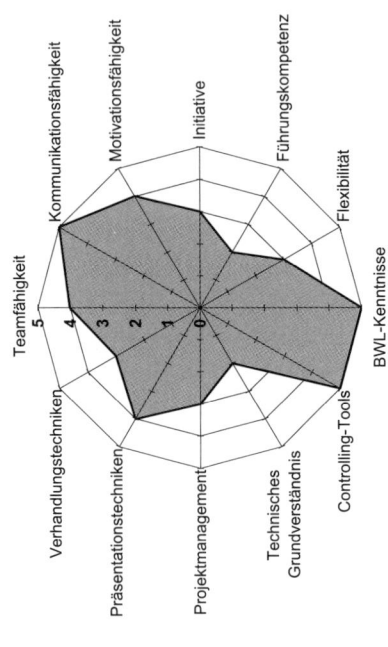

	Erforderliche Ausprägung für die Stelle
Soziale Kompetenz	
Teamfähigkeit	4
Kommunikationsfähigkeit	5
Motivationsfähigkeit	4
Persönlichkeitskompetenz	
Initiative	3
Führungskompetenz	2
Flexibilität	3
Fachliche Kompetenz	
BWL-Kenntnisse	5
Controlling-Tools	5
Technisches Grundverständnis	2
Methodische Kompetenz	
Projektmanagement	3
Präsentationstechniken	4
Verhandlungstechniken	3

1 = Das Kriterium ist für die Stelle unbedeutend
2 = Das Kriterium sollte vom Mitarbeiter möglichst erfüllt werden
3 = Das Kriterium ist wichtig für die Ausübung der Tätigkeit
4 = Diese Anforderung sollte im hohem Maße erfüllt werden
5 = Die Erfüllung dieser Anforderung ist für die Tätigkeit absolut erforderlich

Anforderungsprofil für neue Mitarbeiter

Keine Mitarbeitersuche ohne Anforderungsprofil! Am besten legt man im Team fest, was der oder die „Neue" mitbringen muss. Ins Team gehören der zukünftige Vorgesetzte, Mitarbeiter anderer Bereiche, mit denen der/die neue Mitarbeiter/in zusammenarbeiten muss, aber auch die zukünftigen Kollegen, die jetzt schon an Bord sind (denn die müssen mit dem oder der neuen Mitarbeiter/in den Arbeitsalltag teilen).

Personalkosten: Nebenkosten nicht vergessen!

Zunächst die Definition: *Unter Arbeitsentgelt versteht man die aus nichtselbständiger Arbeit erzielte Vergütung. Es ist die Gegenleistung des Arbeitgebers für die vom Arbeitnehmer erbrachte Arbeitsleistung.* Dabei gibt es diverse Ausprägungen dieser Vergütung:

- Mit **Lohn** bezeichnet man traditionell die Vergütung der gewerblich Beschäftigten, der Arbeiter.
- Mit **Gehalt** ist meist die Entgeltform der Angestellten gemeint, aber dies ist heutzutage schon weitverbreitet anders; in vielen Unternehmen gibt es nur noch Angestellte, unabhängig von der Tätigkeit.
- Sonstiges: Die Vergütung von Beamten wird **Besoldung** genannt. Ein Künstler wiederum bekommt eine **Gage**.

Unterschiedliche Lohnformen: Löhne werden wiederum unterteilt in *Fertigungslöhne*, die einem Produkt direkt zugeordnet werden können, zum Beispiel das Bearbeiten eines Werkstückes. Des Weiteren *Hilfslöhne*, die nicht direkt einem Produkt zugerechnet werden können wie etwa Transportarbeiten innerhalb einer Produktion. Zudem wird zwischen *Zeitlöhnen* und *Leistungslöhnen* unterschieden:

- **Zeitlöhne:** Beim Zeitlohn wird die Anwesenheitszeit (Stunde, Woche, meist aber Monat) bezahlt. Es besteht kein unmittelbarer Zusammenhang zur Leistung. Mit dieser Lohnform gibt es allerdings keinen Anreiz für quantitative Leistungssteigerung und es besteht eventuell das Risiko von Minderleistungen. Um dem entgegenzuwirken, werden im Rahmen des Zeitlohns bisweilen auch Leistungszulagen bezahlt. Diese Leistungszulagen sollen Motivationsanreize für Leistungssteigerungen schaffen.
- **Leistungslöhne:** Es besteht ein unmittelbarer Zusammenhang zu einer Leistung, zum Beispiel zu einer erarbeiteten Stückzahl. Verbreitet ist der **Prämienlohn:** Zusätzlich zu einem vereinbarten Grundlohn wird eine

leistungsabhängige Prämie bezahlt. Die Höhe der Prämie richtet sich nach bestimmten Kriterien. So gibt es beispielsweise **Mengenprämien, Güteprämien, Ersparnisprämien** und so weiter.

Ebenso verbreitet ist der **Akkordlohn:** Er wird dort angewendet, wo es sich um regelmäßig wiederkehrende Arbeitsabläufe handelt, die vom Ergebnis und von der Bearbeitungsdauer eindeutig vorhersehbar und messbar sind. Es gibt verschiedene Gestaltungsmöglichkeiten. Beim **Geldakkord** wird ein festgelegter Geldbetrag zum Beispiel je produziertem Stück gezahlt. Im **Zeitakkord** wird für eine Leistung eine bestimmte Zeit vorgegeben. Arbeitet der Arbeitnehmer schneller, verdient er auch entsprechend mehr Geld.

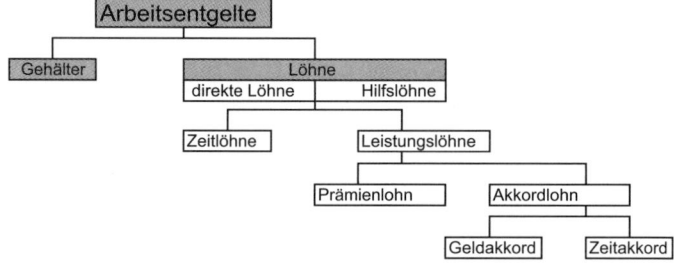

Übersicht Arbeitsentgelte

Personalkosten und Personalnebenkosten

Zu den Personalkosten zählt zunächst natürlich das bekannte Bruttogehalt einschließlich aller Zuschläge (z. B. Überstundenzuschläge). Dann folgt der zusätzliche große Kostenbrocken der Personalnebenkosten. **Personalnebenkosten im engeren Sinne** sind die gesetzlichen und freiwilligen sozialen Aufwendungen sowie die sonstigen Personalkosten. Gesetzliche soziale Aufwendungen werden auch allgemein als Arbeitgeberanteil an den Sozialbeiträgen bezeichnet (Renten-, Kranken- und Arbeitslosenversicherung). Freiwillige soziale Aufwendungen sind beispielsweise Essensgeldzuschuss, Kantine oder Beteiligung des Arbeitgebers an den Umzugskosten des Arbeitnehmers. Zu den Personalnebenkosten gehören aber auch – was gern vergessen wird – die sonstigen Personalkosten wie etwa Urlaubs- und Weihnachtsgelder. Zu den **Personalnebenkosten in einem weiter gefassten Sinne** zählen auch – und insbesondere dies wird ebenfalls gern vergessen – die bezahlten Ausfallzeiten wie Lohnfortzahlung im Krankheitsfall, Urlaubs- und Feiertagslöhne sowie sonstige bezahlte Ausfallzeiten, zum Beispiel für Weiterbildung.

Zu zahlender Bruttolohn	42.000 €	72%
Rentenversicherung	4.180 €	
Arbeitslosenversicherung	880 €	
Kranken- und Pflegeversicherung	3.400 €	
Vermögenswirksame Leistungen	325 €	
Beiträge zur Berufsgenossenschaft	900 €	
Urlaubsgeld	800 €	
Weihnachtsgeld	3.500 €	
Fahrtkosten- und andere Zuschüsse	500 €	
Betriebliche Alterversorgung	1.200 €	
Sonstige freiwillige/tarifliche Sozialkosten	900 €	
Summe Personalnebenkosten im engeren Sinne (!)	16.585 €	28%
Summe Personalkosten	58.585 €	100%

Personalkostenermittlung (Beispiel)

5.2 Personalentwicklung

Wie heißt es so schön: Heute wird von den Mitarbeitern lebenslanges Lernen verlangt. Personalentwicklungsmaßnahmen sollen in diesem Zusammenhang nicht nur sicherstellen, dass die Leistungsfähigkeit des Mitarbeiters weiterentwickelt wird. Qualifizierungsmaßnahmen stellen auch ein Anreizsystem für die Mitarbeiter dar. Die gebotenen Möglichkeiten der Weiterbildung sollen die Mitarbeiter motivieren und ihrem Bedürfnis nach persönlicher Weiterentwicklung entgegenkommen (siehe Übersicht nächste Seite).

Beurteilungsgespräche: Feedback und Zielvorgaben

Das jährliche Beurteilungsgespräch ist ein weitverbreitetes Instrument der Personalentwicklung und dient der Diskussion zwischen dem Mitarbeiter und seinem Vorgesetzten über die persönliche mittel- und langfristige Entwicklung des Mitarbeiters. Dieses Gespräch besteht häufig aus zwei einander ergänzenden Gesprächsteilen: Der erste Teil befasst sich mit der

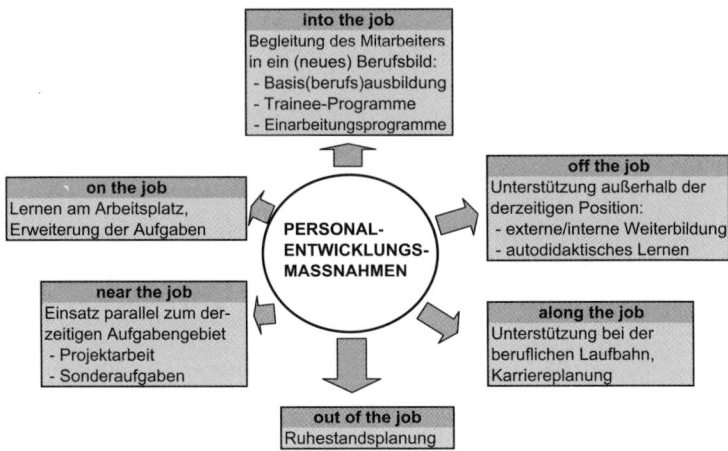

Übersicht über Personalentwicklungsmaßnahmen

Beurteilung der Leistungen des Mitarbeiters in der Vergangenheit, der zweite Gesprächsteil legt die Perspektiven für die Zukunft des Mitarbeiters im Unternehmen fest. In diesem zweiten Gesprächsteil werden folglich auch die Weiterbildungsmaßnahmen für den Mitarbeiter festgelegt. Konkret kann dies wie folgt aussehen:

- Analyse der Zielvereinbarungen des letzten Beurteilungsgesprächs
- Einschätzung der Fähigkeiten und Fertigkeiten des Mitarbeiters (aktuell und zukünftig)
- Aufgabenschwerpunkte im nächsten Jahr und in weiterer Zukunft
- Zielvereinbarung für das kommende Jahr und eventuell für die weitere Zukunft
- Weiterbildungs- und Qualifizierungsmaßnahmen
- Weitere Perspektive für den Werdegang im Unternehmen, mittelfristig und eventuell auch langfristig.

Die jährlichen Mitarbeitergespräche bilden somit die Basis für eine umfassende Karriere- und Nachfolgeplanung im Unternehmen.

Gern wird mit Mitarbeiterbeurteilungsbögen gearbeitet. Diese sind von Unternehmen zu Unternehmen unterschiedlich. Hier ein Beispiel aus der Personalpraxis eines mittelständischen Unternehmens:

Beurteilungsbogen Mitarbeitergespräch

Name des Mitarbeiters:	Heinz Schulze
Name der Führungskraft:	Peter Müller
Datum:	18.03.2012

	Teilbewertung				
1. Zielvereinbarungen des letzten Beurteilungsgesprächs vom 13.03.2001	über-troffen	gut erreicht	erreicht	teilweise erreicht	nicht erreicht
Einarbeitung in die Anlagenbuchhaltung				x	
Betreuung des Auszubildenden Herrn Werner Buch		x			
Durchführung der Monatsabschlüsse in der Finanzbuchhaltung			x		
Mitarbeit beim Jahresabschluss 2001			x		
Aufbau einer Projektgruppe zur Auswahl einer neuen Finanzbuchhaltungssoftware		x			
Einarbeitung in das Thema Projektmanagement			x		

	Teilbewertung				
2. Einschätzung der Fähigkeiten und Fertigkeiten	sehr gut	gut	befriedi-gend	in geringem Maße	unzu-reichend
Fachliche Kompetenz		x			
Zielgerichtetes Vorgehen			x		
Teamfähigkeit		x			
Motivation	x				
Führungsqualitäten				x	
Kundenfreundlichkeit		x			

	Teilbewertung	
3. Aufgabenschwerpunkte in der nächsten Berichtsperiode	bis wann	Rahmenbedingungen
Urlaubsvertretung von Herrn Buchweiz in der Anlagenbuchhaltung	ab Anfang Dezember	Noch stärkere Einarbeitung in die Thematik
Durchführung des Projektes zur Auswahl einer neuen Finanzbuchhaltungssoftware	ab sofort	Freistellung weiterer Mitarbeiter der Finanzbuchhaltung für das Projekt
Weiterführung der Betreuung von Auszubildenden in der Finanzbuchhaltung	ab sofort	

4. Zielvereinbarung für das kommende Jahr	Zielgröße	bis wann	Beteiligte	Rahmenbedingungen
Stärkere Einarbeitung in die Anlagenbuchhaltung	mögl. Urlaubs-vertret.	ab sofort	Herr Buchweiz	
Termin- und Budgettreue des Projektes zur Auswahl einer neuen Finanzbuchhaltungssoftware	Projekt-plan einhalten	Projekt-ende	Projekt-team	Rechtzeitiges Anzeigen von Abweichungen

5. Weiterbildungs- und Qualifizierungsmaßnahmen	bis wann	Rahmenbedingungen
Kurs Anlagenbuchhaltung Teil 3	ab Anfang Juli	
Führungskräfteseminar Fa. Sematec Teil 1	frei wählbar	Rahmenvertrag mit Fa. Sematec
Selbststudium von Präsentationstechniken	frei wählbar	Budget für Fachliteratur 150 EUR

6. Weitere Perspektive für den Werdegang
Einschätzung des aktuellen Gehalts: Angemessen
Bei vollständiger Einarbeitung in die Anlagenbuchhaltung Gehaltssteigerung im nächsten Jahr
Prämienzahlung bei erfolgreichem Abschluss des Projektes zur Auswahl einer neuen Finanzbuchhaltungssoftware

Mit dem Inhalt einverstanden:	
Mitarbeiter:	Datum:
Führungskraft:	Datum:

Muster eines Personalbeurteilungsbogens

Mitarbeiterprofil: Hans Meier, Juniorcontroller
2 Jahre im Unternehmen, Ziel: Bereichsverantwortung

1 = Der Mitarbeiter erfüllt das Kriterium in keiner Weise
2 = Der Mitarbeiter erfüllt das Kriterium in geringem Maße
3 = Der Mitarbeiter erfüllt das Kriterium befriedigend,
es gibt jedoch ein Verbesserungspotenzial
4 = Der Mitarbeiter erfüllt das Kriterium gut
5 = Der Mitarbeiter erfüllt das Kriterium sehr gut

Kriterien für die Beurteilung	Ist	Ziel
Soziale Kompetenz	5	5
Führungsqualitäten	4	5
Motivation	5	5
Fachliche Kompetenz	3	5
EDV-Kenntnisse	2	5
Präsentationstechniken	3	5

Durchschnitt	3,7	5,0

Ergebnis: Die sozialen und Führungskompetenzen sind gut erfüllt, im fachlichen Bereich gibt es noch Nachholbedarf.

Entwicklungspotenzial des Mitarbeiters

Die „Beurteilungsspinne"

Als „schick" wird in der Praxis die sogenannte Beurteilungsspinne gesehen. Sie stellt die Ziele der Personalentwicklung im Vergleich zum jeweiligen Ist dar.

Mit „einem Blick" sieht man, wo der Mitarbeiter steht und wo noch Nachholbedarf besteht.

Personalportfolio:
Identifizieren Sie die Leistungsträger des Unternehmens

Eine Personalportfolioanalyse geht weiter als individuelle Beurteilungsgespräche und betrachtet das Unternehmen als Ganzes: Welches Know-how, welche Mitarbeiterpotenziale sind vorhanden? Es wird analysiert, ob die Qualifikationen und andere Anforderungsmerkmale der Mitarbeiter auch zu den zukünftigen Anforderungen, die an das Unternehmen gestellt werden, passen. Daraus können dann notwendige Maßnahmen der Personalentwicklung abgeleitet werden.

Die Portfolioanalyse an sich ist eine seit Jahren weitverbreitete Methode, die vorwiegend im Marketing angewendet wird. Dort wird beispielsweise ein Produkt nach seinem Marktanteil und Marktwachstum beurteilt. Man geht davon aus, dass dies wesentliche strategische Eckdaten sind. Diese Methode wird auf das Personalwesen übertragen. Die Mitarbeiter werden nach den Kriterien Leistung und Potenzial beurteilt: Unter **Leistung** versteht man hier die Arbeitsleistung, etwa Qualität und/oder Menge der Arbeitsergebnisse. **Potenzial** hat ein Mitarbeiter, wenn er lernbereit ist, Qualifikationen mitbringt und wenn in der Zukunft positive Impulse von ihm zu erwarten sind. Orientiert man sich an diesen beiden Kriterien, so wird meist mit folgenden Klassifizierungen gearbeitet:

- **Workhorses:** Die „Arbeitspferde" des Unternehmens. Das bedeutet hohe Leistung, allerdings niedriges (Entwicklungs-)Potenzial. Kritisch, wenn das Unternehmen innovativ sein und neue Zukunftsaufgaben bewältigen muss. Zwar hat man fleißige Leute, braucht aber eventuell neue oder andere Mitarbeiter um Zukunftsaufgaben zu bewältigen.
- **Stars:** Das sind Mitarbeiter mit hoher Leistung und hohem Potenzial. Die idealen Mitarbeiter!

- **Problem Employees:** Hier sieht man zwar ein hohes Potenzial, die Mitarbeiter „sind aber noch nicht auf Leistung". Potenziale konnten noch nicht umgesetzt werden und ebenso ist es ungewiss, ob dies bei diesen Mitarbeitern gelingen wird. Es kann also Probleme geben.
- **Deadwood:** Ein unschöner Ausdruck, aber so heißt es nun einmal im Personalgeschäft. Deadwoods sind Mitarbeiter mit niedriger Leistung und wenig Potenzial. Die Übersetzung ist schwierig, im Wörterbuch findet man „Reisig", „Plunder". Meist sind dies Mitarbeiter, von denen sich das Unternehmen gerne trennen würde. Die Aufgabe der Personalentwicklung ist, diese Mitarbeiter, die vielleicht schon innerlich mit dem Unternehmen abgeschlossen haben, wieder neu zu motivieren und zu qualifizieren. Schwierig!

So sieht das Grundschema dieser Personalportfolioanalyse aus:

	hoch	
LEISTUNG	Sogenannte „Workhorses" hohe Leistung, niedriges Potenzial	Sogenannte „Stars" hohe Leistung, hohes Potenzial
	Sogenannte „Deadwoods" niedrige Leistung, niedriges Potenzial	Sogenannte „Problem employees" niedrige Leistung, hohes Potenzial
	niedrig	POTENZIAL	hoch

Das Grundschema eines Personalportfolios

Mithilfe des Personalportfolios kann die Personalentwicklung des Unternehmens dargestellt werden, beispielsweise Weiterbildungsmaßnahmen. Dies kann für einzelne Mitarbeiter, Gruppen, Bereiche oder Abteilungen dargestellt werden. Beispiel: Wohin soll sich unsere EDV-Abteilung entwickeln?

Beispiel: Entwicklungsrichtungen des Personals

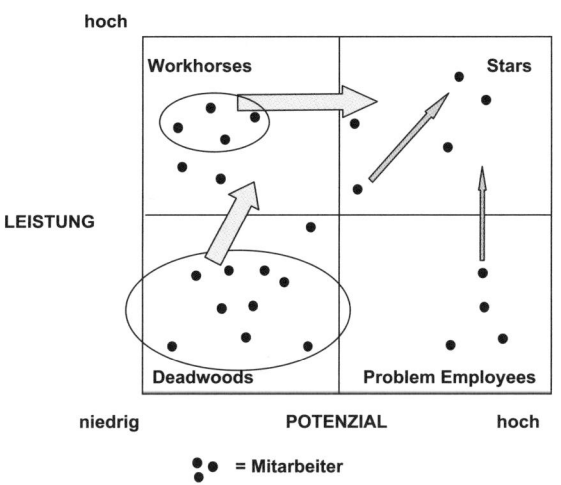

Die Pfeile zeigen, wohin sich die Mitarbeiter entwickeln sollen.
Aktuelle Analyse:
- Man hat zu viele „Deadwoods" an Bord. Auch wenn man aus diesen Mitarbeitern keine Stars machen kann, ist es Ziel, zumindest aus einigen „Workhorses" zu machen.
- Vielleicht gelingt es, dass sich einige jetzige „Workhorses" Richtung „Stars" bewegen.
- Und dann gibt es noch Entwicklungsrichtungen für einzelne Mitarbeiter, z. B. von einem „Problem" zu einem „Star".

Beispiel eines Personalportfolios

Das Personalportfolio gehört zu den sogenannten strategischen Tools. Man muss in größeren Zeiträumen denken. Doch sollte von Zeit zu Zeit geprüft werden, ob die strategische Ausrichtung stimmt: Entwickelt sich das Personal in die gewollte Richtung?

5.3 Personalführung

Zur Personalführung gehört als Erstes, dass jedes Unternehmen „seinen" Führungsstil finden muss. Etwas plakativ gesagt, werden sicherlich hochqualifizierte Mitarbeiter eines internationalen Beratungsunternehmens anders geführt werden als Mitarbeiter eines Gebäudereinigungsunternehmens. Aber selbst diese Aussage ist bereits fragwürdig. Es ist ein kompliziertes Feld. Auf jeden Fall gehören zur Personalführung aber auch Fragen der Mitarbeitermotivation und letztlich auch der Versuch, die Ergebnisse der Personalführung konkret zu messen, beispielsweise durch Personalkennzahlen.

Führungsstile: Für jedes Unternehmen den optimalen finden

Zunächst wieder einmal eine Definition: *Führungsstil bezeichnet die Art und Weise, wie sich ein Vorgesetzter gegenüber seinen weisungsgebunden Mitarbeitern verhält, um die Unternehmensziele beziehungsweise die Leistungsziele seiner Organisationseinheit zu erreichen.*

Die Basisfrage: Welcher Führungsstil ist zielführend? Die Frage im Rahmen der Mitarbeiterführung ist regelmäßig, wie Führungsziele im Sinne von Leistungs- und Mitarbeiterorientierung umgesetzt werden. Hier gibt es immer wieder kurzlebige Modetrends, in mehr oder weniger abgewandelter Form dreht es sich aber immer um die folgenden Klassiker:

- **Patriarchalischer Führungsstil:** Etwas plakativ gesagt, sieht der Patriarch in der Belegschaft „seine Kinder", die an der Führung nicht beteiligt werden, sondern eher gehorchen müssen. Er arbeitet mit Belohnungen und Strafen. Aber im Gegenzug sorgt der Patriarch im Idealfall für die Mitarbeiter. Dieser Führungsstil war in der Nachkriegswirtschaft nicht selten und auch heute findet man ihn immer noch weitverbreitet in kleineren, vor allem aber in Familienunternehmen.
- **Charismatischer Führungsstil:** Charisma bedeutet Gnadengabe. Übertragen auf den Führungsstil bedeutet dies: Man führt durch Ausstrahlungskraft. Die Beteiligung anderer an der Führung des Unternehmens ist nur schwach, meist gar nicht vorhanden. Durch das Charisma des Unternehmers (oder des Managers) ist die Motivation für Beteiligung oder Mitsprache auch eher wenig ausgeprägt – muss aber nicht so sein. Charismatische Führungspersönlichkeiten können häufig hohe Motivation erzeugen. Sie verstehen es, ihre Mitarbeiter zu begeistern und von der Wichtigkeit ihrer Arbeit zu überzeugen. So kann dieser Führungsstil sehr positiv wirken. Negativ kann er jedoch wirken, wenn „nicht viel hinter dem Charisma steckt" und dies die Mitarbeiter merken.
- **Autokratischer Führungsstil:** Hier steht weniger die Person im Vordergrund, sondern die Position. Der Autokrat argumentiert, dass Disziplin

notwendig ist um eine Organisation zu führen. Widerspruch und Kritik sind nicht erwünscht. Letztendlich ist dies ein Führungsstil der etwa beim Militär in manchen Situationen durchaus angemessen sein kann. Er gewährt den Mitarbeitern jedoch wenig eigenen Handlungsspielraum und ist damit in modernen Arbeitsorganisationen wohl weniger geeignet.

- **Bürokratischer Führungsstil:** Ähnlich dem autokratischen System ist dieser stark organisationsbezogen. Arbeitsabläufe und Befugnisse sind genau geregelt. Häufig findet man viele Instanzen, viele Führungsebenen, viele Regeln: Bürokratie ersetzt gute Führung.

- **Kooperativer Führungsstil:** Bei diesem Führungsstil sollen alle Beteiligten in Entscheidungen eingebunden werden, idealerweise in Form eines demokratischen Willensbildungsprozesses. Er geht davon aus, dass sich mit mündigen Mitarbeitern die Ziele am besten erreichen lassen, auch wenn die interne Abstimmung etwas länger dauert. Die Idee: Mitarbeiter setzen sich bei diesem Führungsstil mehr für die Unternehmensziele ein. Sie stehen hinter den Zielen. In der Praxis zeigt dieser Führungsstil aber auch negative Seiten. So geht dieser kooperative Ansatz sehr häufig in einem „Besprechungsunwesen" unter. Es gibt zu viele Besprechungen, zu viel Abstimmung, die eigentliche Arbeit leidet.

- **Laissez-faire-Führungsstil:** „Laissez faire" ist Französisch und bedeutet „die Dinge schleifen lassen/sich gehen lassen". Dieser Führungsstil bedeutet also etwas salopp gesagt: Jeder kann machen was er will. Es bildet sich eine spontane Organisationsform, die möglicherweise sogar ideal sein kann. Was getan werden muss, wird getan, egal von wem. Gerade bei Existenzgründungen findet man diesen Führungsstil. Es hat sich noch keine klare Arbeitsorganisation herausgebildet und jeder macht engagiert das, was er/sie am besten kann. Nach einer anfänglichen Pionierphase empfiehlt es sich dann aber wahrscheinlich, etwas klarere Strukturen zu schaffen.

In der Praxis findet man häufig *Mischformen*, etwa einen Unternehmensgründer, der zwar mit Charisma seine Mitarbeiter führt, aber die Dinge noch nicht so richtig im Griff hat und bei dem damit ein Laissez-faire-Führungsstil vorherrscht. Oder ein bürokratischer Vorgesetzter, der ganz nach dem patriarchalischen Führungsstil seine Mitarbeiter führt.

Fazit: Den idealen Führungsstil gibt es nicht, denn es kommt auch immer auf die Mentalität und Qualifikation der Mitarbeiter an. Manche Mitarbeiter wollen vielleicht gar nicht in Entscheidungen eingebunden werden. Sie wollen einfach nur ihren Job gut machen, und das ohne große Diskussionen. Andere Mitarbeiter haben ein großes Interesse daran, bei ihren Aufgabenstellungen mitreden und wenn möglich auch mitentscheiden zu können.

Motivationstechniken: Geld und Anerkennung

Eine der ältesten Fragen des Personalwesens: Wie kann man Mitarbeiter motivieren? Schon in der Antike gab es unterschiedliche Vorstellungen über die richtige und optimale Personalführung. Cato der Ältere (234 bis 149 v. Chr.) forderte eine strenge Führung der Sklaven durch Angst und Bestrafung. Varro (116 bis 27 v. Chr.) hingegen, ein Zeitgenosse Julius Caesars, erkannte schon das Prinzip der Motivation bei der Sklavenhaltung. Er schlug Belohnungen für die Sklaven bei guten Leistungen vor, um deren Leistungsbereitschaft zu steigern. Im Übrigen befürwortete er den „schonenden Gebrauch" der Sklaven, da sie ja faktisch Vermögensgegenstände seien.

Heute reden wir im Wesentlichen über folgende Instrumente der Mitarbeitermotivation:

Monetäre Anreize	Nicht monetäre Anreize
Arbeitsentgelt (Löhne und Gehälter)	Mitarbeiterentwicklung (Weiterbildung und Aufstieg)
Zusätzliche Sozialleistungen	Arbeitszeitregelung (z.B. Teilzeitmodelle)
Erfolgsbeteiligung der Mitarbeiter	Arbeitsplatzgestaltung (z.B. modernes Arbeitsumfeld)
	Arbeitsinhalte (z.B. Aufgabenerweiterung)
	Betriebsklima (z.B. kollegiale Atmosphäre)
	Führungsstil (z.B. kooperativer Führungsstil)

Instrumente der Mitarbeitermotivation

Die Bedürfnispyramide nach Maslow

Generationen von kaufmännischen Auszubildenden und Generationen von BWL-Studenten haben die Bedürfnispyramide von Maslow kennengelernt. So ist sie ein „Muss" in diesem Buch.

Der Klassiker: Die Bedürfnispyramide nach A. Maslow

Nach Abraham Maslow beruhen die vielfältigen Motive menschlichen Handelns auf fünf Hierarchien der Bedürfnisse, die nach der Dinglichkeit ihrer Befriedigung unterteilt sind. Am dringendsten sind die physiologischen Bedürfnisse zu befriedigen. Ohne Essen und Trinken wird man nicht lange überleben. Nicht ganz so dringend, aber auch wichtig für die Existenzsicherung sind ein Dach über dem Kopf und soziale Absicherung im Alter oder bei Krankheit. Und so geht es weiter nach oben in der Bedürfnispyramide bis hin zur Selbstverwirklichung, die nicht überlebensnotwenig ist, aber dennoch von jedem Menschen angestrebt wird. Der springende Punkt bei dieser Theorie ist, dass beispielsweise ein Mitarbeiter kaum durch eine Weiterbildungsmaßnahme (Ebene Selbstverwirklichung) motiviert werden kann, wenn es ihm an genügend Geld fehlt, sich eine vernünftige Wohnung zu leisten (Ebene Sicherheitsbedürfnis). Ein Defizit bei einem der „Basisbedürfnisse" wiegt schwerer als ein Defizit bei der obersten Ebene der Selbstverwirklichungsbedürfnisse.

Motivation durch flexible Gestaltung der Arbeitsorganisation

Schon vor Jahrzehnten hat man erkannt, dass Motivation durch die flexible Gestaltung der Arbeitsbedingungen gesteigert werden kann. So haben schon Generationen von Menschen, die sich in einer betriebswirtschaftlichen Ausbildung befinden, von den folgenden Methoden gehört:

- **Job Rotation:** Diese Methode bezeichnet einen systematischen Arbeitsplatzwechsel, zum Beispiel wechselt ein Mitarbeiter der Finanzbuchhaltung zwischen Kreditoren- und Debitorenbuchhaltung und verschafft sich Einblick in angrenzende Themengebiete wie die Einkaufsabteilung. Der damit gewonnene Einblick in andere betriebliche Zusammenhänge wirkt motivierend.

- **Job Enlargement und Job Enrichment:** Beim Modell des **Job Enlargement** werden gleichartige Tätigkeiten zusammengefasst, um die Arbeit für den einzelnen Mitarbeiter abwechslungsreicher zu gestalten. Beim **Job Enrichment** wird gezielt das Aufgabenspektrum aufgewertet. Dies geschieht durch eine Erhöhung an Verantwortungskompetenz und Entscheidungsspielraum für den einzelnen Mitarbeiter. Beispiel: Der Mitarbeiter in der Produktion bekommt zusätzlich die Aufgabe, die Qualität der zu bearbeitenden Teile zu prüfen.

Die Übergänge zwischen den obigen Methoden sind fließend und die Abgrenzung zwischen beispielsweise Job Rotation und Job Enlargement ist nicht immer klar.

- **Teilautonome Gruppenarbeit:** Eine sich selbst steuernde Kleingruppe übernimmt eine komplexe Aufgabenstellung in eigener Verantwortung. Die Produktionsarbeitsgruppe organisiert sich selbstregelnd. Führungsaufgaben wie Arbeitsvorbereitung, Arbeitsorganisation und Qualitätskontrolle werden von der Gruppe in Eigenregie übernommen.

Motivation durch Mitarbeiterbefragung

Ein relativ einfacher Ansatz: Einfach mal die Mitarbeiter fragen, „wie es ihnen geht". Abgefragt wird die Zufriedenheit mit dem Betriebsklima, der Personalführung, den Arbeitsbedingungen und so weiter. Die Fragen können vielfältig sein. Bei kritischen Fragen muss die Anonymität der Befragten gewährleistet sein, damit Antworten auch zu Missständen im Unternehmen ohne Nachteile für den Befragten möglich sind.

Transparenz durch Personalkennzahlen

Kennzahlen helfen auch im Personalbereich, sich schnell einen Überblick zu verschaffen. Sie verdichten betriebliche Fakten und setzen Zahlen in Beziehung. Besonders interessant ist es, Personalkennzahlen im Zeitablauf zu beobachten: Wie entwickeln sich die Lohnkosten pro geleistete Stunde? Damit sind Kennzahlen im Personalbereich wichtige Eckdaten für die Wirtschaftlichkeit des Unternehmens. Interessant sind auch weitergehende Interpretationen der Personalkennzahlen wie etwa die Fluktuationsrate. Fluktuation kostet Geld, aber die Fluktuationsrate kann auch noch mehr aussagen: Wie zufrieden sind die Mitarbeiter? So kann man Rückschlüsse auf das Betriebsklima ziehen, wenn die Fluktuationsrate im Laufe der Zeit steigt. Kennzahlen sollten auch „zwischen den Zeilen" gelesen werden.

Kennzahlen der Mitarbeiterqualität und -zufriedenheit

- **Anteil qualifizierter Mitarbeiter:** Wer bei dieser Kennzahl als qualifizierter Mitarbeiter definiert wird, ist unternehmensindividuell festzulegen. Das können etwa Facharbeiter sein, Meister, Techniker oder Akademiker. Die Zielfrage ist hierbei: Hat das Unternehmen die Mitarbeiter, mit denen es die Anforderungen der Zukunft bewältigen kann?
- **Weiterbildung:** Je nach Unternehmen ist Weiterbildung mehr oder weniger wichtig. Aber wenn man sich mit diesem Thema beschäftigt, sind folgende Eckdaten wichtig: **Entwicklung Weiterbildungsmaßnahmen:** Wie viele Weiterbildungsmaßnahmen gibt es bei uns im Unternehmen? **Kosten der Weiterbildung:** Was kostet die Weiterbildung? Hierfür gibt es in vielen Unternehmen ein Weiterbildungsbudget.
  Mit der Interpretation dieser Kennzahlen muss man vorsichtig sein. Wenn ein Unternehmen laufend viel weiterbildet, kann dies bedeuten, dass es sehr an Weiterbildung interessiert ist. Es kann aber auch bedeuten, dass es in den letzten Jahren viele unqualifizierte Mitarbeiter eingestellt hat und nun vor dem Problem steht, dass diese den zukünftigen Anforderungen nicht mehr gerecht werden. Ein anderes Unternehmen bildet vielleicht in geringem Umfang weiter, hat aber einen hervorragenden Mitarbeiterstamm.

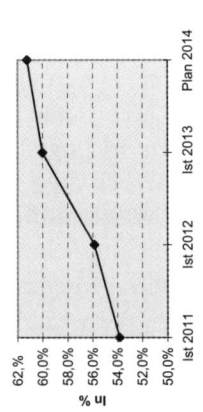

Anteil qualifizierter Mitarbeiter
Haben wir die richtigen Leute an Bord?

Formel

$$\frac{\text{Anzahl Facharbeiter, Techniker usw.}}{\text{(je nach Sichtweise des Unternehmens)}} \times 100$$
Gesamtzahl der Mitarbeiter

	Ist 2010	Ist 2011	Ist 2012	Plan 2013
	350	380	450	490
	650	680	750	800
	53,8%	**55,9%**	**60,0%**	**61,3%**

Anteil qualifizierter Mitarbeiter

Kennzahl Anteil qualifizierter Mitarbeiter

Fluktuation
Wie viele gehen?

Formel

$$\frac{\text{Anzahl Kündigungen} \times 100}{\text{Gesamtzahl der Mitarbeiter}} \times 100$$

	Ist 2010	Ist 2011	Ist 2012	Plan 2013
	35	38	60	30
	650	680	750	800
	5,4%	**5,6%**	**8,0%**	**3,8%**

Fluktuation

Kennzahl Fluktuation

197

- **Verbesserungsvorschläge:** Man analysiert die Anzahl der Verbesserungsvorschläge im Zeitablauf. Kommen Anregungen aus den eigenen Reihen? Denken die Mitarbeiter mit? Schlecht, wenn keine Vorschläge kommen oder diese zurückgehen. Warum fällt den Mitarbeitern nichts mehr ein? Und wieder hinter die Kennzahl schauen: Geht eventuell die Motivation zurück?
- **Fluktuation:** Wie hoch ist die Fluktuation, wie entwickelt sie sich im Zeitvergleich, warum verlassen die Mitarbeiter das Unternehmen (siehe vorhergehende Seite)?

Kennzahlen der Mitarbeiterproduktivität

- **Umsatz pro Mitarbeiter:** Das ist wieder ein Kennzahlenklassiker! Interessant ist hier vor allem der Vergleich mit anderen Unternehmen (wenn möglich) und der Vergleich mit dem Durchschnittswert der Branche.
- **Krankenstand:** Wie viel Zeit fällt durch Krankheit der Mitarbeiter aus? Interessant ist dann weiter, was diese Ausfallzeiten kosten.

	Ist 2010	Ist 2011	Ist 2012	Plan 2013
	43.300.000 €	46.200.000 €	49.400.000 €	55.000.000 €
	650	680	750	800
	66.615 €	67.941 €	65.867 €	68.750 €

Mitarbeiterumsatz

Formel

Umsatz des Unternehmens
Anzahl Mitarbeiter

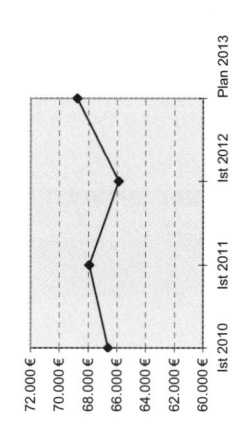

Mitarbeiterumsatz

Kennzahl Mitarbeiterumsatz

Kennzahlen zu den Mitarbeiterkosten

- Kennzahlen zu den Personalkosten. Dazu gehören zunächst die **Kosten des Personalwesens:** Was kostet die Betreuung des Personals durch das Personalbüro in Prozent zu den Gesamtkosten des Unternehmens? Das sind beispielsweise die Gehälter der Personalsachbearbeiter oder Abschreibungen im Personalbüro. Der Branchenverband hat eventuell Durchschnittszahlen für diesen Bereich. Wichtige Frage: Liegt das Unternehmen im Schnitt? Dann die **Personalkostenentwicklung:** Wie entwickeln sich die Personalkosten im Zeitablauf? Oft stellen diese über 50 Prozent der Gesamtkosten des Unternehmens, insbesondere im Dienstleistungssektor. Häufig ist den Personalverantwortlichen gar nicht klar, dass Sie Verantwortung für das größte Kostenvolumen im Unternehmen haben.
- **Überstundenentwicklung:** Überstunden entstehen oft durch organisatorische Mängel und nicht immer durch eine erhöhte Auftragslage.
- **Lohnkosten pro Leistungsstunde:** Lohnkosten absolut sagen zunächst nicht viel aus. Setzt man sie aber in Beziehung zur Leistung, sieht man, wie sich die Kosten im Verhältnis zur Leistung entwickeln. Eine wichtige Kennzahl (siehe nächste Seite).

Insgesamt wird heute vom Personalwesen mehr verlangt als nur reine Personalverwaltung. Personalcontrolling durch die Auswertung von Personalkennzahlen spielt eine immer größere Rolle im modernen Personalwesen.

Was ist interessant an der „Work-Life-Balance" und am Wissensmanagement?

Work-Life-Balance

Dies ist ein aktuelles Konzept, das die Mitarbeiterzufriedenheit steigern soll. Es fordert, dass Arbeit und Privatleben sich im Gleichgewicht halten sollen. Mögliche Maßnahmen des Arbeitgebers können sein:

- **flexible Arbeitszeiten** wie beispielsweise Gleitzeit, Möglichkeiten eines Sabbaticals (einer „Auszeit" z. B. von 3 bis 6 Monaten), Teilzeitangebote, Jahresarbeitszeit. Flexibilität ist eine Möglichkeit, das Know-how von

Lohnkosten je Leistungsstunde

Formel

$$\frac{\text{Lohnkosten}}{\text{Leistungsstunden}}$$

	Ist 2010	Ist 2011	Ist 2012	Plan 2013
	1.533.000 €	1.785.000 €	2.050.000 €	2.130.000 €
	78.500	79.500	91.250	102.000
	19,53 €	22,45 €	22,47 €	20,88 €

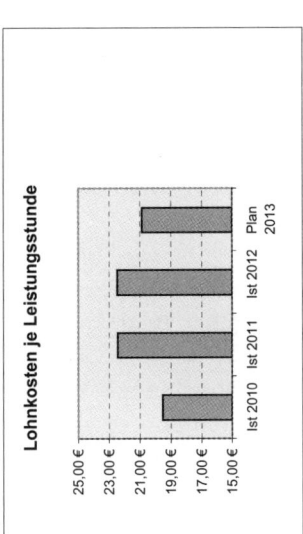

Lohnkosten je Leistungsstunde

Kennzahl Lohnkosten je Leistungsstunde

Mitarbeitern zu halten, die eventuell durch feste Arbeitszeiten „verloren" wären.

- **flexible Arbeitsorganisation** und flexibler Arbeitsort (Telearbeit). Nicht immer muss die Arbeit im Unternehmen passieren.
- ferner **Kinderbetreuung** im Unternehmen oder **Wiedereingliederungsmaßnahmen** nach einer Berufspause.

Eine bessere Vereinbarkeit von Arbeit und Privatem bietet Vorteile für das Unternehmen:

- **Personalgewinnung:** Für neue Mitarbeiter ist es sicherlich ein Kriterium bei der Wahl des Arbeitgebers, dass dieser Maßnahmen zur besseren Work-Life-Balance anbietet.
- **Erhöhung der Mitarbeiterbindung:** Mitarbeiter schätzen die Maßnahmen des Work-Life-Balance und entwickeln eine höhere Loyalität und Motivation. Fluktuation wird vermieden.
- **Arbeitsproduktivität:** Es dürfte klar sein, dass zufriedene Arbeitnehmerinnen und Arbeitnehmer motivierter und damit produktiver sind.
- **Verbessertes Image:** Ein Unternehmen, das sich um die Work-Life-Balance seiner Mitarbeiter kümmert, verbessert sein soziales Image bei seinen Kunden und insgesamt in der Öffentlichkeit. Die Außenwirkung derartiger Maßnahmen ist ein Marketingaspekt.

Praxistipp: Insbesondere qualifizierte Mitarbeiter haben heute ein zunehmendes Bedürfnis nach Flexibilität. Das wird von den Unternehmen noch zu wenig beachtet.

Wissensmanagement

Wissensmanagement begegnet man auch unter dem Namen *Knowledge Management.* Es ist die Nutzung der Gesamtheit des unternehmensweiten Wissens. Dieses Wissen beinhaltet das Wissen der Mitarbeiter, das Wissen um die Kunden und Lieferanten des Unternehmens, das Wissen um die eigenen Produkte, Produktentwicklung, Finanzen und so weiter. Alle Informationen im Unternehmen sind hier gefragt, ob diese auf Papier, elektronisch oder einfach nur in den Köpfen der Mitarbeiter vorhanden sind. Es gilt jetzt, dieses Wissen transparent und für andere zugänglich zu machen. Wissensmanagement beschäftigt sich mit Lösungen, wie diese Informationen gesammelt, gespeichert und jedem Mitarbeiter je nach seinem Informationsbedarf zugänglich gemacht werden können. Ansatzpunkte für das Wissensmanagement sind zum Beispiel:

- **Wissensdatenbank:** Wissen muss nicht nur „irgendwo" vorhanden sein, sondern bekannt und abrufbar sein.
- **Content Management:** Viele Dokumente auf dem PC liegen in unterschiedlichen Dateiformaten vor. Die einheitliche Verwaltung der Inhalte wird immer schwieriger. Content Management bezeichnet intelligente Lösungen zur Datenverwaltung nach dem Motto: Die richtige Information zur richtigen Zeit am richtigen Ort.
- **Intraweb:** Die Kommunikation über interne Netzwerke fördert den schnellen Informationsaustausch.

Das Problem ist schnell umschrieben: Wissen Sie eigentlich, was Ihre Mitarbeiter wissen? Nein – warum nicht? Wenn ja – nutzen Sie es auch?

6. Bereich Rechnungswesen/Controlling

Das Rechnungswesen schafft Transparenz im Unternehmen, es ist sozusagen der „zahlenmäßige Spiegel" der Unternehmensaktivitäten. Das Controlling baut auf dem Rechnungswesen auf und stellt wichtige betriebswirtschaftliche Steuerungsinstrumente zur Verfügung.

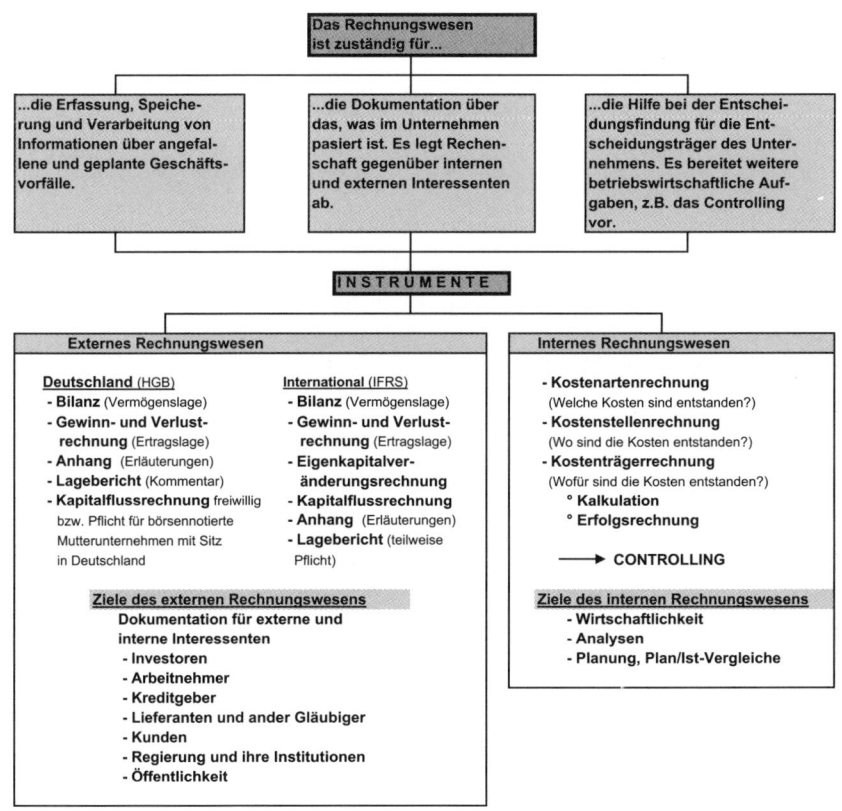

Übersicht über das Rechnungswesen

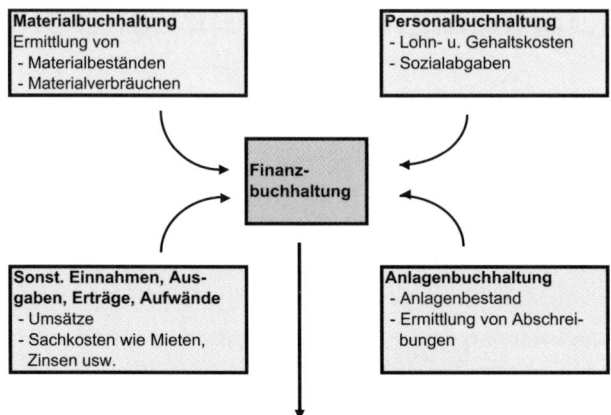

GESETZLICHER JAHRESABSCHLUSS

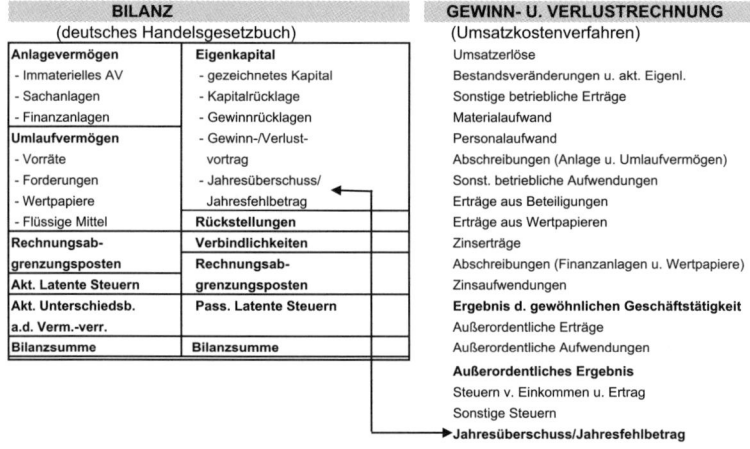

Übersicht über das externe Rechnungswesen

6.1 Externes Rechnungswesen

Weitverbreitet ist die Unterteilung des Rechnungswesens in ein externes und ein internes Rechnungswesen (zum internen Rechnungswesen kommen wir weiter unten). Das **externe Rechnungswesen** ist nach außen (extern, daher der Name) gerichtet. Er dient als Informationsquelle für diejenigen, die am Unternehmen interessiert sind, natürlich zunächst für den Eigentümer, dann Anteilseigner, Banken, Arbeitnehmer und so weiter. Wichtigstes Instrument ist der Jahresabschluss, wobei im Mittelpunkt die Bilanz, die Gewinn- und Verlust-Rechnung und ergänzende Informationen stehen.

Wichtig: Das externe Rechnungswesen ist gesetzlich detailliert geregelt, während das interne Rechnungswesen von den Unternehmen frei gestaltet werden kann.

Für bestimmte Unternehmen gibt es die Möglichkeit beziehungsweise besteht die Pflicht, den Jahresabschluss nach internationalen Standards (**IFRS** = **I**nternational **F**inancial **R**eporting **S**tandards) aufzustellen, damit der Jahresabschluss über die deutsche Rechnungslegung hinaus auch international verstanden wird.

Basis des externen Rechnungswesens ist die Buchführung und die Finanzbuchhaltung, in den Unternehmen umgangssprachlich kurz Fibu genannt. Sie sammelt alle relevanten Geschäftsvorfälle. Später wird dann daraus der Jahresabschluss erstellt (Übersicht siehe vorherige Seite).

Instrumente der gesetzlichen Rechnungslegung: Je nach Größe und Rechtsform gibt es unterschiedliche Instrumente der Rechnungslegung. Am bekanntesten sind sicherlich die **Bilanz sowie die Gewinn- und Verlust-Rechnung:** Diese beiden Instrumente sind *für alle Unternehmen* Pflicht, wenn auch der Gliederungsumfang unterschiedlich geregelt ist. Ferner der **Anhang und Lagebericht:** Diese sind Pflicht *für Kapitalgesellschaften.* Die **Kapitalflussrechnung und Segmentberichterstattung** ist Pflicht nur *für börsennotierte Unternehmen.* Die Rechnungslegungsvorschriften sind gesetzlich geregelt.

Vorsichtsprinzip und Gläubigerschutz: Dies sind die leitenden Prinzipien in der deutschen Rechnungslegung. Es soll eher „pessimistisch", also vorsichtig bewertet werden. Der Grund: Es sollen zum Schutze der Gläubiger und anderer nicht vorschnell Gewinne ausgeschüttet werden, die eventuell noch gar nicht realisiert wurden. Konkret äußert sich dies im **Realisationsprinzip:** Es sind nur Gewinne auszuweisen, die konkret realisiert sind. Beispiel: Man darf nicht in der Bilanz Ware über die Herstellungskosten beispielsweise zum späteren Verkaufspreis zeigen, nur weil man meint: „Na ja, in zwei Wochen haben wir das Geld des Verkaufspreises in der Tasche." Umgekehrt – nach dem **Imparitätsprinzip** – müssen allerdings noch nicht realisierte Verluste gezeigt werden: Muss man eventuell unter Herstellungskosten verkaufen, darf Ware jetzt nur zu diesem Wert in der Bilanz als Vermögen erscheinen.

Grundlagen und ein „Crashkurs" in Buchführung

In der Buchhaltung werden alle Geschäftsvorfälle erfasst, die im Unternehmen passieren. Beispiele: Einbringen von Eigenkapital, Kauf von Betriebsausstattung, Kauf von Waren, Verkauf von Waren, Aufnahme von Krediten, Zahlung von Löhnen und Gehältern, Buchung von Wertverlusten (Abschreibungen) und vieles mehr. Die Buchhaltung/Buchführung entwickelt daraus in regelmäßigen Abständen (monatlich, quartalsweise, mindestens aber einmal jährlich) einen Abschluss.

Grundlagen der Buchführung

Geschäftsvorfälle		Auswirkungen auf die ...		
		Bilanz	und die	Gewinn- und Verlust-Rechnung

1. Eigenkapitaleinbringung
Der Gründer des Unternehmens bringt ein Eigenkapital von 100 ein

Aktiva	Bilanz		Passiva	GuV	
Kasse	100	Kapital	100		
		Gewinn/Verlust	0	Erträge	0
				Aufwand	0
Bilanzsumme	100	Bilanzsumme	100	**Ergebnis**	**0**

Das Eigenkapital landet in der Kasse (bzw. auf der Bank). Dieser Geschäftsvorfall ist noch nicht ergebniswirksam. Es entsteht also weder ein Gewinn noch ein Verlust.

2. Kauf von Geschäftsausstattung
(GA), Theke, Möbel usw.
Es wird GA in Höhe von 60 gekauft.

Aktiva	Bilanz		Passiva	GuV	
GA	60	Kapital	100		
Kasse	40	Gewinn/Verlust	0	Erträge	0
				Aufwand	0
Bilanzsumme	100	Bilanzsumme	100	**Ergebnis**	**0**

Die Kasse nimmt ab, da Geschäftsausstattung bezahlt wird. Das Vermögen ändert sich aber dadurch nicht. Diesen Vorfall nennt man Aktivtausch. Auch dieser Geschäftsvorfall ist noch nicht ergebniswirksam.

3. Kauf von Ware (Bier)
Es wird Bier in Höhe von 40 gekauft.

Aktiva	**Bilanz**		Passiva
GA	60	Kapital	100
Bier	40	Gewinn/Verlust	0
Kasse	0		
Bilanzsumme	100	Bilanzsumme	100

GuV	
Erträge	0
Aufwand	0
Ergebnis	**0**

Wieder ein Aktivtausch. Aus der Kasse wird das Bier bezahlt. Nicht ergebniswirksam.

---

4. Verkauf von Ware (Bier)
Das Geschäft läuft an. Es wird Bier zum Einkaufspreis von 20 zum Verkaufspreis von 60 abgesetzt.

Aktiva	**Bilanz**		Passiva
GA	60	Kapital	100
Bier	20	Gewinn/Verlust	40
Kasse	60		
Bilanzsumme	140	Bilanzsumme	140

Der Warenbestand nimmt ab, die Kasse nimmt zu.
Es entsteht ein Gewinn, da der Umsatz über dem Wareneinsatz (Einkaufspreis Bier) liegt.

GuV	
Erträge:	
Umsatz	60
Aufwand:	
Wareneinsatz für Bier	20
Ergebnis:	
Gewinn	**40**

---

5. Kreditaufnahme
Für weitere geschäftliche Aktivitäten wird ein Kredit in Höhe von 40 aufgenommen.

Aktiva	**Bilanz**		Passiva
GA	60	Kapital	100
Bier	20	Gewinn/Verlust	40
Kasse	100	Fremdkapital	40
Bilanzsumme	180	Bilanzsumme	180

Das Fremdkapital wandert in die Kasse (+40). Es entsteht eine sogenannte Bilanzverlängerung. Dieser Vorgang ist ergebnisneutral.

GuV	
Erträge:	
Umsatz	60
Aufwand:	
Wareneinsatz für Bier	20
Ergebnis:	
Gewinn	**40**

---

6. Personalkosten
Es wird ein Mitarbeiter eingestellt. Dieser kostet 20.

Aktiva	**Bilanz**		Passiva
GA	60	Kapital	100
Bier	20	Gewinn/Verlust	20
Kasse	80	Fremdkapital	40
Bilanzsumme	160	Bilanzsumme	160

Die Kosten für Personal mindern den Kassenbestand und gehen zu Lasten des Gewinns. Dieser verringert sich.

GuV	
Erträge:	
Umsatz	60
Aufwand:	
Bier	20
Personalkosten	20
Ergebnis:	
Gewinn	**20**

---

7. Abschreibungen
Der Wertverlust der Geschäftsausstattung (Abschreibungen) wird in Höhe von 10 berücksichtigt.

Aktiva	**Bilanz**		Passiva
GA	50	Kapital	100
Bier	20	Gewinn/Verlust	10
Kasse	80	Fremdkapital	40
Bilanzsumme	150	Bilanzsumme	150

Auch wenn sich in der Kasse nichts tut, gehen die Abschreibungen voll zu Lasten des Gewinns.

GuV	
Erträge:	
Umsatz	60
Aufwand:	
Bier	20
Personalkosten	20
Abschreibungen	10
Ergebnis:	
Gewinn	**10**

---

8. Diverse Geschäftsvorfälle
Das Geschäft ist endgültig angelaufen. Jetzt
- wird Bier in Höhe von 40 gekauft
- sind Personalkosten in Höhe von 20 fällig
- wird Bier in Höhe von 120 verkauft (Wareneinsatz 40)
- wird der Kredit teilweise getilgt (20)

Aktiva	**Bilanz**		Passiva
GA	50	Kapital	100
Bier	20	Gewinn/Verlust	70
Kasse	120	Fremdkapital	20
Bilanzsumme	190	Bilanzsumme	190

Die Geschäftsvorfälle sind teilweise ergebniswirksam:
- Personalkosten (- 20)
- Bierverkauf (120 - 40 = + 80)
Andere sind nicht ergebniswirksam:
- Kauf von Bier (40)
- Tilgung des Kredites (20)

GuV	
Erträge:	
Umsatz	180
Aufwand:	
Bier	60
Personalkosten	40
Abschreibungen	10
Ergebnis:	
Gewinn	**70**

209

Beispiel über die Grundlagen der Buchführung

Die doppelte Buchführung (Doppik): Meist trifft man heute die sogenannte „doppelte Buchführung" an, auch Doppik genannt. Dies bedeutet, dass der Erfolg auf „doppelte" Weise ermittelt wird: Einmal in der Bilanz und zweitens in der Gewinn- und Verlust-Rechnung (GuV). Beide Rechenwerke führen durch ihren Zusammenhang zum gleichen Ergebnis. Bei der Doppik wird in der Bilanz mit sogenannten Bestandskonten und in der GuV mit Erfolgskonten gearbeitet. Dabei wird jeder Geschäftsvorfall zweimal gebucht, es werden also immer zwei Konten bebucht. Der grundlegende Buchungssatz lautet dabei „(per) Soll an Haben". Jetzt können zum Beispiel zwei Bestandskonten der Bilanz bebucht werden: So erhöht die Aufnahme eines Darlehens das Konto Verbindlichkeiten auf der Passivseite der Bilanz und gleichzeitig das Konto Bank auf der Aktivseite der Bilanz. Dieser Vorgang ist nicht erfolgswirksam, da sich die Erhöhung der Verbindlichkeiten mit der Erhöhung des Bankguthabens in der Bilanz ausgleicht (die sog. Bilanzverlängerung). Es kann aber auch ein Bestandskonto und ein Erfolgskonto angesprochen werden. Werden z. B. Löhne gezahlt, vermindert sich das Bankguthaben, und in der GuV wird ein Aufwand gebucht. Dieser Vorgang geht zu Lasten des Gewinnes und ist somit erfolgswirksam.

Die Bilanz:

Die Bilanz ist eine Gegenüberstellung von Vermögen (Aktiva genannt) und Schulden (Passiva). Übersteigt das Vermögen die Schulden, wird in der Bilanz ein Gewinn ausgewiesen.
Man unterscheidet Handelsbilanzen und Steuerbilanzen. Viele Unternehmen erstellen zwei Bilanzen.

Handelsbilanz: Diese Bilanz entspricht den handelsrechtlichen Vorschriften und dient der Information der am Unternehmen interessierten Personen.

Steuerbilanz: Diese Bilanz dient der Ermittlung der Einkommen- bzw. Körperschaftsteuer. Hier werden manche Positionen durch das Steuerrecht „strenger" bewertet als nach Handelsrecht. Deswegen ist der Gewinn einer Steuerbilanz häufig niedriger als der der Handelsbilanz.

Die einzelnen Bilanzpositionen werden nun im Folgenden beschrieben.

Bilanz nach § 266 HGB (nach dem Bilanzmodernisierungsgesetz von 2009)

Aktiva	Passiva
A. Anlagevermögen:	A. Eigenkapital:

A. Anlagevermögen:
  I. Immaterielle Vermögensgegenstände:
    1. Selbst geschaffene gewerbliche Schutzrechte und ähnliche Rechte und Werte
    2. entgeltlich erworbene Konzessionen gewerbliche Schutzrechte und ähnliche Rechte und Werte sowie Lizenzen an solchen Rechten und Werten
    3. Geschäfts- oder Firmenwert
    4. geleistete Anzahlungen

  II. Sachanlagen:
    1. Grundstücke, grundstücksgleiche Rechte und Bauten einschließlich der Bauten auf fremden Grundstücken
    2. technische Anlagen und Maschinen
    3. andere Anlagen, Betriebs- und Geschäftsausstattung
    4. geleistete Anzahlungen und Anlagen im Bau

  III. Finanzanlagen:
    1. Anteile an verbundenen Unternehmen;
    2. Ausleihungen an verbundene Unternehmen
    3. Beteiligungen
    4. Ausleihungen an Unternehmen, mit denen ein Beteiligungsverhältnis besteht
    5. Wertpapiere des Anlagevermögens;
    6. sonstige Ausleihungen

B. Umlaufvermögen:
  I. Vorräte:
    1. Roh-, Hilfs- und Betriebsstoffe
    2. unfertige Erzeugnisse, unfertige Leistungen
    3. fertige Erzeugnisse und Waren
    4. geleistete Anzahlungen

  II. Forderungen und sonstige Vermögensgegenstände
    1. Forderungen aus Lieferungen und Leistungen
    2. Forderungen gegen vebundene Unternehmen
    3. Forderungen gegen Unternehmen, mit denen ein Beteiligungsverhältnis besteht
    4. sonstige Vermögensgegenstände;

  III. Wertpapiere:
    1. Anteile an verbundenen Unternehmen;
    3. sonstige Wertpapiere;

  IV. Schecks, Kassenbestand, Bundesbank- und Postgiroguthaben, Guthaben bei Kreditinstituten.

C. Rechnungsabgrenzungsposten
D. Aktive latente Steuern
E. Aktiver Unterschiedsbetrag aus der Vermögensverrechnung

A. Eigenkapital:
  I. Gezeichnetes Kapital
  II. Kapitalrücklage
  III. Gewinnrücklagen
    1. gesetzliche Rücklage
    2. Rücklage für Anteile an einem herrschenden oder mehrheitlich beteiligten Unternehmen
    3. satzungsmäßige Rücklagen
    4. andere Gewinnrücklagen
  IV Gewinnvortrag/Verlustvortrag
  V. Jahresüberschuß/Jahresfehlbetrag

B. Rückstellungen:
    1. Rückstellungen für Pensionen und ähnliche Verpflichtungen
    2. Steuerrückstellungen
    3. sonstige Rückstellungen.

C. Verbindlichkeiten:
    1. Anleihen, davon konvertibel
    2. Verbindlichkeiten gegenüber Kreditinstituten
    3. erhaltene Anzahlungen auf Bestellungen
    4. Verbindlichkeiten aus Lieferungen und Leistungen
    5. Verbindlichkeiten aus der Annahme gezogener Wechsel und der Ausstellung eigener Wechsel
    6. Verbindlichkeiten gegenüber verbundenen Unternehmen
    7. Verbindlichkeiten gegenüber Unternehmen, mit denen ein Beteiligungsverhältnis besteht
    8. Sonstige Verbindlichkeiten
      - davon aus Steuern
      - davon im Rahmen der sozialen Sicherheit

D. Rechnungsabgrenzungsposten
E. Passive latente Steuern

Bilanzsumme	Bilanzsumme

Gliederung der Bilanz nach § 266 Handelsgesetzbuch (HGB)

Zu den Aktiva-Positionen in der Bilanz:

Die Aktivseite der Bilanz zeigt das Vermögen. Das Gliederungskriterium ist die Schnelligkeit, mit der diese Bilanzpositionen „flüssig" gemacht werden können.

Ermittlung von Herstellungskosten (nach § 253 HGB)

Selbsterstellung von Anlagen oder Vorräten		
Materialeinzelkosten	35,00 €	Pflichtansatz
+ Materialgemeinkosten	4,25 €	Pflichtansatz
= Materialkosten	39,25 €	
Fertigungseinzelkosten	55,00 €	Pflichtansatz
+ Fertigungsgemeinkosten	48,00 €	Pflichtansatz
+ Sondereinzelkosten der Fertigung	12,00 €	Pflichtansatz
= Fertigungskosten	115,00 €	
+ Verwaltungsgemeinkosten	18,00 €	Wahlrecht
+ Vertriebsgemeinkosten	---	Ansatzverbot
+ Sondereinzelkosten des Vertriebes	---	Ansatzverbot
+ Gewinnaufschlag	---	Ansatzverbot
= Herstellungskosten	172,25 €	

Ermittlung von Herstellungskosten für die Bilanz

A. Anlagevermögen: Anlagevermögen steht dem Unternehmen auf Dauer zur Verfügung (im Gegensatz zum Umlaufvermögen). Es wird mit den Anschaffungs- und Herstellungskosten (abgekürzt AHK) bewertet. Diese werden errechnet, wenn das Anlagegut, zum Beispiel eine Maschine, selbst erstellt wird. Dabei wird das selbst geschaffene Anlagegut ähnlich der Kalkulation in der Kostenrechnung kalkuliert. Allerdings dürfen einige Positionen, wie etwa Vertriebskosten, nicht den Wert erhöhen. Herstellkosten kommen insbesondere auch bei selbst erstellten Vorräten, fertigen und unfertigen Erzeugnissen zum Ansatz.

Abschreibungen: Abgekürzt AfA (Absetzung für Abnutzung). Abschreibungen werden für die Abnutzung, den Wertverzehr, die Alterung des Anlagevermögens angesetzt und sollen diese abbilden. Die Anschaffungs- und

Herstellungskosten (üblicherweise AHK abgekürzt) des Anlagegutes werden auf die Jahre der Nutzungsdauer verteilt. Abschreibungen sind Kosten und mindern damit den Gewinn. Man arbeitet in der Praxis mit verschiedenen Methoden.

Lineare Abschreibung: Die AHK werden zu gleichen Beträgen auf die Jahre der Nutzungsdauer verteilt.

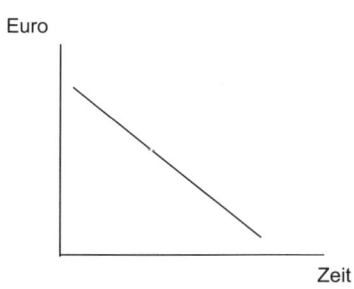

Lineare Abschreibung

Euro

Zeit

Anschaffungswert: 50.000 Euro		
Jahre	AfA	Restbuch-wert
1	10.000 €	40.000 €
2	10.000 €	30.000 €
3	10.000 €	20.000 €
4	10.000 €	10.000 €
5	9.999 €	1 €

Beispiel: Klein-LKW, Anschaffungs-kosten 50.000 Euro, 5 Jahre Nutzungsdauer

Im letzten Jahr verbleibt ein „Erinnerungswert" von 1 Euro

Lineare Abschreibung

Degressive Abschreibung: Diese geht von sinkenden Abschreibungsbeträgen aus, in den ersten Jahren ist die Abschreibung also am höchsten. Damit wird der Gewinn in den ersten Jahren mehr gemindert als bei der linearen Methode, was eine Steuerersparnis bedeutet. Da man mit dieser Methode theoretisch nicht auf 0 kommt, wird im letzten Jahr der Nutzungsdauer der Restbuchwert abgeschrieben. Die Abschreibungssätze werden vom Gesetzgeber immer wieder geändert oder diese Möglichkeit der Abschreibung .wird ganz abgeschafft (so z.B. 2008 in Deutschland abgeschafft, danach wieder zulässig, 2011 wieder abgeschafft).

Methodenkombination: Man beginnt mit der degressiven Methode (wenn erlaubt) und geht dann auf die lineare Methode über.

Leistungsbezogene Abschreibung: Dies ist die am ehesten betriebswirtschaftliche Betrachtung. Die Abschreibung wird nach Maßgabe zum Beispiel der mit der Maschine produzierten Stückzahl angesetzt.

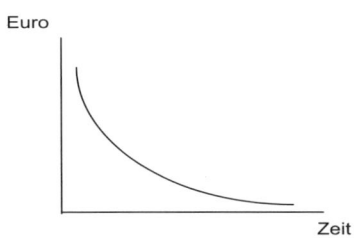

Degressive Abschreibung

Euro

Zeit

Anschaffungswert: 50.000 Euro		
Jahre	AfA	Restbuch-wert
1	15.000 €	35.000 €
2	10.500 €	24.500 €
3	7.350 €	17.150 €
4	5.145 €	12.005 €
5	3.602 €	8.403 €

Beispiel: Klein-LKW, Anschaffungskosten 50.000 Euro, 30% AfA

Basis für die Abschreibung des nächsten Jahres ist
jeweils der Restbuchwert.
Beispiel 3. Jahr: Restbuchwert 2. Jahr = 24.500 Euro
                   30% v. 24.500 = 7.350 Euro

Degressive Abschreibung

Sonderabschreibungen sind immer dann möglich, wenn sich außerordentliche Wertminderungen ergeben haben, etwa wenn bestimmte Maschinen wegen Produktionsumstellung überflüssig werden.

I. Immaterielle Vermögensgegenstände: Dies sind „körperlich nicht fassbare" Gegenstände, z.B. erworbene Software oder Lizenzen. Aber eben nicht nur käuflich erworbene Gegenstände sondern auch selbst erschaffene. Zum Beispiel die aufwendig selbst erstellte Software. Derartige selbst erstellte Vermögensgegenstände sind in den letzen Jahren immer wichtiger geworden, man denke nur an Softwareunternehmen oder Unternehmen, die ihre Hochtechnologie selber entwickeln. Dieses Vermögen liegt letztlich vielleicht lediglich „als Datei" vor, repräsentiert aber einen hohen Wert. Hat man dieses immaterielle Vermögen entgeltlich erworben, also z.B. eine Software gekauft, muss man den Wert in der Bilanz zeigen. Der Fachausdruck ist hierzu heißt „aktivieren": auf der Aktivseite der Bilanz als Vermögen ausweisen. Bei selbst erstellten immateriellen Vermögen besteht ein Wahlrecht, das heißt, man kann (muss nicht) diese Vermögensgegenstände aktivieren.

II. Sachanlagen: Grundstücke, der Maschinenpark, Geschäftsausstattung usw. Hier fallen in der Regel die meisten Abschreibungen an.

III. Finanzanlagen: Dauerhafte Finanzanlagen (im Gegensatz zu kurzfristigen Papieren des Umlaufvermögens). Z.B. Anteile an anderen Unternehmen, langfristige Wertpapiere.

B. Umlaufvermögen: Dient der Verarbeitung im Rahmen der Produktion oder dem Verkauf. Im Gegensatz um Anlagevermögen „dreht" es sich, es wird umgeschlagen.

I. Vorräte: Umgangssprachlich ist dies die Lagerware, z.b. Rohstoffe, angearbeitete und fertige Erzeugnisse. Vorräte werden mit den Anschaffungs- und Herstellungskosten bewertet (auch fertige Waren dürfen nie mit dem Verkaufspreis bewertet werden).

II. Forderungen und sonstige Vermögensgegenstände: Geldforderungen, die meist aus den Umsatzerlösen stammen. Sonstige Vermögensgegenstände sind alle sonstigen Forderungen, z.b. Lohnvorschüsse.

III. Wertpapiere: Im Gegensatz zu den Wertpapieren des Anlagevermögens (Finanzanlagen) handelt es sich hier um kurzfristig bzw. nur vorübergehend gehaltene Papiere. Wertpapiere werden zum Anschaffungspreis angesetzt, auch wenn mittlerweile der Kurswert der Aktien gestiegen ist.

IV. Schecks, Kassenbestand, Bundesbank- und Postgiroguthaben, Guthaben bei Kreditinstituten: Dies sind die klassischen „flüssigen Mittel" bis hin zu den Briefmarken.

Die folgenden Positionen sind Spezialfälle, die zum Grundverständnis der Bilanz nicht unbedingt notwendig sind. Aus Vollständigkeitsgründen werden sie hier aber kurz angerissen.

C. Rechnungsabgrenzungsposten: Ausgaben vor dem Bilanzstichtag, die Aufwendungen betreffen, welche erst nach dem Bilanzstichtag anfallen. Man hat quasi eine „Forderung an das nächste Jahr". Z.B. wird im Oktober eine Versicherungsprämie für ein Jahr gezahlt. Jetzt gehören neun Monate der Prämie leistungsmäßig in das nächste Jahr und werden in die Rechnungsabgrenzung eingestellt.

D. Aktive latente Steuern: Latente Steuern (verborgene Steuern) ergeben sich aus der Differenz zwischen der fiktiven Steuerbelastung aus der Handelsbilanz und dem tatsächlichen Steueraufwand aus der steuerlichen Gewinnermittlung (Steuerbilanz). Durch latente Steuern sollen künftige Steuermehr- bzw. Minderzahlungen transparent werden. Dabei gilt: Ist der Handelsbilanzgewinn niedriger als der Steuerbilanzgewinn, ergeben sich aktive latente Steuern.

E. Aktiver Unterschiedsbetrag aus der Vermögensverrechnung: Dies sind Differenzen, die sich aus der Saldierung von Altersvorsorgepflichten ergeben. Etwas für Spezialisten.

Zu den Passiva-Positionen in der Bilanz:

Die Passivseite zeigt die verfügbaren Kapitalien und deren Herkunft. Es ist die Finanzierungsseite der Bilanz.

A. Eigenkapital: Dies ist das vom Inhaber oder den Gesellschaftern eingebrachte Kapital. Dazu gehören aber nicht nur die Erstmittel sondern es kann durch die laufenden Geschäftstätigkeiten erhöht oder vermindert werden, durch Gewinne, Verluste oder beispielsweise durch Ausgabe von Aktien. Es setzt sich aus den Positionen I – V zusammen (siehe unten).

I. Gezeichnetes Kapital: Einlagen des Inhabers oder der Gesellschafter (auch Aktionäre). Es stellt sich die Frage: Wo ist das gezeichnete Kapital – wo ist das Geld? Meist ist es weg! Es ist „hinübergewandert" auf die Aktivseite der Bilanz und ist dort im Vermögen (Anlagen, Finanzvermögen, liquide Mittel usw.) gebunden. Trotzdem bleibt es aber über die Laufzeit des Unternehmens in der Bilanz ausgewiesen.

II. Kapitalrücklage: Der Hintergrund ist beispielsweise: Aktien haben einen Nennwert von z.B. 5 EUR. Dies ist der Anteil der Aktie am Grundkapital. Gibt eine AG nun neue Aktien aus, werden diese meist „über Pari" an der Börse gehandelt. Das bedeutet, die Käufer der Aktie haben positive Zukunftserwartungen an das Unternehmen und zahlen mehr als den Nennwert. Wird nun eine 5-EUR-Aktie mit 15 EUR gehandelt, wandern 5 EUR Nennwert in das gezeichnete Kapital, die anderen 10 EUR der „Über-Pari-Emission" in die Kapitalrücklage.

III. Gewinnrücklagen: Reserven, die aus nicht ausgeschütteten Gewinnen gebildet werden. Die Gewinne bleiben im Unternehmen. Gewinnrücklagen können in gezeichnetes Kapital umgewandelt werden.

IV. Gewinnvortrag/Verlustvortrag: Gewinne sind bewusst nicht in die Gewinnrücklage eingestellt oder an die Gesellschafter ausgeschüttet worden. Dies sind sozusagen „geparkte Gewinne", die auf Verwendung warten. Damit sind sie letztlich kein verlässlicher Eigenkapitalanteil, da sie schnell wieder verschwinden können (z.B. ausgeschüttet werden).

Ein Verlustvortrag resultiert aus den Verlusten des Unternehmens und geht zu Lasten des Eigenkapitals. Man hofft, dass er schnell wieder ausgeglichen werden kann.

V: Jahresüberschuss/Jahresfehlbetrag: Dies ist nun endlich der Gewinn (oder Verlust) des abgelaufenen Geschäftsjahres. Allerdings ist bei Ausweis dieser Position noch keine Entscheidung getroffen worden, was mit diesem Gewinn passiert. Er kann teilweise in die Gewinnrücklagen gehen, teilweise ausgeschüttet werden. Ein Verlust wird ebenfalls hier gezeigt. Es gibt auch einen alternativen Möglichkeit der Darstellung (§ 268, Absatz 1 HGB). Danach darf ein Bilanzgewinn/Bilanzverlust ausgewiesen werden. Hier ist der Jahresüberschuss/Jahresfehlbetrag schon teilweise oder vollständig verwendet worden. Der Bilanzgewinn/Bilanzverlust ergibt sich wie folgt:

- Jahresüberschuss/Jahresfehlbetrag
- +/- Gewinnvortrag/Verlustvortrag
- +/- Ergebnisverwendung
- = **Bilanzgewinn/Bilanzverlust.**

Die beiden Möglichkeiten des Ausweises werden hier gegenübergestellt:

1. Möglichkeit		2. Möglichkeit	
Eigenkapital		**Eigenkapital**	
- Gezeichnetes Kapital	100	- Gezeichnetes Kapital	100
- Kapitalrücklage	200	- Kapitalrücklage	200
- Gewinnrücklage	40	- Gewinnrücklage	50
- Gewinnvortrag/Verlustvortrag	20	- Bilanzgewinn/Bilanzverlust	25
- Jahresüberschuß/Jahresfehlbetrag	15		

Jahresüberschuss - Jahresfehlbetrag

Bei der Aktiengesellschaft ist der ausgewiesene Bilanzgewinn identisch mit der Dividendenzahlung, die einen Tag nach der Hauptversammlung fällig ist. Im obigen Fall wurden Gewinnvortrag und Jahresüberschuss wie folgt verwendet: 10 in die Gewinnrücklage, 25 werden ausgeschüttet. Das Eigenkapital wurde erhöht. Ferner gibt es die Möglichkeit, einen negativen Jahresüberschuss aus den Rücklagen auszugleichen, so dass immer noch ein positiver Bilanzgewinn entsteht. All diese Fragen schlägt der Vorstand vor und die Hauptversammlung entscheidet.

B. Rückstellungen: Rückstellungen sind eigentlich eine „elegante" Sache, denn sie mindern den Gewinn und so die Steuerlast des Unternehmens. Rüststellungen sind im Grunde bereits verursachte Verbindlichkeiten, *deren*

Höhe allerdings noch nicht exakt feststeht und auch die Fälligkeit noch ungewiss ist. Beispiele: Kosten für laufende Prozesse, Garantieverpflichtungen für Produkte, drohende Verluste aus wie man sagt „schwebenden" Geschäften, Steuerrückstellungen usw. Da es bei Rückstellungen immer einen Ermessensspielraum gibt, ist diese Position recht beliebt bei den sogenannten Bilanzgestaltungen. Mit Rückstellungen kann man sich also „reicher" oder „ärmer" rechnen, indem man die Rückstellung höher oder niedriger ansetzt. Allerdings lässt der Gesetzgeber nach § 249 HGB Rückstellungen nur in begrenztem Umfang zu. Irgendwann realisiert sich der Rückstellungsgrund und Rückstellungen werden aufgelöst.

Ein großer Posten bei den Rückstellungen sind in vielen Unternehmen die Pensionsrückstellungen. Hier werden für die Mitarbeiter Rückstellungen gebildet, die später als Pensionen ausgezahlt werden.

C. Verbindlichkeiten: Häufig die größte Position beim Fremdkapital. Verbindlichkeiten müssen mit ihren Rückzahlungsbeträgen ausgewiesen werden. Grundlage ist eine entstandene Geldschuld, z.B. Verbindlichkeiten aus Lieferungen und Leistungen oder Verbindlichkeiten aus Krediten. Verbindlichkeiten müssen in der Bilanz relativ differenziert ausgewiesen werden, da es wichtig ist zu erkennen, wo welche Verbindlichkeiten in welcher Höhe bestehen.

D. Rechnungsabgrenzungsposten: Einnahmen, die in das Unternehmen geflossen sind, die leistungsmäßig aber in das nächste Jahr gehören. Z.B. wenn im Oktober ein Mieter die Miete für das nächste halbe Jahr gezahlt hat, gehören drei Monate Mietzahlung in das Folgejahr.

E. Passive latente Steuern: Grundsätzlich ergeben sich latente Steuern (versteckte bzw. nicht in Erscheinung tretende Steuern) aus der Differenz zwischen der fiktiven Steuerbelastung aus der Handelsbilanz und dem tatsächlichen Steueraufwand aus der steuerlichen Gewinnermittlung (Steuerbilanz). Dabei gilt: Ist der Handelsbilanzgewinn höher als der Steuerbilanzgewinn, ergeben sich aktive latente Steuern.

Bilanzsumme: Dies ist die Summe aller Aktiv- und Passivposten. Die Bilanzsumme ist auf beiden Seiten immer gleich, eine Bilanz „geht immer auf". Ist z.B. die Aktivseite höher als die Passivseite, ist ein Gewinn entstanden, der unter Eigenkapital ausgewiesen wird. Die Bilanzsumme ist wieder identisch.

Gewinn- und Verlust-Rechnung

Die Gewinn- und Verlust-Rechnung (überall als GuV abgekürzt) zeigt die Zusammensetzung des Unternehmensergebnisses. Dabei zeigt sie die Trennung in ein Ergebnis der „gewöhnlichen Geschäftstätigkeit" und ein „außerordentliches Ergebnis". Dies bedeutet mehr Transparenz, denn man sieht, welche Positionen eventuell „außer der Reihe" – also außerordentlich – angefallen sind.

Gesamtkostenverfahren nach § 275 HGB	Umsatzkostenverfahren nach § 275 HGB
1. Umsatzerlöse	1. Umsatzerlöse
2. Erhöhung oder Verminderung des Bestandes an fertigen und unfertigen Erzeugnissen	2. Herstellungskosten der zur Erzielung der Umsatzerlöse erbrachten Leistungen
3. Andere aktivierte Eigenleistungen	3. Bruttoergebnis vom Umsatz
4. Sonstige betriebliche Erträge	4. Vertriebskosten
5. Materialaufwand	5. allgemeine Verwaltungskosten
a) Aufwendungen für Roh-, Hilfs- und Betriebsstoffe und für bezogene Waren	6. sonstige betriebliche Erträge
b) Aufwendungen für bezogene Leistungen	
6. Personalaufwand	
a) Löhne und Gehälter	
b) Soziale Abgaben und Aufwendungen für Altersversorgung und für Unterstützungen, davon Altersversorgung	
7. Abschreibungen	
a) Auf immaterielle Vermögensgegenstände des Anlagevermögens und Sachanlagen	
b) Auf Vermögensgegenstände des Umlaufvermögens, soweit diese die in der Kapitalgesellschaft üblichen Abschreibungen überschreiten	
8. Sonstige betriebliche Aufwendungen	7. sonstige betriebliche Aufwendungen
9. Erträge aus Beteiligungen, davon aus verbundenen Unternehmen	8. Erträge aus Beteiligungen, davon aus verbundenen Unternehmen
10. Erträge aus anderen Wertpapieren und Ausleihungen des Finanzanlagevermögens, davon aus verbundenen Unternehmen	9. Erträge aus anderen Wertpapieren und Ausleihungen des Finanzanlagevermögens, davon aus verbundenen Unternehmen
11. Sonstige Zinsen und ähnliche Erträge, davon aus verbundenen Unternehmen	10. sonstige Zinsen und ähnliche Erträge, davon aus verbundenen Unternehmen
12. Abschreibungen auf Finanzanlagen und auf Wertpapiere des Umlaufvermögens	11. Abschreibungen auf Finanzanlagen und auf Wertpapiere des Umlaufvermögens
13. Zinsen und ähnliche Aufwendungen, davon an verbundene Unternehmen	12. Zinsen und ähnliche Aufwendungen, davon an verbundene Unternehmen
14. Ergebnis der gewöhnlichen Geschäftstätigkeit	**13. Ergebnis der gewöhnlichen Geschäftstätigkeit**
15. Außerordentliche Erträge	14. außerordentliche Erträge
16. Außerordentliche Aufwendungen	15. außerordentliche Aufwendungen
17. Außerordentliches Ergebnis	**16. außerordentliches Ergebnis**
18. Steuern vom Einkommen und Ertrag	17. Steuern vom Einkommen und Ertrag
19. Sonstige Steuern	18. sonstige Steuern
20. Jahresüberschuss/Jahresfehlbetrag	**19. Jahresüberschuss/Jahresfehlbetrag.**

Gewinn- und Verlust-Rechnungen
(nach dem Gesamtkosten- und Umsatzkostenverfahren)

Gesamtkosten- und Umsatzkostenverfahren: Die GuV darf – und hier kann das Unternehmen wählen – auf zwei Arten erstellt werden. Im Ergebnis sind allerdings beide Versionen gleich. Beim **Gesamkostenverfahren** werden *alle Kosten der Periode* gezeigt, also nicht nur die Kosten für die verkauften

Gewinn- und Verlustrechnung nach dem Gesamtkosten- und Umsatzkostenverfahren	
Gesamtkostenverfahren	**Umsatzkostenverfahren**

- Ansatz der gesamten Kosten
- Ansatz von Bestandsveränderungen
  und aktivierten Eigenleistungen
	- nur die Kosten der umgesetzten
	  (verkauften) Produkte
	- kein Ansatz von Bestandsveränderungen
	  und aktivierten Eigenleistungen

Gesamtkostenverfahren		Umsatzkostenverfahren	
Umsatz	100	**Umsatz**	100
+/- Bestandsveränderungen	20		---
+ aktivierte Eigenleistungen	10		---
= **Gesamtleistung**	**130**	= **Gesamtleistung**	**100**
- **gesamte** Kosten	120	- Kosten **des Umsatzes**	90
= **Ergebnis**	**10**	= **Ergebnis**	**10**

Gesamt- und Umsatzkostenverfahren

Produkte. Auch Kosten für Produkte, die beispielsweise zunächst ins Lager gelegt wurden (dies sind dann Bestandserhöhungen) oder für Anlagegüter, die das Unternehmen selbst erstellt hat (dies sind die aktivierten Eigenleistungen). Sind bei dieser Methode Waren vom Lager entnommen worden, die in früheren Perioden produziert wurden, wird dies als sogenannte Bestandsminderung gezeigt. Das **Umsatzkostenverfahren** zeigt die Kosten *nur der verkauften Produkte*. Damit sind Verkäufe und deren Kosten direkt vergleichbar, was die Analyse erleichtert (Bestandsveränderungen machen die Analyse schwieriger). Das Umsatzkostenverfahren setzt allerdings eine funktionierende interne Kostenrechnung voraus, denn es muss kalkuliert werden, was die verkauften Produkte auch tatsächlich gekostet haben.

Die Positionen der GuV beim Gesamtkostenverfahren:

1. Umsatzerlöse: Verkauf von Produkten und Dienstleistungen (ohne Umsatzsteuer).

2. Erhöhung oder Verminderung des Bestandes an fertigen und unfertigen Erzeugnissen: Produzierte Leistungen gehen häufig nicht insgesamt oder sofort an den Kunden, es wird auf Lager produziert. Die auf Lager gegangenen Leistungen werden mit den Herstellungskosten bewertet und als Bestandserhöhung gebucht. Umgekehrt bei Bestandsminderungen. Hier ist Lagerware vergangener Perioden verkauft worden.

3. Andere aktivierte Eigenleistungen: Dies sind selbst erstellte Leistungen, die längere Zeit genutzt werden, etwa selbst erstellte Maschinen. Aktivierte Eigenleistungen werden wie gekaufte Anlagegüter abgeschrieben.

4. Sonstige betriebliche Erträge: Eine Sammelposition für Erträge, die nicht zu den Umsatzerlösen gehören, zum Beispiel der Verkauf von Anlagegütern, Kursgewinne oder Erträge aus der Auflösung von Rückstellungen.

5. Materialaufwand: Achtung, dies sind nicht die gekauften, sondern die *verbrauchten* Materialien.

6. Personalaufwand: Löhne und Gehälter für die Mitarbeiter.

7. Abschreibungen: Der Werteverzehr der Anlagegüter.

8. Sonstige betriebliche Aufwendungen: Sammelposition für beispielsweise Büromaterial, Reparaturen oder Reisekosten.

9. Erträge aus Beteiligungen: Dividenden aus Aktien, Gewinnanteile an anderen Unternehmen und so weiter.

10. Erträge aus anderen Wertpapieren: Zinsen und Gewinne aus Kapitalanlagen, die keine Beteiligungen darstellen.

11. Sonstige Zinsen und andere Erträge: Zum Beispiel Zinsen für Einlagen bei Banken.

12. Abschreibungen auf Finanzanlagen: Beispielsweise Kursverluste bei Aktien.

13. Zinsen und ähnliche Aufwendungen: Beispiel: Kreditzinsen.

14. Ergebnis der gewöhnlichen Geschäftstätigkeit: Dies ist ein Zwischenergebnis. Ein Ergebnis, das noch keine außergewöhnlichen Positionen beinhaltet.

15. Außerordentliche Erträge: Nicht regelmäßige Erträge oder Erträge, die nichts oder wenig mit der gewöhnlichen Geschäftstätigkeit zu tun haben, etwa Versicherungsleistungen nach einem Brand.

16. Außerordentliche Aufwendungen: Nicht regelmäßige Aufwendungen, beispielsweise wegen eines Feuerschadens.

17. Außerordentliches Ergebnis: Ergebnis der außerordentlichen Erträge und Aufwendungen.

18. Steuern vom Einkommen und Ertrag: Steuern, die auf den Jahresgewinn gezahlt werden, beispielsweise die Körperschaftssteuer bei Kapitalgesellschaften.

19. Sonstige Steuern: Sogenannte Kostensteuern wie etwa Kfz-Steuer oder Grundsteuer.

20. Jahresüberschuss/Jahresfehlbetrag: Gewinn oder Verlust des laufenden Geschäftsjahres.

Die beim **Umsatzkostenverfahren** abweichenden Positionen:

1. **Herstellungskosten der zur Erzielung der Umsatzerlöse erbrachten Leistungen:** Dies sind die Material-, Personal- und sonstigen Kosten der – und dies ist wichtig – abgesetzten/verkauften Produkte.
2. **Bruttoergebnis vom Umsatz:** Ein Zwischenergebnis: Umsatzerlöse minus Herstellungskosten.
3. **Vertriebskosten:** Personalkosten des Vertriebes, anteilige Abschreibungen für Anlagen im Vertrieb (Kfz).
4. **Allgemeine Verwaltungskosten:** Kosten der Verwaltungsabteilungen vom Management bis zur Hausverwaltung.

Sonstige Instrumente des Jahresabschlusses

Mit der Bilanz und Gewinn- und Verlust-Rechnung sind aber nicht für alle Unternehmen die gesetzlichen Rechnungslegungsvorschriften erfüllt. Unternehmen bestimmter Rechtsformen müssen zusätzliche Instrumente erstellen. Diese sind auch im Rahmen internationaler Rechnungslegung (siehe unten) erforderlich.

Anhang: Dieser ist beispielsweise Pflicht für Kapitalgesellschaften, aber auch andere Unternehmen mit speziellen Rechtsformen oder einer bestimmten Größe. Der Anhang ist für den externen Bilanzinteressierten außerordentlich wichtig, denn hier werden wichtige Positionen der Bilanz und der GuV erläutert. So wird der Jahresabschluss durch den Anhang transparenter. Es werden beispielsweise die **Abschreibungsmethoden** genannt. Wurde linear abgeschrieben, gab es eine Methodenkombination? **Wie wurden Vorräte bewertet**, wurden Wahlrechte ausgenutzt? **Rückstellungen** werden beschrieben, **diverse Aufstellungen** (über Forderungen, Verbindlichkeiten usw.) gezeigt. Ferner werden Daten über den Jahresabschluss hinaus präsentiert, beispielsweise Mitarbeiterzahlen, Vorstands- und Aufsichtsratsbezüge oder das Ergebnis je Aktie.

Lagebericht: Dieser ist Pflicht für z.B. Kapitalgesellschaften und ebenfalls Unternehmen mit spezieller Rechtsform oder bestimmter Größe. Es geht um die **Beschreibung möglicher Risiken** wie etwa unsichere Märkte oder Produkte oder eine unsichere Finanzlage. Ferner um **Vorgänge von besonderer Bedeutung**, die sich erst nach dem Jahresabschluss ereignet haben, beispielsweise ungünstige wirtschaftliche Entwicklungen. Aber es geht auch um die **voraussichtliche Entwicklung der Gesellschaft** bezüglich Umsätze,

Investitionen und neuer Märkte, aber auch um negative Entwicklungen wie die Befürchtung von Markteinbrüchen. Darüber hinaus enthält er die **Beschreibung der Forschungs- und Entwicklungsaktivitäten** wie die Entwicklung von Neuprodukten.

Kapitalflussrechnung: Diese ist Pflicht für z.b. börsennotierte Mutterunternehmen. Es soll die Fähigkeit des Unternehmens dokumentiert werden, Zahlungsmittel (Cash) zu erwirtschaften. Eine Kapitalflussrechnung wird in der Praxis häufig in drei Bereiche gegliedert:

- **Cashflow aus der laufenden Geschäftstätigkeit:** Der Cashflow aus der Tätigkeit, die das eigentliche Ziel beziehungsweise „Kerngeschäft" des Unternehmens ist, nämlich beispielsweise die Produktion von Waren oder Dienstleistungen.
- **Cashflow aus der Investitionstätigkeit:** Nun wird gezeigt, wie sich die Finanzmittel im Bereich Investition (bzw. Desinvestition, z. B. Verkauf von Anlagen) entwickeln.
- **Cashflow aus der Finanzierungstätigkeit:** Hier wird die Frage beantwortet, wie sich Finanzmittel aus Kreditaufnahme, Schuldentilgung und Zinszahlungen für Kredite entwickeln.

Beispiel Kapitalflussrechnung
(in 1.000 Euro)

Jahresüberschuss	850
Abschreibungen	2600
Veränderung Rückstellungen	250
Gewinne/Verluste aus Abgang von Anlagevermögen	-80
Zu-/Abnahme Vorräte	-60
Zu-/Abnahme Forderungen aus Lieferungen u. L.	110
Zu-/Abnahme Verbindlichkeiten aus Lieferungen u. L.	-120
Veränderung übriges Nettoumlaufvermögen	115
Cashflow aus laufender Geschäftstätigkeit	**3665**

Dividendenzahlung	-550
Kreditaufnahme	1500
Schuldentilgung	-1800
Cashflow aus Finanzierungstätigkeit	**-850**

Ausgaben für Sachanlagen (Investitionen)	-1450
Einnahmen aus dem Verkauf von Sachanlagen	150
Einnahmen aus dem Verkauf von Finanzanlagen	210
Cashflow aus Investitionstätigkeit	**-1090**

Summe der Cashflows	**1725**
Zahlungsmittel 1.1.	**800**
Zahlungsmittel 31.12.	**2525**

Grundschema einer Kapitalflussrechnung

Segmentberichterstattung: Pflicht für börsennotierte Mutterunternehmen. Wichtige Positionen des Jahresabschlusses werden nun nach sogenannten Segmenten aufgeteilt: Wie entwickeln sich einzelne Produkte oder Produktgruppen, Kundengruppen oder geografische Bereiche?

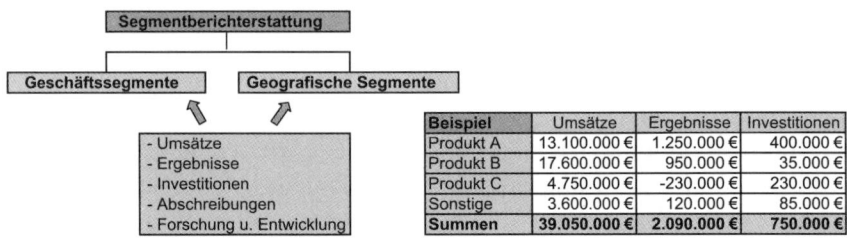

Beispiel	Umsätze	Ergebnisse	Investitionen
Produkt A	13.100.000 €	1.250.000 €	400.000 €
Produkt B	17.600.000 €	950.000 €	35.000 €
Produkt C	4.750.000 €	-230.000 €	230.000 €
Sonstige	3.600.000 €	120.000 €	85.000 €
Summen	**39.050.000 €**	**2.090.000 €**	**750.000 €**

Schema einer Segmentberichterstattung

Bilanzanalyse: Was sagt uns die Bilanz über das Unternehmen?

Wer glaubt, eine Bilanzanalyse sei lediglich die Analyse von Daten und somit einfach, der irrt. Bilanzanalysen sind immer problematisch. So ist es beispielsweise schwer, den Anteil der stillen Reserven zu greifen: Ein Grundstück etwa steht mit den Anschaffungskosten in der Bilanz, ist aber das Mehrfache wert, die flüssigen Mittel können kurz nach der Bilanzaufstellung schon „weg" sein. Trotzdem ist eine Bilanzanalyse immer sinnvoll, denn die Gesamtschau der Daten wird aussagefähige Ergebnisse bringen. Untenstehend die Klassiker der Bilanzanalyse, die vielfach, vor allem von Banken, herangezogen werden:

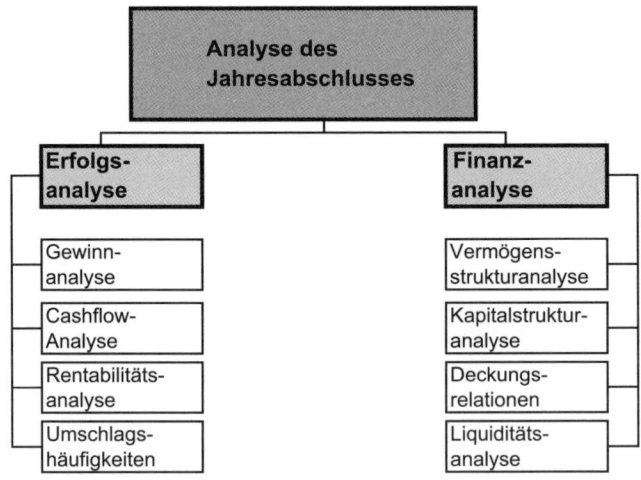

Elemente einer Jahresabschlussanalyse

Basis der Analyse ist der Jahresabschluss, im Wesentlichen die Daten aus der Bilanz und der Gewinn- und Verlust-Rechnung. Im Beispiel etwas verkürzt.

Alle Daten in 1.000 Euro

Bilanz						Gewinn- und Verlustrechnung		
Aktiva	**2007**	**2008**	**Passiva**	**2007**	**2008**		**2007**	**2008**
Immaterielle Vermögens-			Gezeichnetes Kapital	1.000	1.000	Umsatzerlöse	6.220	6.628
gegenstände	510	528	Kapitalrücklage	1.100	1.100	Sonst betr. Erträge	528	516
Sachanlagen	3.484	3.334	Gewinnrücklagen	770	770			
Finanzanlagen	1.308	1.626	Bilanzgewinn	410	460	Materialaufwand	2.920	3.166
Summe Anlagevermögen	**5.302**	**5.488**	**Summe Eigenkapital**	**3.280**	**3.330**	Personalaufwand	1.756	1.910
						Abschreibungen	606	544
Roh-, Hilfs- u. Betriebsst.	466	518	Rückstellungen	1.818	1.930	Einst. i.d. Rückstellungen	84	112
Unfertige/fertige Erzeugn.	200	120	Verbindlichkeiten mit			Sonst. betr. Aufwendungen	710	656
Summe Vorräte	**666**	**638**	Laufzeiten über 5 Jahre	2.246	2.370	Erträge aus Beteiligungen	34	22
			Verbindlichkeiten aus LuL	268	606	Sonstige Zinserträge	146	146
Forderungen aus LuL	684	1.110	Sonstige Verbindlichkeiten	1.216	1.104	Zinsaufwendungen	164	174
Sonst. Vermögensgegenst.	422	454	**Summe Fremdkapital**	**5.548**	**6.010**	**Ergebnis der gewöhn-**		
Wertpapiere	1.320	1.350				**lichen Geschäftstätigkeit**	**688**	**750**
Flüssige Mittel	434	300						
						Außerordentliche Erträge	0	0
Summe Umlaufvermögen	**3.526**	**3.852**				Außerordentliche Aufwend.	0	0
						Außerordentl. Ergebnis	**0**	**0**
Bilanzsumme	**8.828**	**9.340**	**Bilanzsumme**	**8.828**	**9.340**	Steuern	278	290
						Jahresüberschuss	**410**	**460**
						Einstellung in die		
						Gewinnrücklagen	0	0
						Bilanzgewinn	**410**	**460**

Basisdaten für eine Jahresabschlussanalyse

Erfolgsanalyse:

Gewinnanalyse:

Gewinnentwicklung: Der erste Blick eines Bilanzlesers wird meist auf den Gewinn fallen. Zunächst auf den Gewinn als Ganzes, also einschließlich außerordentlicher Ergebnisbestandteile. Eventuell analysiert man dann nur einen Gewinn aus der betrieblichen Tätigkeit, das sogenannte Betriebsergebnis.

Umsatzentwicklung: Eine Basis des Gewinns ist natürlich der Umsatz. Dies ist oft der zweite Blick einer Jahresabschlussanalyse. Der Umsatz setzt sich zusammen aus Absatz (z. B. Stück) × Preis. Das heißt, eine Veränderung des Umsatzes hängt von diesen beiden Einflussgrößen ab.

Kostenentwicklung: In Zeiten allgemein spürbaren Kostendrucks versuchen Unternehmen, den Gewinn auch wesentlich durch Kostensenkungen zu erwirtschaften.

Material: Eine Materialkostenveränderung kann durch Preissteigerungen oder durch eine veränderte Materialstruktur, beispielsweise durch Änderung der Produktpalette, verursacht sein. Oder hat gar mangelnde interne Wirtschaftlichkeit zu einer Materialkostenerhöhung geführt wie etwa erhöhter Ausschuss?

Personal: Hier wird gefragt, wie sich beispielsweise der Personalstand entwickelt hat.

Abschreibungen: Abschreibungen sind im Zusammenhang mit Neuinvestitionen zu sehen. Da die Abschreibungen den Wertverlust des Unternehmens widerspiegeln, sollte dieser Wertverlust in etwa durch die Höhe von Neuinvestitionen kompensiert werden.

Gewinnanalyse

Gewinnentwicklung	2007	2008
	410	460
Differenz	50	
in %	12,2%	
Erfreulicherweise steigt in diesem Unternehmen der Gewinn. Jetzt gilt es die Einflussfaktoren zu analysieren.		

Umsatzerlöse	2007	2008
	6.220	6.628
Differenz	408	
in %	6,6%	
Ebenso steigen die Umsatzerlöse. Frage ist, wie parallel dazu die Kostenentwicklung verläuft.		

Materialaufwand	2007	2008
	2.920	3.166
Differenz	246	
in %	8,4%	
Aufwand gestiegen, was bei steigenden Umsätzen nicht verwunderlich ist. Allerdings überproportionale Steigerung!		

Personalaufwand	2007	2008
	1.756	1.910
Differenz	154	
in %	8,8%	
Ebenfalls steigender Aufwand. Ein Teil wird Tarifsteigerung sein, ein Personalaufbau ist zu analysieren.		

Abschreibungen	2007	2008
	606	544
Differenz	-62	
in %	-10,2%	
Rückläufig. Abschreibungen sind ausgelaufen. Was wurde investiert? Unternehmenssubstanz wurde nicht gehalten!		

Rückstellungen	2007	2008
	84	112
Differenz	28	
in %	33,3%	
Hier gab es eine Zuführung, die zu untersuchen ist.		

Sonstige betriebliche Aufwendungen	2007	2008
	710	656
Differenz	-54	
in %	-7,6%	
Hier gab es Einsparungen. Jetzt sind die großen Blöcke der sonstigen Aufwendungen zu untersuchen.		

Zinsaufwand	2007	2008
	164	174
Differenz	10	
in %	6,1%	
Zinsaufwand leicht gestiegen. Vermutlich bedingt durch Neuverschuldung.		

Steuern	2007	2008
	278	290
Differenz	12	
in %	4,3%	
Steuern sind abhängig vom Einkommen und Ertrag. Achtung: Die Steuerlast kann vielfach gestaltet werden!		

Gewinnanalyse

Rückstellungen: Die Analysefrage ist, warum beispielsweise die Zuführung zu den Rückstellungen steigt. Sind eventuell die Garantierückstellungen erhöht worden (was vielleicht schlechtere Qualität der Produkte bedeutet)?

Sonstige betriebliche Aufwendungen: Ein Sammelposten. Wenn dieser Posten steigt, liegt dies in der Praxis meist nur an einer Position oder wenigen Positionen.

Zinsaufwand: Was hat zum Beispiel eine Erhöhung der Zinsen verursacht? Welche Neukredite?

Steuern: Die Steuern sind häufig wenig zu beeinflussen, ergeben sie sich doch aufgrund von Steuergesetzen.

Cashflow-Analyse:

Der Cashflow ist ein Indikator für die Finanzkraft des Unternehmens (Details siehe Kapitel 3, Finanzierung). Was ist wirklich in die Kasse geflossen? Denn der Gewinn als Ganzes ist nicht „Cash".

Cashflow		2007	2008
	Gewinn	410	460
	+ Abschreibung	606	544
	+ Rückstellung	84	112
	= Cashflow	1.100	1.116
	Differenz = 16	=	1,5%
Die Finanzkraft ist in etwa gleich geblieben und stellt einen guten Wert im Verhältnis zur Leistung dar.			

Cashflow-Analyse

Rentabilitätsanalyse:

Eigenkapitalrentabilität: Hat sich der Einsatz von eigenem Geld gelohnt? Die Eigenkapitalrentabilität sollte immer über dem marktüblichen Zins für langfristige Kapitalanlagen liegen, denn sonst hätte man sein Geld alternativ gleich woanders und eventuell sicherer als im Unternehmen anlegen können.

Gesamtkapitalrentabilität: Diese Rentabilitätskennzahl ist aussagekräftiger als die Eigenkapitalrentabilität, da sie die Verzinsung des *gesamten Kapitals* beleuchtet, also zusätzlich fragt, ob sich die Aufnahme von Fremdkapital (z. B. Kredite) gelohnt hat.

Umsatzrentabilität: Wichtig! Dies ist die Verzinsung des Umsatzes. Frage: Wie viel Gewinn wirft der Umsatz ab? Denn es wäre ja Unsinn, „Umsatz um jeden Preis" erzielen zu wollen.

Return on Investment (ROI): Der ROI kommt zum selben Ergebnis wie die Gesamtkapitalrentabilität. Der erhöhte Aussagewert dieser Kennzahl ergibt sich daraus, dass sie sich aus mehreren Komponenten zusammensetzt, die für sich ebenfalls interessant sind. (Details siehe Kapitel 3.1, Finanzkennzahlen.)

			2007	2008
Eigenkapital- **rentabilität**	$\dfrac{\text{Gewinn}}{\text{Eigenkapital}}$	x 100	$\dfrac{410}{3.280}$	$\dfrac{460}{3.330}$
		=	12,5%	13,8%

Erfreulicherweise ist die Eigenkapitalrentabilität gestiegen.

			2007	2008
Gesamtkapital- **rentabilität**	$\dfrac{\text{Gewinn+FK-Zinsen}}{\text{Gesamtkapital}}$	x 100	$\dfrac{574}{8.828}$	$\dfrac{634}{9.340}$
		=	6,5%	6,8%

Insgesamt relativ magere Gesamtkapitalverzinsung.
Leichte, aber keine nennenswerte Steigerung.

			2007	2008
Umsatz- **rentabilität**	$\dfrac{\text{Gewinn+FK-Zinsen}}{\text{Umsatz}}$	x 100	$\dfrac{574}{6.220}$	$\dfrac{634}{6.628}$
		=	9,2%	9,6%

Leichte Steigerung, ein gutes Zeichen! Wobei die Umsatzrentabilität insgesamt schon als gut zu bezeichnen ist.

			2007	2008
Return on **Investment** **(ROI)**	$\dfrac{\text{Gewinn+FK-Zinsen}}{\text{Umsatz}}$	x 100	$\dfrac{574}{6.220}$	$\dfrac{634}{6.628}$
	X $\dfrac{\text{Umsatz}}{\text{Gesamtkapital}}$		$\dfrac{6.220}{8.828}$	$\dfrac{8.828}{9.340}$
		=	6,5%	9,0%

Insgesamt ist die Gesamtkapitalrentabilität nicht als gut zu bezeichnen, hält sich aber in Grenzen. Allerdings ist dieser Wert bedingt durch eine hohe Umsatzrentabilität, während die Kapitalumschlagshäufigkeit schlecht ist. Für diesen Umsatz hat das Unternehmen einfach zuviel Kapital eingesetzt!

Rentabilitätsanalyse

Umschlagshäufigkeiten:

Kapitalumschlagshäufigkeit: Die Frage ist hier, nach wie viel Tagen (oder Monaten) sich das Kapital einmal umgeschlagen hat. Die Kennzahl zeigt, wie produktiv das eingesetzte Kapital im Unternehmen eingesetzt wird. Denn: Je kürzer sich das Kapital umschlägt, desto geringer ist letztlich der Kapitalbedarf.

Debitorendauer (Debitoren = Kunden): Ausgangsfrage ist, wie schnell die Kunden zahlen. Diese Kennzahl lässt also Rückschlüsse auf die „Zahlungsmoral" der Kunden zu.

Kreditorenumschlag: Die obige Frage wird nun auf das eigene Unternehmen bezogen. Wann, wie schnell zahlen wir unsere Verbindlichkeiten?

Lagerumschlag Roh-, Hilfs- und Betriebsstoffe (RHB): Die Aussage ist, wie schnell sich das RHB-Lager umschlägt. Denn je schneller der Umschlag, umso geringer die Kapitalbindung.

Umschlagshäufigkeiten

			2007	2008	
Kapitalumschlags-		$\dfrac{360}{\text{Kapitalumschlag}}$	$\dfrac{360}{0,7}$	$\dfrac{360}{0,7}$	
häufigkeit					
in Tagen Kapital-umschlag	$=$	$\dfrac{\text{Umsatz}}{\text{Kapital}}$	$\dfrac{6.220}{8.828}$	$\dfrac{6.628}{9.340}$	
		$=$	511	507	**Tage**

Dies ist ein relativ schlechter Wert. Es dauert lange, bis sich das Kapital umschlägt und daran hat sich auch im Zeitablauf nichts Wesentliches geändert.
Das Kapital wird nicht besonders effizient genutzt!

			2007	2008	
Debitoren-	Umsatzerlöse + Mehrwertst.		$\underline{7.402}$	$\underline{7.887}$	
dauer	durchschn. Ford. Aus LuL		684	1.110	
Kunden-ziel	$=$	$\dfrac{360}{\text{Debitorenumschlag}}$	$\dfrac{360}{10,8}$	$\dfrac{360}{7,1}$	
		$=$	33	51	**Tage**

Wenn die Entwicklung nicht stichtagsbedingt ist, ist sie schlecht. Die Kunden zahlen aktuell sehr viel schlechter.

			2007	2008	
Kreditoren-	Materialaufw. + Mehrwertst.		$\underline{3.475}$	$\underline{3.768}$	
umschlag	durchschn. Ford. Aus LuL		268	606	
Kunden-ziel	$=$	$\dfrac{360}{\text{Kreditorenumschlag}}$	$\dfrac{360}{13,0}$	$\dfrac{360}{6,2}$	
		$=$	28	58	**Tage**

Allerdings zahlt auch das Unternehmen selbst deutlich schlechter. Evtl. Folge der negativen Debitorenentwicklung?

			2007	2008	
Lager-	Materialaufwand		$\underline{2.920}$	$\underline{3.166}$	
umschlag	durchschn. RHB		466	518	
Lager-dauer	$=$	$\dfrac{360}{\text{Lagerumschlag}}$	$\dfrac{360}{6,3}$	$\dfrac{360}{6,1}$	
		$=$	57	59	**Tage**

Das Lager schlägt sich relativ schnell um. Der Vorjahreswert wurde in etwa gehalten.

Analyse Umschlagshäufigkeiten

Finanzanalyse:

Vermögensstrukturanalyse:

Anlagenintensität: Es wird analysiert, wie hoch der Anteil des Anlagevermögens am Gesamtvermögen ist. Grund: Eine hohe Anlageintensität beinhaltet ein Risiko, denn es verschlechtert die Anpassung des Unternehmens an neue Marktgegebenheiten.

Anteil von Anlagevermögen und Vorräten: Die obige Kennzahl wird erweitert. Frage ist jetzt, welche Mittel zusätzlich auch noch in den Vorräten gebunden sind.

			2007	2008
Anteil des Anlage-	Anlagevermögen	x 100	5.302	5.488
vermögens an	Bilanzsumme		8.828	9.340
der Bilanzsumme			= 60,1%	58,8%
Die Größenordnung ist geblieben.				

Anteil des Anlage-	Anlagev.+Vorräte	x 100	5.968	6.126
vermögens +	Bilanzsumme		8.828	9.340
Vorräte			= 67,6%	65,6%
Ebenfalls keine dramatischen Veränderungen.				

Vermögensstrukturanalyse

Kapitalstrukturanalyse:

Eigenkapitalquote: Jede Bank wird es bestätigen: Hohes Eigenkapital gibt dem Unternehmen Sicherheit. Insbesondere in kritischen Zeiten, wenn beispielsweise Verluste erwirtschaftet werden. Wer sich überwiegend fremd finanziert, finanziert sich darüber hinaus auch teuer, da Kredite Zinsen nach sich führen.

Langfristiger Kapitalanteil: Eine Risikokennzahl. Es heißt: „Langfristiges Kapital wird kurzfristig nicht gefährlich", muss also kurzfristig nicht zurückgezahlt werden.

			2007	2008
Eigenkapital-quote	Eigenkapital / Bilanzsumme × 100		$\frac{3.280}{8.828}$	$\frac{3.330}{9.340}$
			= 37,2%	35,7%

Die Eigenkapitalquote ist (für deutsche Verhältnisse) als gut zu bezeichnen.

			2007	2008
Langfristiger Kapitalanteil	Langfr. Kapital / Bilanzsumme × 100		$\frac{6.435}{8.828}$	$\frac{6.665}{9.340}$
Langfristiger Kapitalanteil =	Eigenkapital		3.280	3.330
	+ 50% d.Rückstellungen		909	965
	+ Langfr. Verbindlichk.		2.246	2.370
	Summe		6.435	6.665
			= 72,9%	71,4%

Konstant geblieben. Insgesamt ein guter Wert.

Kapitalstrukturanalyse

Deckungsrelationen:

Anlagendeckung I: Diese Kennzahl ist ein Klassiker! Es wird die Relation Eigenkapital zu Anlagevermögen beleuchtet. Wie ist das Anlagevermögen durch das Eigenkapital – also langfristig – gedeckt? Problematisch wird es, wenn sich bei der Analyse herausstellt, dass das Anlagevermögen kurzfristig finanziert wurde. Denn gemäß den Finanzierungsgrundsätzen ist langfristiges Vermögen auch langfristig zu finanzieren. Finanziert man sein Anlagevermögen kurzfristig, kann es passieren, dass kurzfristige Kredite fällig sind, bevor ein entsprechender Zahlungsfluss durch die Anlagen erwirtschaftet werden konnte.

Anlagendeckung II: Die Aussage der obigen Kennzahl wird erweitert. Hier die Analyse der Relation, wie das Anlagevermögen nicht nur durch das Eigenkapital, sondern auch durch Fremdkapital langfristig gedeckt ist.

Anlagendeckung III: Und die Ergänzung, wie das Anlagevermögen und darüber hinaus noch die Vorräte gedeckt sind. Positiv ist, wenn jetzt selbst noch die Vorräte langfristig finanziert sind.

			2007	2008
Anlagen-	Eigenkapital	x 100	3.280	3.330
deckung I	Anlageverm.		5.302	5.488
		=	61,9%	60,7%

Ein gesunder Wert, der noch dazu konstant geblieben ist.

			2007	2008
Anlagen-	Langfr. Kapital	x 100	6.436	6.666
deckung II	Anlageverm.		5.302	5.488
		=	121,4%	121,5%

Das Anlagevermögen ist langfristig finanziert. O.k.

			2007	2008
Anlagen-	Langfr. Kapital	x 100	6.436	6.666
deckung III	Anlagev. + Vorräte		5.968	6.126
		=	107,8%	108,8%

Auch die Vorräte sind langfristig finanziert. O.k.

Analyse Deckungsrelationen

Liquiditätsanalyse:

Liquidität 1. Grades: Es wird analysiert, was sofort für die Liquidität zur Verfügung steht, was in der Kasse ist oder sofort verfügbar (!) auf dem Bankkonto liegt. Kein Unternehmen wird zu 100 Prozent die kurzfristigen Verbindlichkeiten flüssig haben. Ein Wert von vielleicht 10 Prozent ist schon als gut anzusehen.

Liquidität 2. Grades: Neben den sofort flüssigen Mitteln werden die Forderungen mit einbezogen. Hintergrund ist die Argumentation, dass Forderungen rechtliche Verpflichtungen der Kunden sind und demnächst eintreffen, also zur Liquidität beitragen. Hier kann man zur Deckung schon eher 100 Prozent anpeilen.

Liquidität 3. Grades: Hier wird argumentiert, dass auch Vorräte demnächst flüssig werden, indem sie nämlich verkauft werden. Hier kann es vielleicht Richtung 120 Prozent gehen.

Working Capital: Eine wichtige Finanzierungskennzahl. Ist das Working Capital positiv, übersteigt das Umlaufvermögen die kurzfristigen Verbindlichkeiten. Ein Teil des Umlaufvermögens wurde also langfristig finanziert und das ist positiv, gibt Sicherheit. Je höher also das Working Capital, umso solider die Finanzierung.

			2007	2008
Liquidität	Flüssige Mittel	x 100	434	300
1. Grades	Kurzfr. Verbindl.		2.803	3.135
Kurzfristige	Verbindlichk. aus LuL		268	606
Verbindlichk.	+ Sonst. Verbindlichk.		1216	1104
	+ 50 % der Rückst.		909	965
	+ Bilanzgewinn		410	460
	Summe		2.803	3.135
		=	15,5%	9,6%

Hier deutet sich ein Problem an. Geringen flüssigen Mitteln stehen erhebliche kurzfristige Verbindlichkeiten gegenüber.

			2007	2008
Liquidität	Flüssige M.+Ford. LuL	x 100	1.118	1.410
2. Grades	Kurzfr. Verbindl.		2.803	3.135
		=	39,9%	45,0%

Auch hier sieht es noch eng aus. Die Forderungen reißen das Unternehmen nicht aus der Liquiditätslücke.

			2007	2008
Liquidität	Umlaufvermögen	x 100	3.526	3.852
3. Grades	Kurzfr. Verbindl.		2.803	3.135
		=	125,8%	122,9%

Erst jetzt entspannt sich die Lage. Allerdings ist die Liquidität 3. Grades immer problematisch. Was ist wirklich aus dem Umlaufvermögen flüssig zu machen?

		2007	2008
Working	Umlaufvermögen	3.526	3.852
Capital	- kurzfr. Verbindl.	2.803	3.135
	= Working Capital	723	717

Das Working Capital ist positiv. Damit wurde das Umlaufvermögen langfristig finanziert. O.k.

Liquiditätsanalyse

Tipp: Jede Bank wird bei der Kreditvergabe viele der obigen Kennzahlen analysieren. So ist es empfehlenswert, sich bei kritischen Kennzahlen gute Argumente einfallen zu lassen.

Neue Ergebnisbegriffe: Was sagt uns ein EBIT?

In vielen Unternehmen ist der Gewinn nicht mehr die klassische Erfolgsgröße. Insbesondere auf Hauptversammlungen oder Bilanzpressekonferenzen spricht man beispielsweise von einem Operating Profit, einem EBIT. Das Bilanzergebnis ist vielleicht negativ, aber das Management spricht von einem vermeintlich guten Ergebnis, verweist vielleicht auf den EBITDA. Manche

Rechnerische Übersicht über die neuen Ergebnisbegriffe

	Die klassischen Ergebnisbegriffe				Die neuen Ergebnisbegriffe			
	GuV	Betriebs-ergebnis nach Steuern und Zinsen	Betriebs-ergebnis vor Steuern nach Zinsen	EBIT	Operating Profit	NOPAT	NOPAT_{BI}	EBITDA
Umsatz	200 €	200 €	200 €	200 €	200 €	200 €	200 €	200 €
+ Neutrale Erträge	20 €	0 €	0 €	0 €	0 €	0 €	0 €	0 €
- Materialkosten	50 €	50 €	50 €	50 €	50 €	50 €	50 €	50 €
- Personalkosten	70 €	70 €	70 €	70 €	70 €	70 €	70 €	70 €
- Sachkosten	30 €	30 €	30 €	30 €	30 €	30 €	30 €	30 €
- Abschreibungen	20 €	20 €	20 €	20 €	20 €	20 €	20 €	0 €
- neutrale Aufwend.	30 €	0 €	0 €	0 €	0 €	0 €	0 €	0 €
- Zinsen	10 €	10 €	10 €	0 €	10 €	10 €	0 €	0 €
- Steuern	20 €	20 €	0 €	0 €	0 €	20 €	20 €	0 €
= Ergebnis	-10 €	0 €	20 €	30 €	20 €	0 €	10 €	50 €

Neue Ergebnisbegriffe

sind dann verwirrt und fragen sich: „Was hat man nun eigentlich verdient, wie ist denn die Lage wirklich?"

Basis für die Ergebnisbegriffe ist häufig das sogenannte operative Geschäft, also die betriebliche Tätigkeit. Beispiel: Der Siemens-Konzern hat neben seiner umfangreichen Produktion von Haushaltsgeräten bis hin zu Kraftwerken ein umfangreiches „Nebengeschäft": nämlich Beteiligungen, Wertpapiergeschäfte und so weiter. Beim sogenannten operativen Geschäft bei Siemens geht es nur um das Kerngeschäft, die Finanzgeschäfte bleiben außen vor. Auf der vorhergehenden Seite eine Übersicht mit Rechenbeispielen. Das sind die Zusammenhänge der neuen Ergebnisbegriffe.

Einmal wird mit Steuern gerechnet, einmal ohne Steuern, dann auch ohne Zinsen und so weiter. Das heißt dann zum Beispiel Ergebnis vor Steuern oder vor Zinsen. **Vor = ohne!**

EBIT = **E**arnings **b**efore **I**nterests and **T**axes = Ergebnis vor, das heißt ohne Zinsen (engl.: interests) und Steuern (engl.: taxes).

Operating Profit = Operativer Gewinn = Gewinn aus der betrieblichen Tätigkeit.

NOPAT = **N**et **O**perating **P**rofit **A**fter **T**ax. Das ist der Operating Profit nach, das heißt mit Steuern (vom Einkommen und Ertrag).

NOPATBI = **N**et **O**perating **P**rofit **A**fter **T**axes aber **B**efore **I**nterests. Das ist der Operating Profit nach Steuern (vom Einkommen und Ertrag) aber vor Zinsen (before interests).

EBITDA = **E**arnings **B**efore **I**nterests and **T**axes, **D**ebreciations and **A**mortization. Das ist das Ergebnis vor Zinsen und Steuern, aber auch vor Abschreibungen (Debreciations) und Amortisation (der immateriellen Anlagen).

Der Skeptiker fragt, was soll das alles? Obige Ergebnisausweise dienen dazu, Unternehmen in ihrer betrieblichen Leistungsfähigkeit vergleichbar zu machen, insbesondere wenn man im internationalen Rahmen Vergleiche anstellt. Bei den Positionen, die bei den Ergebnisbetrachtungen herausgenommen werden (also z. B. Steuern und Zinsen), handelt es sich um Effekte, die eine realistische Einschätzung der Leistungsfähigkeit eines Unternehmens verschleiern können.

Es ist also nicht immer realistisch, aus einem schlechten Bilanzergebnis zu schließen, dass das Unternehmen nicht leistungsfähig ist.

Denn dabei ist zu beachten:

- **Steuern (vom Einkommen und Ertrag):** Bei Steuern gibt es bekanntlich viele Gestaltungsmöglichkeiten wie etwa Verrechnungsmöglichkeiten mit anderen Einkünften. International sind die Steuersätze unterschiedlich. So sagt ein Ergebnis nach Steuern eventuell nicht viel über die wirkliche Leistungsfähigkeit eines Unternehmens aus.
- **Zinsen:** Ein Ergebnisausweis vor Zinsen kann sinnvoll sein, denn Unternehmen finanzieren sich unterschiedlich. Eines muss sich teuer am Kapitalmarkt mit Krediten versorgen, ein anderes bekommt Unterstützung durch die Muttergesellschaft. Das eine Unternehmen finanziert sich durch Aktien, das andere durch „Geldspritzen" des Inhabers. Derartige Effekte sollen durch ein Ergebnis vor Zinsen eliminiert werden und es soll gezeigt werden, wie sich die Leistung vor Finanzierungseffekten entwickelt.
- **Abschreibungen:** Auch im Bereich der Abschreibungen gibt es eine Reihe von steuerlichen Wahlmöglichkeiten. Eine Besonderheit im internationalen Bereich: Ein „good will" kann verschieden abgeschrieben werden. Außerdem existiert eine Reihe von (länderbedingten) Sonderabschreibungen und so weiter. Ein Unternehmensergebnis, das Abschreibungen beinhaltet, ist im Zweifel schwer zu vergleichen. Deshalb lässt man bei manchen Ergebnisausweisen die Abschreibung gleich weg.

Fazit: Die neuen Ergebnisbegriffe sollen helfen, die Leistungsfähigkeit der Unternehmen realistisch zu vergleichen.

Anmerkung: In Literatur und Praxis wird jedoch nicht einheitlich vorgegangen und es gibt innerhalb der Begriffe unterschiedliche Definitionen.

Konzernrechnungslegung: Wenn Abschlüsse zusammengefasst werden

Konzernrechnungslegung ist eine relativ komplizierte Angelegenheit, eher etwas für Spezialisten. Aber da zu vermuten ist, dass auch Leser dieses Buches in einem Konzern arbeiten, müssen die Grundlagen hier erklärt werden.

Die Konzernrechnungslegung hat die Aufgabe, die diversen Einzelabschlüsse der verbundenen Unternehmen zusammenzufassen. Nun kann man aber nicht einfach einzelne Bilanz- oder GuV-Positionen der Einzelunternehmen addieren. Es müssen Doppelzählungen eliminiert werden.

Der Grundsatz ist einfach: Wenn Sie beispielsweise innerhalb Ihrer Familie Geld verleihen, erhöht sich ja auch nicht das Vermögen der Familie insgesamt. So darf der geliehene Betrag im Familienvermögen nur einmal erscheinen und nicht doppelt als Forderung des Verleihers und als Geldvermögen des Schuldners.

Die Zusammenfassung der Abschlüsse mehrerer Konzernunternehmen nennt man auch *Konsolidierung*. Ein Konzernabschluss passiert in mehreren Schritten:

1. Feststellung des Konsolidierungskreises: Ein Konzernabschluss setzt ein „Mutter-Tochter-Verhältnis" voraus, es gibt sogenannte „herrschende" und „beherrschte" Unternehmen. Mutterunternehmen und Töchterunternehmen werden in einen sogenannten Konsolidierungskreis zusammengefasst. Dabei ist maßgeblich, dass die Mutter eine Kontrolle über die Töchter ausübt. Dies passiert **durch Stimmrechtsmehrheit**, das heißt ein Unternehmen besitzt beispielsweise die Mehrheit der Kapitalanteile an einem anderen Unternehmen. Kontrolle ist aber auch **ohne Stimmrechtsmehrheit** möglich, so kann ein Unternehmen ein anderes durch eine Satzung, Vereinbarung oder andere Möglichkeiten kontrollieren. Dieser Unternehmensverbund wird abrechnungstechnisch zusammengefasst (Konsolidierungskreis).

Beispiel: Einfacher Konsolidierungskreis

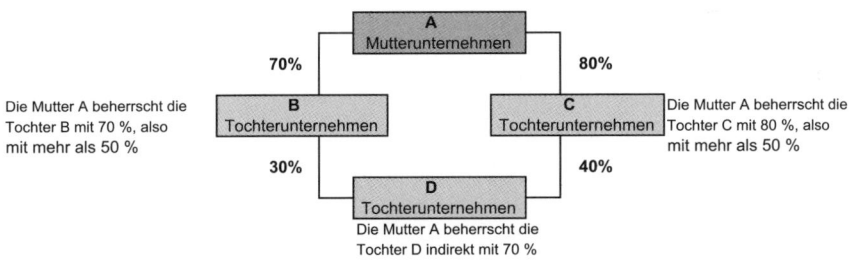

Konsolidierungskreis

2. Kapitalkonsolidierung: Hierbei werden die Vermögenswerte und die Schulden von Mutter- und Tochterunternehmen rechnerisch zusammengeführt. Allerdings wäre nun eine reine Addition nicht korrekt. Denn diese ergäbe Doppelzählungen, das Eigenkapital würde nach außen überhöht dargestellt, es wäre aufgebläht. Also muss der Beteiligungswert gegen das Eigenkapital aufgerechnet werden. Die Idee dabei ist, dass ein Konzern nach *außen hin wie ein einheitliches Unternehmen dargestellt werden muss.*

Einfache Kapitalkonsolidierung ohne Goodwill

Beispiel: Die Mutter-AG hat die Tochter-AG zu einem Kaufpreis von 500.000 Euro erworben. Es ergibt sich folgende schematische Konzernbilanz:

	Mutterunter-nehmen	Tochterunter-nehmen	Summe	Umbuchungen Soll	Haben	Konzern
Beteiligungen	500.000 €		500.000 €			500.000 €
Diverse Posten	15.000.000 €	500.000 €	15.500.000 €		500.000 €	15.000.000 €
Summe Aktiva	15.500.000 €	500.000 €	16.000.000 €			15.500.000 €
Eigenkapital	15.500.000 €	500.000 €	16.000.000 €	500.000 €		15.500.000 €
Summe Passiva	15.500.000 €	500.000 €	16.000.000 €	500.000 €	500.000 €	15.500.000 €

Einfache Kapitalkonsolidierung

Behandlung eines Goodwill: Häufig muss bei Kapitalkonsolidierungen ein sogenannter Goodwill berücksichtigt werden: Beim Erwerb eines Tochterunternehmens erwirbt die Mutter mit dem Kaufpreis das Vermögen und die Schulden. Aber der Kaufpreis wird in der Regel nicht exakt in der Höhe des Vermögens minus der Schulden liegen. Man erwirbt mit dem Kaufpreis auch einen Goodwill.

Goodwill: Dies sind immaterielle Werte beim Kauf eines Unternehmens, wie zum Beispiel der Kundenstamm, das Know-how oder Image. Ein Goodwill zeigt sich nicht im Wert der einzelnen Vermögensteile des Unternehmens. Er ist der Wert, den ein Erwerber bereit ist, *über das Vermögen abzüglich der Schulden zu zahlen.*

Vermögenswerte (z. B. Anlagen) und Schulden (z. B. Verbindlichkeiten) von zwei Unternehmen kann man addieren, ein Goodwill kann aber unmöglich auf beispielsweise Anlage- oder Umlaufvermögen aufgeteilt werden. So ergibt sich der Goodwill in einer Position, der als Firmenwert gezeigt wird. Dieser Goodwill ist im Rahmen einer Beteiligung bezahlt worden und wird separat ausgewiesen.

Einfache Kapitalkonsolidierung unter Berücksichtigung eines Goodwills

	Mutterunternehmen	Tochterunternehmen	Summe	Umbuchungen Soll	Umbuchungen Haben	Konzern
Beispiel:	Die Mutter-AG hat die Tochter-AG zu einem Kaufpreis von 3.000.000 Euro erworben. Davon entfielen 1.700.000 Euro auf den Firmenwert. Es ergibt sich folgende Bilanz:					
Firmenwert				1.700.000 €		1.700.000 €
Beteiligungen	3.000.000 €		3.000.000 €		3.000.000 €	0 €
Diverse Posten	16.000.000 €	1.300.000 €	17.300.000 €			17.300.000 €
Summe Aktiva	19.000.000 €	1.300.000 €	20.300.000 €			19.000.000 €
Eigenkapital	19.000.000 €	1.300.000 €	20.300.000 €	1.300.000 €		19.000.000 €
Summe Passiva	19.000.000 €	1.300.000 €	20.300.000 €	3.000.000 €	3.000.000 €	19.000.000 €

Kapitalkonsolidierung mit Goodwill

3. Konsolidierung von Forderungen/Verbindlichkeiten bzw. Eliminierung von Zwischengewinnen: Innerhalb eines Konzerns gibt es interne Lieferungen, Kreditgewährungen und so weiter. Würde man diese geschäftlichen Aktivitäten untereinander nun einfach addieren, ergäbe sich eine unrealistische Aufblähung. Denn es ist unsinnig, die gegenseitigen **Forderungen oder Verbindlichkeiten** zu summieren: Des einen Forderungen sind des anderen Verbindlichkeiten. Wieder gemäß der Idee, dass sich ein Konzern nach außen als eine wirtschaftliche Einheit präsentieren muss, werden nun Forderungen und Verbindlichkeiten gegeneinander aufgerechnet. Denn den Bilanzleser interessiert letztlich nur, welche Forderungen und Verbindlichkeiten die wirtschaftliche Einheit, nämlich *der Konzern als Ganzes*, nach außen hat.

Durch Geschäfte untereinander ergeben sich häufig **Gewinne**, etwa wenn ein Konzernunternehmen einem anderen Waren über die eigenen Kosten hinaus verkauft. Dies ist aber die Regel, denn Konzernunternehmen werden häufig als sogenannte Profitcenter geführt und sollen für sich ein gutes Ergebnis erwirtschaften. Nun sind aber in diesem Fall die Erlöse des einen die Kosten des anderen; wird nun bei gegenseitiger Belieferung ein Gewinn in einem Konzernunternehmen erwirtschaftet, geht dies zu Lasten des Gewinns eines anderen Konzernunternehmens. Diese sogenannten *Zwischengewinne* müssen eliminiert werden. Auch hier wäre es unsinnig, die Gewinne, die sich durch konzerninterne Beziehungen ergeben, zu addieren.

Konsolidierung von Forderungen, Verbindlichkeiten und Zwischengewinnen

Beispiel:	Die Mutter ist an der Tochter zu 100 % beteiligt. Die Tochter liefert ihre Produkte ausschließlich an die Mutter (das bedeutet, dass die Forderungen der Tochter von 160 nur gegenüber der Mutter bestehen, wo sie <u>als Teil</u> der der Verbindlichkeiten ausgewiesen sind). Der Gewinn von 80 bei der Tochter ist ausschließlich aus Geschäften mit der Mutter entstanden.

	Mutter	Tochter	Summe	Korrekturen	Konzern
Anlagevermögen	800 €	300 €	1.100 €		1.100 €
Beteiligungen	320 €	0 €	320 €	-320 €	0 €
Vorräte	300 €	150 €	450 €	-80 €	370 €
Forderungen	400 €	160 €	560 €	-160 €	400 €
Summe Aktiva	1.820 €	610 €	2.430 €		1.870 €
Eigenkapital	1.200 €	320 €	1.520 €	-320 €	1.200 €
Gewinn	400 €	80 €	480 €	-80 €	400 €
Verbindlichkeiten	220 €	210 €	430 €	-160 €	270 €
Summe Passiva	1.820 €	610 €	2.430 €		1.870 €

Jetzt müssen folgende Korrekturbuchungen vorgenommen werden

1. Zunächst die Kapitalkonsolidierung: Die Beteiligung (320) besteht nur konzernintern und wird bei einem einheitlichen Unternehmen eliminiert.

2. Die konzerninternen Forderungen und Verbindlichkeiten sind zu eliminieren, da ein einheitliches Unternehmen (was es durch den Konzernverbund geworden ist) keine Forderungen und Verbindlichkeiten gegen sich selbst haben kann. Die Forderungen der Tochter (160) sind eine Verbindlichkeit der Mutter.

3. Ein Zwischengewinn von 80 muss eliminiert werden, da dieser nur verrechnungstechnisch intern entstanden ist. Da dieser Gewinn auch den Wert der Vorräte bei der Mutter aufgebläht hat, müssen diese ebenfalls um diesen Gewinn reduziert werden.

Konsolidierung von Forderungen, Verbindlichkeiten und Zwischengewinnen

Anmerkung: Alle Beispiele dieses Kapitels sind als einfache Grundschemata zu betrachten. Es gibt eine Reihe von Sonderfällen und unterschiedliche Behandlungsweisen nach IFRS und HGB, die Praxis ist differenzierter als die obigen Beispiele.

Die Internationale Rechnungslegung ist im Kommen!

Auch dieses Thema ist eher für Spezialisten, aber Leser dieses Buches werden auch in Unternehmen arbeiten, die nach Internationaler Rechnungslegung ihre Abschlüsse machen.

Die wichtigsten internationalen Rechnungssysteme sind die IFRS (**I**nternational **F**inancial **R**eporting **S**tandards) und die US-GAAP (**U**nited **S**tates **G**enerally **A**ccepted **A**ccounting **P**rinciples). Sie unterscheiden sich in ihrer Entstehungsgeschichte, in ihrem Umfang und im Geltungsbereich. Trotzdem haben sie viele Gemeinsamkeiten und verfolgen das Ziel der Vermittlung von wirtschaftlichen Informationen (wie das deutsche Handelsgesetzbuch auch).

Anwendung der IFRS: Die EU-Verordnung zur Internationalen Rechnungslegung besagt, dass börsennotierte Unternehmen ihren Konzernabschluss ab 1.1.2005 nach den Vorschriften der IFRS zu erstellen haben. Wer bereits nach US-GAAP bilanziert hat, muss ab 1.7.2007 auf die IFRS umstellen. **Damit sind also die IFRS in Deutschland verbindlich.**

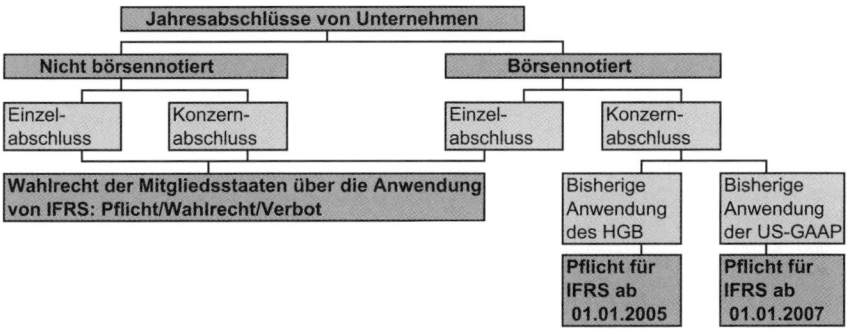

Wer ist zur Internationalen Rechnungslegung verpflichtet?

Aufbau der IFRS: Die IFRS sind Standards und Interpretationen, die von einem unabhängigen privaten Gremium, dem International Accounting Standards Board entwickelt wurden. Sie umfassen ein **Vorwort**, ein **Rahmenkonzept**, die **Einzelstandards** (vergleichbar der Paragrafen des HGB) und die **Interpretationen** (bindende Erläuterungen zu den einzelnen Standards).

Unterschiede Handelsgesetzbuch – Internationale Rechnungslegung

Vor dem Jahr 2010 gab es noch erhebliche Unterschiede zwischen der deutschen Rechnungslegung und den IFRS. So durften z.B. selbst erstellte Wirtschaftsgüter (beispielsweise Software) nicht in die Bilanz gestellt werden, Rückstellungen konnten viel freier gestaltet werden. Aber dann kam 2009 das Bilanzmodernisierungsgesetz (Bilmog) und seitdem sind die Unterschiede zwischen der deutschen handelsrechtlichen Bilanzierung und der internationalen Bilanzierung (IFRS) stark zusammen geschmolzen. Unterschiede gibt es nur noch in Details. Zum Beispiel in speziellen Bewertungsfragen von Vermögensgegenständen, im Bereich der Rückstellungen, der Berichterstattung oder bei der Gliederung von Bilanz und Gewinn- und Verlustrechnung. Alles Fragen für Spezialisten, für Bilanzbuchhalter, Steuerberater und Wirtschaftsprüfer.

Die Unterschiede ergeben sich im Wesentlichen durch die unterschiedlichen Zielsetzungen der Rechnungslegung. Das **HGB** hat als wesentliches Rechnungslegungsziel den **Schutz der Gläubiger**, deswegen wird hier ausgesprochen vorsichtig bilanziert. Auf keinen Fall dürfen z.B. unrealisierte Gewinne ausgeschüttet werden. Die **IFRS** sind mehr aktionärsorientiert. Aktionäre wollen einen realistischeren Ausweis und fragen danach, was ist wirklich bzw. realistisch bewertet an Vermögen vorhanden ist. Es dominiert also weniger das Vorsichtsprinzip sondern eher das Ziel, den Wert des Unternehmens realistisch zu zeigen. Insbesondere fällt ins Auge, dass die IFRS deutlich weniger Wahlrechte aufweisen als nach deutscher Rechnungslegung möglich (z.B. im Bereich der Rückstellungen).

Bestandteile des Jahresabschlusses: Der Jahresabschluss besteht **nach HGB** aus der Bilanz, der Gewinn- und Verlustrechnung, dem Anhang und dem Lagebericht. **Nach IFRS** muss ein Abschluss folgende „Basic Financial Statements" enthalten: Bilanz, Gewinn- und Verlustrechnung, Anhang, Entwicklung des Eigenkapitals, Kapitalflussrechnung, Ergebnis je Aktie.

Wesentliche Unterschiede bei Bilanzierung und Bewertung:

Immaterielle Vermögensgegenstände: Wie lt. HGB sind auch nach IFRS entgeldlich erworbene immaterielle Wirtschaftsgüter zu aktivieren. Aktivierung von Forschungsaufwendungen sind analog deutschem Recht verboten, **aber:** entgegen dem deutschen Recht können eigene Entwicklungsaufwendungen unter bestimmten Voraussetzungen aktiviert, also in der Bilanz als Vermögen gezeigt werden..

Unrealisierte Gewinne: Der Ausweis nach HGB verboten, Sie dürfen beispielsweise Lagerware nie (!) mit künftigen Verkaufspreisen ausweisen. Nach IFRS sind zu Handelszwecken gehaltene Vermögenswerte und jederzeit zu veräußerbare Vermögenswerte mit dem *beizulegenden Zeitwert* zu bewerten. Auch werden anteilige (zukünftige) Gewinne vor endgültiger Fertigstellung eines vielleicht mehrjährigen Projektes ausgewiesen. Ein großer Unterschied zur deutschen Rechnungslegung!

Sachanlagevermögen: Wie im deutschen Recht sind die Bewertungsobergrenzen die Anschaffungskosten des Anlagegutes. Bei der Berechnung der Herstellungskosten besteht allerdings ein „Vollkostengebot", das heißt, hier müssen anteilige Gemeinkosten mit aktiviert werden.

Vorräte: Grundsätzlich Ansatz und Bewertung analog deutschem Recht, allerdings ist die Bewertung mit lediglich den Einzelkosten nicht zulässig. Es sind anteilige Gemeinkosten mit anzusetzen (Vollkostenprinzip). Der Ansatz von Vertriebskosten ist ebenfalls nicht zulässig.

Rückstellungen: Die Bildung von Rückstellungen ist nach IFRS stark eingeschränkt. Eine Rückstellung nur gebildet werden, wenn eine Schuld gegenüber einem Dritten besteht, deren Höhe verlässlich geschätzt werden kann. Rückstellungen bekommen fast den Charakter konkreter Verbindlichkeiten. Auch dies ist ein großer Unterschied zum HGB.

Gewinn- und Verlustrechnung: Im Gegensatz zum deutschen Recht gibt nach IFRS größere Freiräume bei der Gliederung.

Entwicklung des Eigenkapitals: Über die Gewinnverwendung muss gesondert berichtet werden.

Kapitalflussrechnung: Hier wird ein differenzierter Cash Flow ermittelt.

> **Fazit:** Die IFRS stellen das Unternehmen bzw. den Wert des Unternehmens sicherlich etwas realistischer dar als die Regelungen nach deutschem Recht. So hat man in der Praxis die Erfahrungen gemacht, dass nach Umstellung auf IFRS ein Unternehmen auf einmal „mehr Wert" war.

6.2 Internes Rechnungswesen/Controlling

Im Gegensatz zum externen Rechnungswesen ist das interne weder (gesetzlich) geregelt noch ist es überhaupt vorgeschrieben. Es empfiehlt sich aber dringend, auch ein internes Rechnungswesen einzurichten. In der Gestaltung eines internen Rechnungswesens ist das Unternehmen völlig frei. Dringend zu empfehlen ist auch, dass alle Instrumente in einem schlagkräftigen Controlling münden, damit das Unternehmen mit betriebswirtschaftlichen Instrumenten effektiv gesteuert werden kann.

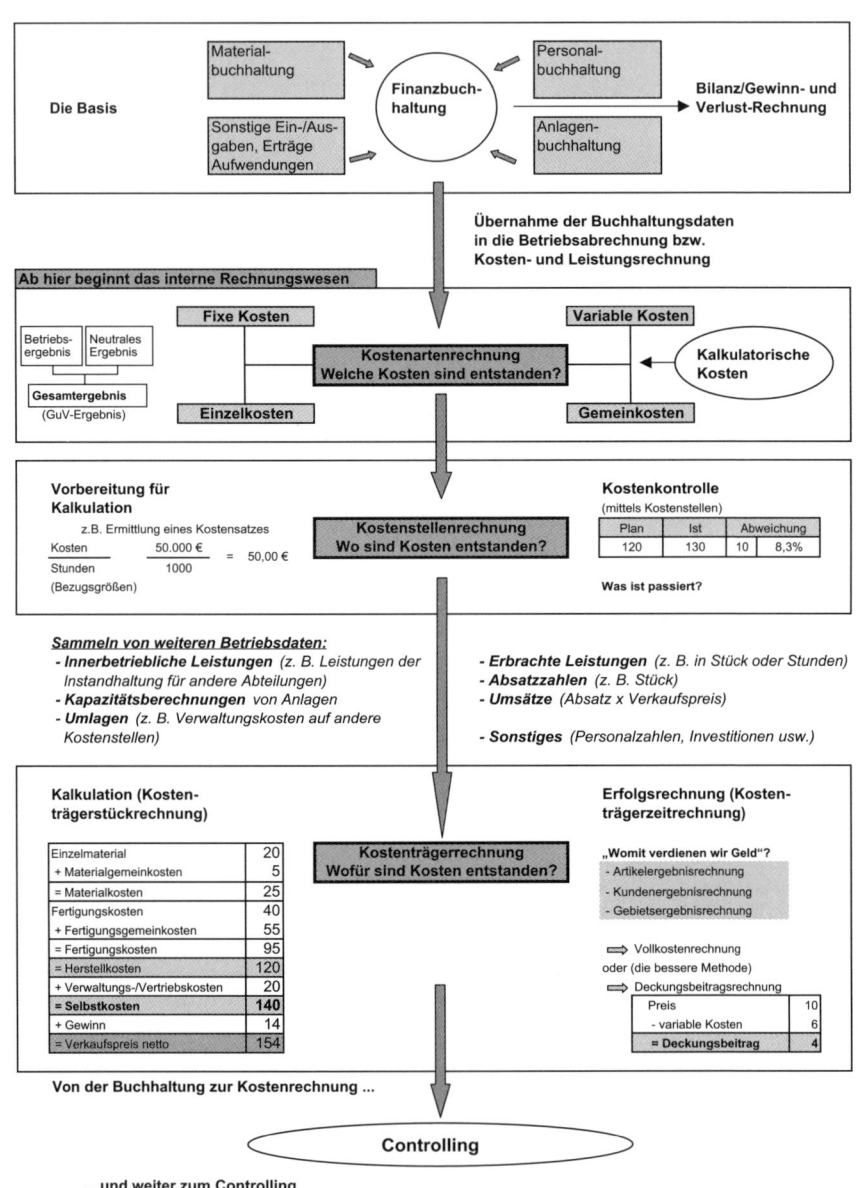

Von der Buchhaltung zum Controlling

Die Kostenrechnung schafft Transparenz im Unternehmen

Wenn die Kostenrechnung mit den Daten der Buchhaltung weiterarbeitet, nimmt sie in der Praxis häufig eine Trennung von betrieblichen und sogenannten neutralen Effekten vor. Wie heißt es so schön: Volkswagen ist eine Bank mit angeschlossener Kfz-Produktion. Das heißt, die wirtschaftlichen Aktivitäten des VW-Konzerns teilen sich auf in Finanzgeschäfte und eigentliche Betriebstätigkeit, den Bau und Verkauf von Automobilen. **Das interne Rechnungswesen interessiert die Tätigkeit aus dem eigentlichen Betriebszweck.** So trennt man das Gesamtergebnis in ein neutrales Ergebnis und ein Betriebsergebnis. Zum neutralen Bereich gehören Aufwendungen und Erträge aus Finanzgeschäften, Beteiligungen und Ähnliches. Der betriebliche Bereich umfasst das gesamte Spektrum Produktion und Dienstleistung mit allem, was damit zusammenhängt.

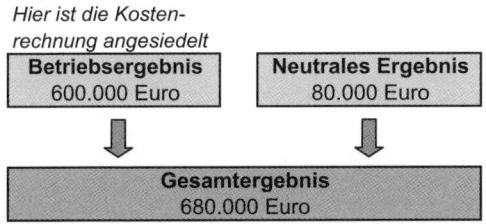

Betriebsergebnis und neutrales Ergebnis ergeben das Gesamtergebnis

**Kostenrechnung konkret:
Welche Kosten sind wo und warum entstanden?**

Wir befinden uns nun im Bereich der „Klassiker", der absoluten Basics der Kostenrechnung. Die Begriffe Kostenarten-, -stellen- und -trägerrechnung sollte man unterscheiden können. Denn trotz aller interessanten Fragen über Visionen, Management oder Strategie sind einige „handwerkliche" Kenntnisse notwendig.

Kostenartenrechnung: Welche Kosten sind entstanden?

Zunächst natürlich alle, die wir auch im Rahmen der Buchhaltung erfasst haben: Personalkosten, Materialkosten, Mieten, Energie und so weiter. Für Kostenrechnungszwecke werden Kosten aber weiter unterteilt:

Fixe Kosten: Fix bedeutet, diese Kosten fallen an, ob wenig oder viel abgesetzt beziehungsweise produziert wird. Sie sind unabhängig von der Ausbringung. Dazu gehöre beispielsweise Abschreibungen, Mieten oder Verwaltungspersonal.

Fixkosten: 12.000 Euro	
Ausbringung	Fixe Kosten pro Stück
50	240 €
100	120 €
150	80 €
200	60 €
250	48 €
300	40 €
350	34 €
400	30 €

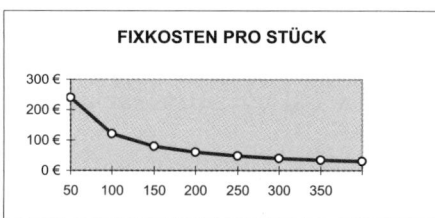

So verhalten sich fixe Kosten pro Stück

Nun gibt es bei den Fixkosten Probleme, wenn sie für eine gewisse Kapazität ausgegeben wurden, diese Kapazität aber nicht erfüllt wird. Die variablen Kosten können jetzt zurückgefahren werden, auf den fixen bleibt man aber sitzen. Die fixen Kosten verteilen sich nun auf weniger Stück. Das bedeutet: Die (Fix)kosten pro Stück steigen und man ist vielleicht zu teuer für den Markt. Somit ist es eine ganz wichtige Erkenntnis, dass die Summe der Fixkosten bezogen auf das Stück steigen und sinken (das heißt als Fachwort Fixkostendegression). Das bedeutet im Idealfall, dass die Kosten bei Mehrproduktion sinken, was eine effektive Möglichkeit darstellt, Kosten zu senken.

Ziel guter Unternehmenspolitik ist es, den Fixkostenblock möglichst gering zu halten, denn Fixkosten sind schwer abbaubar. So kann man beispielsweise den Maschinenpark eines Unternehmens nur schwer schnell ändern.

Ausbringung	Fixe Kosten gesamt
0	12.000 €
50	12.000 €
100	12.000 €
150	12.000 €
200	12.000 €
250	12.000 €
300	12.000 €
350	12.000 €
400	12.000 €

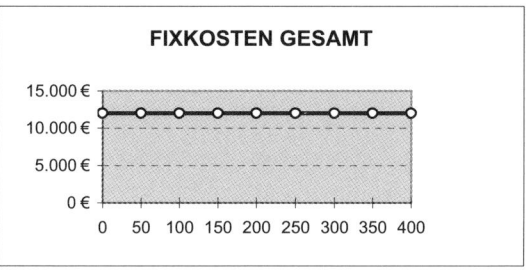

So verhalten sich die Fixkosten gesamt

Variable Kosten: Variable Kosten dagegen sind abhängig von der Ausbringung. Typisch variabel ist Fertigungsmaterial oder Lohnkosten für Produktivpersonal.

Ausbringung	Variable Kosten
0	0 €
50	25 €
100	50 €
150	75 €
200	100 €
250	125 €
300	150 €
350	175 €
400	200 €

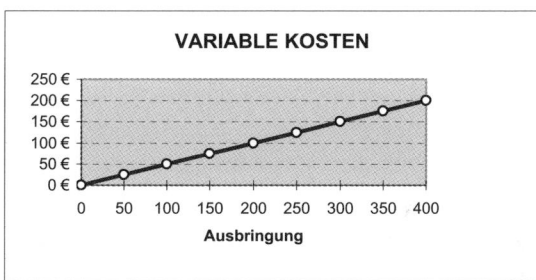

So verhalten sich variable Kosten

Während die fixen Kosten „da" sind, egal, ob überhaupt etwas passiert, fallen die variablen Kosten erst an, wenn etwas passiert. Beispiel aus dem privaten Bereich: Beim PKW ist die Versicherung fix, das Benzin variabel. Will man die Entscheidung treffen, ob man aus Kostengründen Bahn oder Auto fährt, wird man diese auf Basis der variablen Kosten treffen und die Versicherung nicht auf die Kosten pro Kilometer umlegen. Somit sind die variablen Kosten die entscheidungsrelevanten Kosten, **denn Fixkosten fallen sowieso an.** Auf dieser Erkenntnis basieren moderne Kostenrechnungssysteme wie etwa die

Teilkostenrechnung, die zunächst nur die variablen Kosten betrachtet und auf dieser Basis Ergebnisse (Deckungsbeiträge) errechnet.

Ferner gibt es

Einzelkosten: Wir sind bei der Frage angelangt, wie man Kosten auf das Produkt kalkuliert. Das ist bei Einzelkosten einfach, denn diese kann man direkt dem Produkt zurechnen. Einzelkosten werden zum Beispiel für ein Stück verursacht wie etwa Löhne in der Fertigung. Man kennt die notwendige Zeit für die Erstellung des Produktes und den Lohnsatz. Bei den Einzelkosten gibt es also keine Probleme.

Gemeinkosten: Anders bei den Gemeinkosten. Dies sind „gemeine" Kosten. Sie lassen sich nämlich nicht direkt verrechnen. Zum Beispiel die Gehälter in der Verwaltung oder Gebäudekosten. Klar – irgendwie müssen sie auf das Produkt kalkuliert werden, aber wie? Hier muss man mit Schlüsselungen arbeiten, die aber häufig fragwürdig sind. In der Kostenrechnung herrscht das Verursachungsprinzip: Das Produkt soll die Kosten tragen, die es verursacht. Das ist bei Material- und Lohnkosten noch einfach. Bei Gemeinkosten schwierig: Wie sollen beispielsweise die Kosten der Verwaltung auf das Produkt kalkuliert werden? Wir müssen also die Verwaltung auf das Produkt umlegen. In der Praxis geschieht dies häufig mit Prozentschlüsseln. Elegant ist dies alles allerdings nicht, und eine verursachungsgenaue Schlüsselung ist bei den Gemeinkosten nur selten möglich. Dies macht die Kalkulation so schwierig und vor allem ungenau.

Kalkulatorische Kosten: Es gibt Kosten, die werden in der Kostenrechnung anders als in der Buchhaltung oder zusätzlich angesetzt: **Anderskosten** sind Kosten, die etwa in der Kalkulation in anderer Höhe angesetzt werden als in der Buchhaltung gebucht; zum Beispiel Abschreibungen, die mit den Wiederbeschaffungswerten der Anlagen in die Kalkulation eingehen, während die Buchhaltung nur auf Basis der Anschaffungskosten rechnen darf. **Zusatzkosten** sind Kosten, die ebenfalls zu kalkulatorischen Zwecken angesetzt werden, etwa kalkulatorische Mieten, kalkulatorischer Unternehmerlohn oder kalkulatorische Zinsen. Diese Aufwendungen gibt es in der Buchhaltung nicht. Ziel ist, aus Vergleichsgründen Kosten in die Kalkulation einzustellen; so will man zum Beispiel ein kalkulatorisches Gehalt für den Inhaber in der Kalkulation mit verrechnen.

Kostenstellenrechnung: Wo sind die Kosten entstanden?

Kostenstellen sind die Orte der Kostenverursachung. Die Buchhaltung erfasst nicht nur die Kosten, sondern ordnet sie den Kostenstellen zu. Im Wesentlichen werden zwei Zwecke verfolgt:

1. Kosteninformation für die Kostenstellenverantwortlichen: Die Kosten sollen mittels Kostenstellenbericht oder Kostenstellenauswertung (je nachdem, wie es in den Unternehmen genannt wird) transparent sein. Jeden Monat soll es den „Aha-Effekt" geben: „Aha, diese Kosten habe ich also verursacht." Außerordentlich sinnvoll ist es, neben den Ist-Zahlen gleichzeitig Planzahlen auszuweisen. Über die Abweichungen zwischen Plan und Ist kann man dann kritisch diskutieren. Was ist warum passiert? Was darf zukünftig nicht mehr passieren? Können wir den Plan noch halten? Abweichungsanalysen machen Kostenstellenauswertungen interessant.

2. Vorbereitung für die Kalkulation: Bei der Kalkulation geht es darum, dass ein verursachungsgerecht (!) ermittelter Teil der Kosten ins Produkt kalkuliert wird (Material, Löhne usw.). Beispiel: Das Material kennt man aus einer Stückliste, den Materialpreis aus dem Einkauf. Die Fertigungszeit für das Produkt entnimmt man dem Fertigungsplan. Jetzt fehlt noch ein Kostenstellensatz um die Zeit zu bewerten. Die Frage dabei ist: „Was kostet die Stunde oder Minute in meiner Kostenstelle?" In diesem Zusammenhang müssen vorab die innerbetrieblichen Leistungen verteilt worden sein, denn Kostenstellen „beliefern" sich gegenseitig. Die Kostenstelle Heizung „beliefert" alle anderen Bereiche, die Instandhaltung arbeitet für diverse Kostenstellen. Hier muss eine innerbetriebliche Kostenverrechnung passieren (auch Umlagen genannt).

Häufig werden auch Kostensätze für größere Maschinen errechnet, die Maschinenstundensätze.

Kostenstellenauswertung

Kostenstelle: 1850 Schlosserei
Kostenstellenleitung: Herr Schulze
Zeitraum: Juni 2008

	Plan	Ist	Abweichung absolut	in %	
Material	223.000 €	271.200 €	-48.200 €	-21,6%	„Was ist hier passiert?"
Löhne	536.000 €	528.300 €	7.700 €	1,4%	
Gehälter	171.000 €	168.000 €	3.000 €	1,8%	
Energie	32.000 €	33.100 €	-1.100 €	-3,4%	
Instandhaltung	6.000 €	19.300 €	-13.300 €	-221,7%	„Was ist hier passiert?"
Reisekosten	7.000 €	7.200 €	-200 €	-2,9%	
Büromaterial	25.200 €	24.100 €	1.100 €	4,4%	
Abschreibungen	70.000 €	70.000 €	0 €	0,0%	
Zinsen	18.000 €	18.200 €	-200 €	-1,1%	
Sonstige Kosten	46.000 €	72.300 €	-26.300 €	-57,2%	„Was ist hier passiert?"
Umlagen	50.000 €	50.000 €	0 €	0,0%	
Summe Kosten	**1.184.200 €**	**1.261.700 €**	**-77.500 €**	**-6,5%**	

Ermittlung eines Kostensatzes aus der Kostenstellenrechnung

Rechenweg: Kosten (ohne Material) : Leistung (hier Minuten)

	Plan	Ist
Gesamtkosten *ohne Material*	961.200 €	990.500 €
Fertigungszeit in Minuten	1.450.000	1.410.000
Kostensatz Kosten : Minuten	**0,66 €**	**0,70 €**

Beispiel Kostenstellenauswertung und Ermittlung eines Kostensatzes

Kostenträgerrechnung: Wofür sind die Kosten entstanden?

Typische Kostenträger sind Produkte oder Dienstleistungen. Ihnen werden die Kosten zugerechnet (sie müssen sie „tragen", deshalb Kostenträgerrechnung). Die Kostenträgerrechnung betrachtet zum einen das Produkt: Was kosten unsere Leistungen? Dies ist die **Kalkulation** (auch Kostenträgerstückrechnung genannt). Zum anderen stellt sie eine Zeitbetrachtung an: Welchen Erfolg haben wir mit diesen Produkten? Dies wird **kurzfristige Erfolgsrechnung** genannt. Folgende Aufgaben sollen mittels Kostenträgerrechnung gelöst werden:

- Die Kalkulation hilft bei **preispolitischen Entscheidungen**. Will man einen Preis machen, muss man wissen, was das Produkt kostet.
- Mehr **Transparenz der Kostenträger** (Produkte). Die Frage ist: Wie hoch ist der Anteil unserer einzelnen Produkte am Gesamtergebnis? Lohnt sich ein Produkt überhaupt? Womit machen wir gar Verluste (und wissen es bislang noch gar nicht)?
- **Planung und Früherkennung:** Wenn zum Beispiel schon 10 Prozent unserer Kunden auf ein anderes Produkt übergehen und 20 Prozent über den Preis nachverhandeln wollen, neigt sich nicht dann der Lebenszyklus des Produktes dem Ende zu?

Die Themen der Kostenträgerrechnung werden im Folgenden eingehender behandelt.

Kalkulationen: Was kosten Ihre Produkte?

Mit einer mehr oder weniger komplizierten Kalkulation sollen die Kosten des Unternehmens auf einen Kostenträger – zum Beispiel ein Produkt – verursachungsgerecht verteilt werden. Zunächst sollen Selbstkosten ermittelt werden, darauf aufbauend dann ein Verkaufspreis.

Die diversen Kalkulationsmethoden

Divisionskalkulation: Wenn Sie eine Kiesgrube betreiben, haben Sie es leicht mit der Kalkulation. Man nehme: Alle Kosten der Kiesgrube: Personalkosten, Kosten für die Maschinen (Abschreibungen) und so weiter. Dann teile man einfach diese Gesamtkosten durch die Tonnen abgebrochenen Kieses und erhält so die Kosten pro Tonne Kies. Das nennt man Divisionskalkulation. Leider funktioniert dies so einfach nur bei Einproduktunternehmen. Die Divisionskalkulation ist die einfachste Form der Kalkulation.
Äquivalenzziffernkalkulation: Dies ist eine ausgebaute Form der Divisionskalkulation. Anwendungsgebiet sind Produkte, die weitgehend identisch sind, aber doch gewisse Kostenunterschiede aufweisen, etwa unterschiedliche Rohstoffkosten. Mithilfe einer sogenannten Äquivalenzziffer wird nun das Kostenverhältnis der verschiedenen Produkte ausgedrückt. Das Standardprodukt bekommt die Ziffer 1,0. Hat nun das ähnliche Produkt die Ziffer

1,2, bedeutet das, dass dieses Produkt 20 Prozent mehr Kosten verursacht. Kennt man nun die Summe der Kosten aller Produkte, kann man mit einem einfachen rechnerischen Verfahren die Kosten der jeweiligen Sorte ermitteln. **Zuschlagskalkulation:** Normalerweise muss die Kostenrechnung aber noch differenzierter vorgehen. So findet man in der Praxis sehr häufig, in welcher Abwandlung auch immer, die sogenannte Zuschlagskalkulation. Diese geht davon aus, dass man zumindest die Material- und Lohnkosten verursachungsgerecht feststellen kann, da es sich bei diesen um Einzelkosten (siehe oben) handelt. Die Gemeinkosten werden dann auf Basis dieser Einzelkosten nach diversen Schlüsselungen zugeschlagen.

Klassische Zuschlagskalkulation

Kalkulationselemente	%	Euro	
			Wie kommt man zu Gemein-kostenzuschlagssätzen?
Materialeinzelkosten		50,00 €	Beispiel: Materialgemeinkosten
+ Materialgemeinkosten	5%	2,50 €	
= **Materialkosten**		**52,50 €**	Die Kosten des Fertigungs-
			materials betragen im Jahr
Fertigungseinzelkosten		95,00 €	30.000.000 Euro.
(Löhne)			Die Kosten des Bereiches
+ Fertigungsgemeinkosten	130%	123,50 €	Materialwirtschaft betragen
= **Fertigungskosten**		**218,50 €**	1.500.000 Euro, z.B. Personal-
			kosten, Abschreibungen,
= **Herstellkosten**		**271,00 €**	Büromaterial usw.
			1.500.000 Euro sind 5% von
+ Verwaltungskosten	11%	29,81 €	30.000.000 Euro.
+ Vertriebskosten	9%	24,39 €	Wenn also jeder Euro
			Materialverbrauch mit 5% Aufschlag in
= **Selbstkosten**		**325,20 €**	der Kalkulation gerechnet wird,
			werden damit die Kosten der
+ Gewinnaufschlag	10%	32,52 €	Materialwirtschaft gedeckt.
= **Netto-Verkaufspreis**		**357,72 €**	Ähnliche Vorgehensweise auch
+ Umsatzsteuer	19%	67,97 €	bei anderen Gemeinkosten-
= **Brutto-Verkaufspreis**		**425,69 €**	zuschlägen.

Grundschema einer Zuschlagskalkulation

Diese Methode sieht schon um einiges genauer aus. Aber trotzdem ist Vorsicht geboten: Wer ein wenig über dieses Schema nachdenkt, wird einwenden, dass das „Zuschlagen" mit einigen Fehlern behaftet ist:

- **Die Zusammenhänge stimmen nicht:** In der Kostenrechnung haben wir gehört, dass alles verursachungsgemäß passieren soll. Wo aber ist denn der *Zusammenhang zwischen beispielsweise Vertriebskosten und den Herstellkosten?* Vertriebskosten werden auf Basis der Herstellkosten kalkuliert. Was haben denn aber die Reisekosten des Vertreters mit den Herstellkosten des Produktes zu tun? Oder versuchen Sie einmal jemandem ernsthaft zu erklären, dass die *Kosten der Buchhaltung abhängig sind von den Material- und Personalkosten des Produktes.* Da gibt es kaum Zusammenhänge! Hier stimmt also etwas nicht mit der Zuschlagskalkulation (was Zehntausende von Unternehmen nicht daran hindert, trotzdem genauso zu kalkulieren).
- **Fixkosten werden falsch verrechnet:** Fixkosten fallen, wie oben gehört, unabhängig von der Ausbringung an. Bei der Zuschlagskalkulation werden für *jedes Stück* aber immer brav Fixkosten (Gemeinkosten sind meist Fixkosten) angesetzt. Auch wenn diese bereits durch die in der Vergangenheit produzierte Menge gedeckt sind. Auch das ist nicht korrekt.

Handelskalkulation: Diese ist ebenfalls häufig eine Zuschlagskalkulation. Zu beachten ist, dass sich bei einigen Positionen der Prozentsatz von „vom Hundert" auf „auf Hundert" ändert. Der Käufer rechnet „andersherum". Er bekommt zum Beispiel den Listenpreis und zieht sich davon 20 Prozent ab. Somit muss in der Handelskalkulation diese andere Richtung des Abzuges rechnerisch berücksichtigt werden (siehe Übersicht nächste Seite).

Bedenken Sie immer: Keine noch so ausgefeilte Kalkulation ist genau. Alle Kalkulationen „streuen" um die Wirklichkeit. Somit ist jedes (!) Kalkulationsergebnis letztlich nur als „Näherungswert" zu betrachten.

Kalkulationselemente	%	EUR
Bruttoeinkaufspreis		1.000,00 €
- Rabatt	20,0%	200,00 €
= Brutto-Zieleinkaufspreis		800,00 €
- Skonti	1,50%	12,00 €
= Netto-Bareinkaufspreis		788,00 €
+ Besondere Bezugskosten	absolut	25,00 €
= Einstandspreis		813,00 €
+ Gemeinkosten Verwaltung/ Vertrieb usw.	15,0%	121,95 €
= Selbstkosten		934,95 €
+ Gewinnaufschlag	10,0%	93,50 €
= Netto-Barverkaufspreis		1.028,45 €
+ Skonto für den Käufer	1,5%	15,66 €
= Netto-Zielverkaufspreis		1.044,11 €
+ Verkaufsrabatt für den Käufer	15,0%	184,25 €
= Listenverkaufspreis netto		1.228,36 €
+ Umsatzsteuer	19,0%	233,39 €
= Brutto-Verkaufspreis		1.461,75 €

Grundschema einer Handelskalkulation

Erfolgsrechnungen: Womit verdienen (oder verlieren) Sie Geld?

Es ist manchmal erstaunlich, dass auch große Unternehmen nicht richtig mit bewährten betriebswirtschaftlichen Werkzeugen umgehen können.

Ein Management entscheidet falsch

Ein Konzern der Markenartikelindustrie mittlerer Größe hatte mehrere Produktlinien. Das Management wollte das Ergebnis verbessern und schaute sich kritisch die Produktlinien an. In der Folge wurden zwei Linien aus dem Sortiment geworfen. Begründung: „Mit diesen Linien fahren wir Verluste ein." Insgesamt wurde aber keine Ergebnisverbesserung erreicht, obwohl man sich doch von vermeintlichen Verlustbringern getrennt hatte. Man hatte nicht „in Deckungsbeiträgen gedacht". Denn die vermeintlich negativen Erfolgsrechnungen der Produktlinien enthielten auf die Produkte geschlüsselte Fixkosten, die dummerweise auch nach Trennung von den Produkten weiterliefen und nun auf den Rest der Produktlinien aufgeteilt wurden:

Verwaltungskosten, Vertriebskosten, Mieten und so weiter. Es fielen lediglich die variablen Kosten der „rausgeschmissenen" Produkte weg. Der Preis dieser Produkte lag aber immer noch über den variablen Kosten, sie leisteten also immer noch positive Deckungsbeiträge. Unter dem Strich hatte man an den Produkten sogar verdient! Man hatte schlicht ein kostenrechnerisches Basiswerkzeug nicht angewandt: Die Deckungsbeitragsrechnung. Man hatte in „Vollkosten" gedacht und alle Kosten, auch die, die nicht entscheidungsrelevant waren, betrachtet.

Vollkostenrechnungssysteme sind alle die Rechenwerke, die mit allen Kosten, also auch den fixen, rechnen. Das ist problematisch, zur Illustration hier noch ein einfaches Beispiel:

Das ist die Ausgangssituation: Drei Produkte mit unterschiedlichen Vollkostenergebnissen

	Produkt A	Produkt B	Produkt C	Summe
Erlöse	1.300 €	2.200 €	3.900 €	7.400 €
variable Kosten	800 €	1.700 €	2.400 €	4.900 €
fixe Kosten	400 €	700 €	1.200 €	2.300 €
= Gesamtkosten	1.200 €	2.400 €	3.600 €	7.200 €
Produktergebnisse	**100 €**	**-200 €**	**300 €**	**200 €**

Vorschlag: „Offensichtlich hat das *Produkt B ein negatives Ergebnis*. Man sollte sich von diesem Produkt trennen."

So sieht das Ergebnis nach der Trennung von Produkt B aus

	Produkt A	Produkt B	Produkt C	Summe
Erlöse	1.300 €	---	3.900 €	5.200 €
variable Kosten	800 €	---	2.400 €	3.200 €
fixe Kosten	600 €	---	1.700 €	2.300 €
= Gesamtkosten	1.400 €	---	4.100 €	5.500 €
Produktergebnisse	**-100 €**	---	**-200 €**	**-300 €**

Nun hat man sich von dem Minusprodukt getrennt, das Ergebnis ist aber um 50 schlechter als vorher! In Summe - 300. Warum? Die Fixkosten sind geblieben und verteilen sich nun auf die anderen Produkte.
Offensichtlich hat die Trennung von einem Minusprodukt das Ergebnis verschlechtert?! Wichtige Frage also: Hat das vermeintliche Minusprodukt einen positiven Deckungsbeitrag gebracht?

So sieht die Deckungsbeitragsdarstellung aus

Deckungsbeiträge	Produkt A	Produkt B	Produkt C	Summe
Erlöse	1.300 €	2.200 €	3.900 €	7.400 €
- variable Kosten	800 €	1.700 €	2.400 €	4.900 €
= Deckungsbeitrag	500 €	500 €	1.500 €	2.500 €
Fixe Kosten				2.300 €
Gesamtergebnis				**200 €**

Das Minusprodukt hat einen positiven Deckungsbeitrag von 50 erwirtschaftet. Das heißt, mit diesem Produkt werden immerhin noch Fixkosten in Höhe von 500 gedeckt.

Fazit: Sich nicht zu schnell von Produkten trennen!
**   Man beachte den Deckungsbeitrag!**

So kann die Vollkostenrechnung zu Fehlentscheidungen führen

Die Teilkostenrechnung: Ein Erfolgsmodell

Teilkostenrechnung bedeutet: Es werden nicht alle Kosten für Entscheidungen (siehe oben) berücksichtigt, sondern nur ein Teil.

Das Direct Costing: Um Fehlentscheidungen auf Vollkostenbasis zu vermeiden, bedient man sich der sogenannten Deckungsbeitragsrechnung. Ein Deckungsbeitrag gibt an, welcher Betrag für die Deckung der Fixkosten nach Abzug der variablen Kosten vom Preis oder Umsatz noch übrig bleibt. Somit ist der Deckungsbeitrag eigentlich ein Fixkostendeckungsbeitrag, der aber auch den Gewinnanteil beinhaltet.

Vereinfacht gesagt gibt der Deckungsbeitrag an, was man an einem Produkt verdient.

Die **Grundformel** ist:

	Preis bzw. Umsatz	100
	– variable Kosten	80
	= **Deckungsbeitrag**	**20**

Die einfachste, millionenfach angewandte Art der Deckungsbeitragsrechnung ist das sogenannte Direkt Costing. Man ermittelt den Deckungsbeitrag und „erschlägt" die Fixkosten en bloc. Jeder Schlüsselungsversuch wird unterlassen (siehe Beispiel nächste Seite).

Betrachtet man den Deckungsbeitrag, so sieht man, dass das umsatzstärkste Produkt **nicht**, wie man ja meinen könnte, das beste Artikelergebnis hat. In diesem Fall haben die hohen variablen Personalkosten den umsatzstarken Artikel Happy Sport auf den zweiten Platz verdrängt.

Zum Problem der Fixkostenverteilung: Angenommen, wir schlüsseln die Fixkosten auf die Produkte auf. Zum Beispiel so, wie es auch noch häufig in der Praxis geschieht, nach Umsatz. Denn man hört oft die Argumentation (aus dem Marketing): „Die Artikel mit dem stärksten Umsatz können die meisten Fixkosten tragen. Die Artikel mit geringem Umsatz können nicht so stark belastet werden." Diese Einstellung nennt man Tragfähigkeitsprinzip und der vernünftige Kostenrechner lehnt es ab, wenn er Kosten nach diesem Prinzip verteilen soll. Andere wiederum, die die Fixkostenproblematik kennen, argumentieren: „Da die Fixkosten sowieso nicht vernünftig zugeteilt werden können, können wir sie auch gleichmäßig auf die Produkte verteilen." Das ist ebenfalls nicht o. k.

Aus Übersichtlichkeits-gründen in 1.000 Euro	Produkte			Summe
	Happy Sport	Junior Sport	Sunrise	Summe
Bruttoumsatz	2.467 €	1.376 €	744 €	4.587 €
- Erlösschmälerungen	230 €	163 €	83 €	476 €
= Nettoumsatz	2.237 €	1.213 €	661 €	4.111 €
Variable Materialkosten	540 €	285 €	105 €	930 €
Variable Personalkosten	990 €	134 €	156 €	1.280 €
Variable Lizenzkosten	123 €	69 €	37 €	229 €
Variable Ausgangsfrachten	35 €	29 €	23 €	87 €
Summe variable Kosten	1.688 €	517 €	321 €	2.526 €
Deckungsbeitrag I	549 €	696 €	340 €	1.585 €
Fixes Material				87 €
Fixe Personalkosten				424 €
Werbung				123 €
Energie	FIXKOSTEN WERDEN			111 €
Abschreibungen	NICHT ZUGERECHNET			234 €
Instandhaltung				34 €
Mieten/Leasing				85 €
Kommunikationskosten				34 €
Zinsen				46 €
Steuern				23 €
Sonstige Kosten				78 €
Summe Fixkosten				1.279 €
Ergebnis	---	---	---	306 €

Das klassische Direct Costing

Die stufenweise Fixkostendeckung: Es bleibt die Erkenntnis, dass man Fixkosten nie genau schlüsseln kann, aber man kann sich doch etwas näher an die Wirklichkeit heranhangeln: Man prüft, ob es nicht Fixkosten gibt, die eben doch direkt den Produkten zugeordnet werden können. Vielleicht gibt es eine spezielle Werbemaßnahme. Oder die Marketingkosten können separat erfasst werden, da jedes Produkt ein Marketingteam hat. Oder Entwickler und Designer arbeiten direkt nur für eine Produktlinie. Man geht also kritisch durch die Fixkosten und prüft, ob nicht einzelne Fixkosten zurechenbar sind. Diese Vorgehensweise nennt man stufenweise Fixkostendeckungsrechnung.

Man schafft sich mehrere Deckungsbeitragsstufen. Immerhin wird dadurch das Ergebnis um einiges transparenter. So relativiert sich im obigen Beispiel das bessere Deckungsbeitrags-I-Ergebnis von Junior Sport gegenüber Happy Sport. Jetzt liefern sich die Produkte ein Kopf-an-Kopf-Rennen. Nun geht es in die Analyse. Dazu muss man wissen, dass Happy Sport der bereits entwickelte Langläufer ist, Junior Sport das Zukunftsprodukt, deswegen die Entwicklungskosten. Die Analyse der Deckungsbeiträge ist immer wichtig.

Aus Übersichtlichkeits-gründen in 1.000 Euro	Produkte			
	Happy Sport	Junior Sport	Sunrise	Summe
Bruttoumsatz	2.467 €	1.376 €	744 €	4.587 €
- Erlösschmälerungen	230 €	163 €	83 €	476 €
= Nettoumsatz	**2.237 €**	**1.213 €**	**661 €**	**4.111 €**
Variable Materialkosten	540 €	285 €	105 €	930 €
Variable Personalkosten	990 €	134 €	156 €	1.280 €
Variable Lizenzkosten	123 €	69 €	37 €	229 €
Variable Ausgangsfrachten	35 €	29 €	23 €	87 €
Summe variable Kosten	**1.688 €**	**517 €**	**321 €**	**2.526 €**
Deckungsbeitrag I	**549 €**	**696 €**	**340 €**	**1.585 €**
DIREKT ZURECHENBARE FIXKOSTEN				
Werbung	25 €	43 €	55 €	123 €
Entwicklungskosten	0 €	102 €	0 €	102 €
Zurechenbare Produktionskosten	53 €	36 €	23 €	112 €
Zurechenbare Vertriebskosten	35 €	69 €	20 €	124 €
Deckungsbeitrag II	**436 €**	**446 €**	**242 €**	**1.124 €**
NICHT DIREKT ZURECHEN-BARE FIXKOSTEN				
Nicht zurechenb. Produktionsk.	**FIXKOSTEN WERDEN**			350 €
Vertriebskosten	**NICHT ZUGERECHNET**			145 €
Verwaltungskosten				323 €
Ergebnis	----	----	----	**306 €**

Praxisbeispiel einer stufenweisen Fixkostendeckung

Fazit: Man sieht durch derartige Darstellungen, welche Kosten die Produkte über die variablen Kosten hinaus noch **direkt** verursacht haben.

In Literatur und Praxis findet man häufig den folgenden stufenweisen Aufbau dieser Form der Deckungsbeitragsrechnung, welchen man als Basismodell kennen sollte:

Das Grundschema der klassischen stufenweisen Fixkostendeckung

	A	B	C	Summe
Umsatz	500	400	800	1700
- variable Kosten	350	280	490	1120
= Deckungsbeitrag I	150	120	310	580
- Produktfixkosten	45	38	72	155
= Deckungsbeitrag II	105	82	238	425
- Produktgruppenfixkosten	35	35	35	105
= Deckungsbeitrag III	70	47	203	320
- Bereichsfixe Kosten	50	60	50	160
= Deckungsbeitrag IV	20	-13	153	160
- Unternehmensfixe Kosten	werden nicht zugerechnet			90
= Unternehmensergebnis				70

Klassische stufenweise Fixkostendeckung

Was sich hinter den einzelnen Deckungsbeiträgen verbirgt:

- **Der klassische Deckungsbeitrag I** – (entspricht dem Direct Costing): Umsatz – variable Kosten
- **Deckungsbeitrag II/Deckungsbeitrag I – Produktfixkosten:** Fixkosten, die speziell einem Produkt zugerechnet werden können, etwa Kosten für ein Spezialwerkzeug, fixe Lizenzen oder Verkaufsförderung.
- **Deckungsbeitrag III/Deckungsbeitrag II – Produktgruppenfixkosten:** Produkte können zu Produktgruppen zusammengefasst werden, beispielsweise verschiedene Reiniger wie Badreiniger und Spülmittel zur Produktgruppe Putzmittel. Dieser Gruppe können wiederum Fixkosten direkt zugerechnet werden, zum Beispiel Marketingkosten für Putzmittel und Werbungskosten für eine bestimmte Marke.
- **Deckungsbeitrag IV/Deckungsbeitrag III – Bereichsfixkosten:** Produktgruppen können wiederum zu Bereichen zusammengefasst werden, zum Beispiel Putzmittel und Körperreinigungsartikel. Es gibt Fixkosten, die für diese Bereiche anfallen, etwa die Verwaltung dieser Bereiche oder

Vertriebskosten, wenn Vertreter beide Produktgruppen vertreiben, und so weiter.

- **Unternehmensergebnis/Deckungsbeitrag IV – Unternehmensfixkosten:** Hier können Fixkosten gar nicht mehr zugerechnet werden, beispielsweise die Verwaltung des Gesamtunternehmens, die Bewachung des Firmengeländes und Ähnliches.

Nun können Produktgruppen und Bereiche differenziert betrachtet werden, was insbesondere für die Führungsebenen interessant ist.

Kunden- und Managementerfolgsrechnung: Einer muss verantwortlich sein

Häufig hört man den Vertrieb klagen: „Wenn wir nur wüssten, was wir an den einzelnen Kunden verdienen. Da fährt man in die abgelegensten Gegenden um Kunden zu besuchen und weiß nicht, ob sich der Aufwand überhaupt lohnt." Dafür liefert die Kostenrechnung folgendes Rezept: Man nehme die Kundenumsätze, ziehe die variablen Kosten ab und ordne, wenn möglich, den Kunden zurechenbare Fixkosten zu. Ergebnis: Die Kundenergebnisrechnung. **Was verdiene ich am Kunden?**

> **Beispiel:** Da gab es einen größeren Weinhändler, der mit deutschen Weinen handelte, aber auch ausländische Weine importierte. Der Vertrieb erfolgte über Vertreter. Man handelte mit Weinen zu Verkaufpreisen zwischen rund 3 und 30 Euro. Aus Marketinggründen hatte man einige Lockangebote (Türöffnerprodukte) im Angebot. Diese Produkte waren auf Basis variabler Kosten kalkuliert. Letztlich galt: Einkaufspreis = Verkaufspreis. Natürlich wusste man, dass mit diesen Produkten nichts verdient. Hellhörig wurde man, als ein cleverer Vertreter dem Inhaber mitteilte, dass er einige Kunden hat, insbesondere Weinläden in Großstädten, die nur die Türöffnerprodukte kaufen und sonst nichts. Zwar machen diese Kunden einen hohen Umsatz, aber letztlich wird nichts an diesen Kunden verdient.

Es kann also durchaus passieren, dass man mit einigen Kunden immense Umsätze macht, aber keine Gewinne. Wie hat unser Weinhändler reagiert? In diesem Falle gar nicht. Zwar hat er an rund 12 Prozent der Kunden nichts verdient, aber ehe es sich in der Branche herumspricht, dass man Kunden ablehnt, lebt man besser mit diesem Problem.

Kundenergebnisrechnungen sind ebenfalls nach dem Deckungsbeitragsprinzip aufzubauen.

	Kunden				
	Müller	**Meier**	**Schulze**	**Huber**	**Löffler**
Absatz in **Stück**	12.500	35.000	6.400	3.200	25.200
Durchschnittspreis (netto)	63,23 €	40,65 €	63,10 €	60,46 €	49,10 €
Bruttoumsatz	694.208 €	1.349.636 €	340.328 €	178.016 €	1.200.820 €
Erlösschmälerungen	96.167 €	73.114 €	63.512 €	15.456 €	36.500 €
Erlösschmälerungen in %	0 €	0 €	0 €	0 €	0 €
Nettoumsatz	**790.375 €**	**1.422.750 €**	**403.840 €**	**193.472 €**	**1.237.320 €**
VARIABLE KOSTEN:					
Variable Herstellkosten	149.765 €	204.566 €	87.532 €	60.754 €	453.222 €
Handelswaren	0 €	234.543 €	128.644 €	14.353 €	0 €
Vertreterprovisionen	158.075 €	284.550 €	80.768 €	38.694 €	247.464 €
Transportkosten	15.808 €	28.455 €	8.077 €	3.869 €	24.746 €
Variable Lizenzen	79 €	142 €	40 €	19 €	123 €
Deckungsbeitrag I	**466.648 €**	**670.494 €**	**98.779 €**	**75.782 €**	**511.765 €**
DEM KUNDEN ZURECHEN-BARE FIXKOSTEN:					
Spezialwerkzeugkosten	0 €	0 €	102.000 €	0 €	235.500 €
Werbeunterstützung	100.000 €	100.000 €	30.000 €	0 €	0 €
Deckungsbeitrag II	**366.648 €**	**570.494 €**	**-33.221 €**	**75.782 €**	**276.265 €**
NICHT ZURECHENBARE FIXKOSTEN:					
Fixe Herstellkosten					
Fixe Vertriebskosten					
Verwaltungskosten					
Kundenergebnis nach Umlagen (zu Vollkosten)					

Problematisch!
Man könnte mit Umlagen arbeiten. Die Gefahr ist immer, dass jemand in erster Linie auf das Kundenergebnis auf Vollkostenbasis schaut.
Besser diesen Block weglassen

Beispiel einer Kundenergebnisrechnung

Hier sollte man einmal über den Kunden Schulze nachdenken. Zwar fährt man noch einen positiven Deckungsbeitrag I ein. Dieser wird aber von den zurechenbaren Sonderkosten (Spezialwerkzeugkosten) weggefressen und unter dem Strich steht ein sattes Minus.

Praxistipp: Derartige Darstellungen können vielfältig sein: Für Großkunden, Kleinkunden, Spezialkunden; nach Vertriebswegen wie Großhandel, eigene Filialen, Vertriebsgesellschaften oder Importeure. Das Prinzip ist immer das gleiche (Ermittlung von Deckungsbeiträgen und stufenweise Fixkostendeckung) und hat sich seit Jahrzehnten in der Praxis bewährt.

Managementergebnisrechnung: Einer muss den Kopf hinhalten

| | Happy Sport | | Abweichung | |
	Plan	Ist	absolut	%
Absatz in Stück	9.650	9.250	-400	-4%
Durchschnittspreis netto	235,00 €	241,84 €	6,84 €	2,9%
Bruttoumsatz	2.015.750 €	2.007.020 €	-8.730 €	0%
- Erlösschmälerungen	252.000 €	230.000 €	-22.000 €	-9%
= Nettoumsatz	**2.267.750 €**	**2.237.020 €**	**-30.730 €**	**-1%**
Variable Materialkosten	455.000 €	540.600 €	85.600 €	19%
Variable Personalkosten	950.000 €	990.800 €	40.800 €	4%
Variable Lizenzkosten	125.000 €	122.800 €	-2.200 €	-2%
Variable Ausgangsfrachten	35.000 €	34.900 €	-100 €	0%
Summe variable Kosten	**1.565.000 €**	**1.689.100 €**	**124.100 €**	**8%**
Deckungsbeitrag I	**702.750 €**	**547.920 €**	**-154.830 €**	**-22%**
DIREKT ZURECHENBARE FIXKOSTEN				
Werbung	100.000 €	25.500 €	-74.500 €	-75%
Entwicklungskosten	0 €	0 €		
Zurechenbare Produktionskosten	50.000 €	53.000 €	3.000 €	6%
Zurechenbare Vertriebskosten	20.000 €	35.000 €	15.000 €	75%
Deckungsbeitrag II				
= Managementergebnis	**532.750 €**	**434.420 €**	**-98.330 €**	**-18%**
NICHT DIREKT ZURECHENBARE FIXKOSTEN				
Nicht zurechenbare Produktionsk.	180.000 €	175.000 €	-5.000 €	-3%
Vertriebskosten	80.000 €	59.000 €	-21.000 €	-26%
Verwaltungskosten	170.000 €	165.000 €	-5.000 €	-3%
Ergebnis zu Vollkosten	**102.750 €**	**35.420 €**	**-67.330 €**	**-66%**

Praxisbeispiel Managementergebnisrechnung

Die Formen der Ergebnisrechnungen eigenen sich hervorragend für sogenannte Managementergebnisrechnungen. Wie der Name schon sagt, will man wissen, wie erfolgreich ein Manager oder ein Gebietsmanagement ist. Häufig hängt an diesen Ergebnissen eine variable Vergütung. Man kombiniert jetzt also die Erfolgsrechnung mit „Köpfen". Nun kann aber nur jemand für Dinge zur Verantwortung gezogen werden, die er auch beeinflussen kann. Dafür bietet sich die Deckungsbeitragsdarstellung an. Der zurechenbare Managementerfolg kann zum Beispiel ein Deckungsbeitrag II sein. Hier sind alle Kostenfaktoren vom Management beeinflussbar. Verwaltungsumlagen beispielsweise dürfen hier, wenn überhaupt, nur „nachrichtlich" genannt werden. Fremde Bereiche, die einem Manager per Umlage zugerechnet werden, kann dieser nicht beeinflussen. Und noch ein wichtiger Punkt ist zu berücksichtigen: Der Plan. Nicht immer kann es zielführend sein, die Qualität des Managements lediglich am absoluten Ergebnis oder an einem absoluten Deckungsbeitrag festzumachen. Nach dem Motto: Wer die meisten Deckungsbeiträge erwirtschaftet hat, bekommt am meisten Vergütung. So finden Sie nie gute Leute, die einen Bereich aufbauen wollen, denn in der Anfangsphase werden erst wenige Gewinne erwirtschaftet. Sie finden auch keine Top-Leute, die einen schwachen oder heruntergewirtschafteten Bereich wieder hochziehen. Dabei braucht man hier gerade die besten! Hier ist das Managementergebnis der Deckungsbeitrag II. Der Rest sind nicht beeinflussbare Umlagen.

Break-even-Analyse:
Wo liegt die Gewinnschwelle bei Ihren Produkten?

Klinken wir uns zur Einstimmung ins Thema einmal kurz in eine Marketingsitzung ein. Ein Produktmanager präsentiert ein Produkt: „... und so sind wir sicher, dass wir bei einem Verkaufspreis von 80 Euro das Produkt 150.000 Mal absetzen können." Donnerwetter, denken einige der Beteiligten, das ist ja was. „Stop", sagt der Controller, „darf ich etwas zu bedenken geben. Ich habe mir im Vorfeld dieser Besprechung einmal den Break-even dieses Produktes angeschaut und der sagt, dass wir bei einem Absatz von 150.000 Stück noch nichts verdienen." Er präsentiert folgende Rechnung:

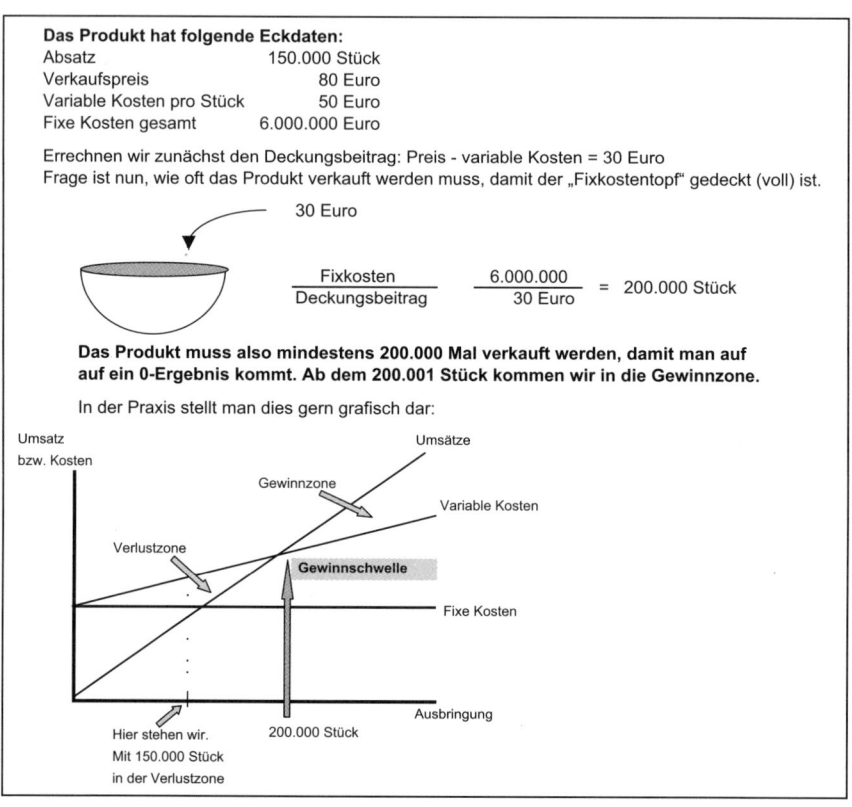

Das Produkt hat folgende Eckdaten:

Absatz	150.000 Stück
Verkaufspreis	80 Euro
Variable Kosten pro Stück	50 Euro
Fixe Kosten gesamt	6.000.000 Euro

Errechnen wir zunächst den Deckungsbeitrag: Preis - variable Kosten = 30 Euro
Frage ist nun, wie oft das Produkt verkauft werden muss, damit der „Fixkostentopf" gedeckt (voll) ist.

30 Euro

$$\frac{\text{Fixkosten}}{\text{Deckungsbeitrag}} \quad \frac{6.000.000}{30 \text{ Euro}} = 200.000 \text{ Stück}$$

Das Produkt muss also mindestens 200.000 Mal verkauft werden, damit man auf auf ein 0-Ergebnis kommt. Ab dem 200.001 Stück kommen wir in die Gewinnzone.

In der Praxis stellt man dies gern grafisch dar:

Grundgedanken der Break-even-Analyse (Gewinnschwellenanalyse)

Der Break-even-Punkt ist die Gewinnschwelle. Hier sieht man die 0-Marke bei 200.000 Stück und welche Gewinneffekte sich ergeben, falls es gelingen würde, über 200.000 Stück zu verkaufen.

Nun hat der Controller dargelegt, dass das Produkt bei den vorhandenen Eckdaten nicht profitabel vermarktet werden kann. Was jetzt? Hier zeigt sich jetzt die hervorragende Eignung des Break-even-Modells für derartige Besprechungen. Zunächst ist das Grundproblem mit einigen Strichen schnell auf dem Flipchart. Die Grafik zeigt, dass zurzeit die Gewinnschwelle nicht erreicht wird. Jetzt kann man beginnen, mittels der Gewinnschwellen-Darstellung die möglichen Lösungen zu diskutieren, denn jede Linie hat Einfluss auf die Gewinnschwelle.

- **Die Umsatzlinie kann steiler werden,** wenn der Preis erhöht wird. Die Gewinnschwelle wird schneller erreicht. Wer ist zuständig für diese Linie? Marketing und Vertrieb. Frage: Kann der Preis erhöht werden?
- **Runter mit den variablen Kosten.** Auch so kommt man der Gewinnschwelle näher. Zuständig für diese Linie ist die Produktion. Was ist noch möglich?
- **Runter mit den fixen Kosten.** Zuständig wieder die Produktion, aber auch andere Fixkostenbereiche wie etwa der Vertrieb. Hier hat sich der Controller vorher informiert, welche Fixkosten verursachungsgerecht (!) für dieses Produkt anfallen.
- **Ist überhaupt eine Kapazität möglich, die uns über die Gewinnschwelle hinausführt?** Haben wir überhaupt die Kapazität für 200.000 Stück? Frage an die Produktionsleitung.

So kommt man mit dieser Fragestellung ganz tief in die Problematik von Kostenrechnung, Marketing und Produktion „hinein, man bedenkt alle Aspekte.

Planung und Plankostenrechnung: Die Zukunft rechnen

Ein gängiger Spruch im Rahmen der Planung ist: *„Planung ist die Ersetzung des Zufalls durch den Irrtum."* Klar ist, dass die Wirklichkeit fast nie exakt die Planung trifft. Auf der anderen Seite: Wenn man nicht weiß wo man hinwill, kann man sich verirren. Dass im Unternehmen Planung stattfinden muss, ist unstrittig.

Strategische und operative Planung vernetzt

Unterhält man sich in den Unternehmen über Planung, wird strategisch oft mit langfristiger Planung, operativ mit kurzfristiger Planung gleichgesetzt. Das ist so nicht richtig. **Strategisch fragt man:** Was ist meine Kernkompetenz, habe ich die richtigen Produkte, wo stehe ich im Markt, wo soll es hingehen? **Operativ bedeutet** die Umsetzung der Strategie, die Festlegung der Schritte zur Zielerreichung. Wenn man jetzt weiß, *wo* man hinwill, ist der nächste Schritt zu planen, *wie* man hinwill. Die Eckdaten sind gesetzt, jetzt geht es ins Detail der operativen Planung. Einmal im Jahr wird in den Unternehmen geplant, oft im Oktober/November. Sämtliche Bereiche des

Unternehmens werden durchgeplant und man versucht, das nächste Jahr gedanklich und zahlenmäßig vorwegzunehmen.

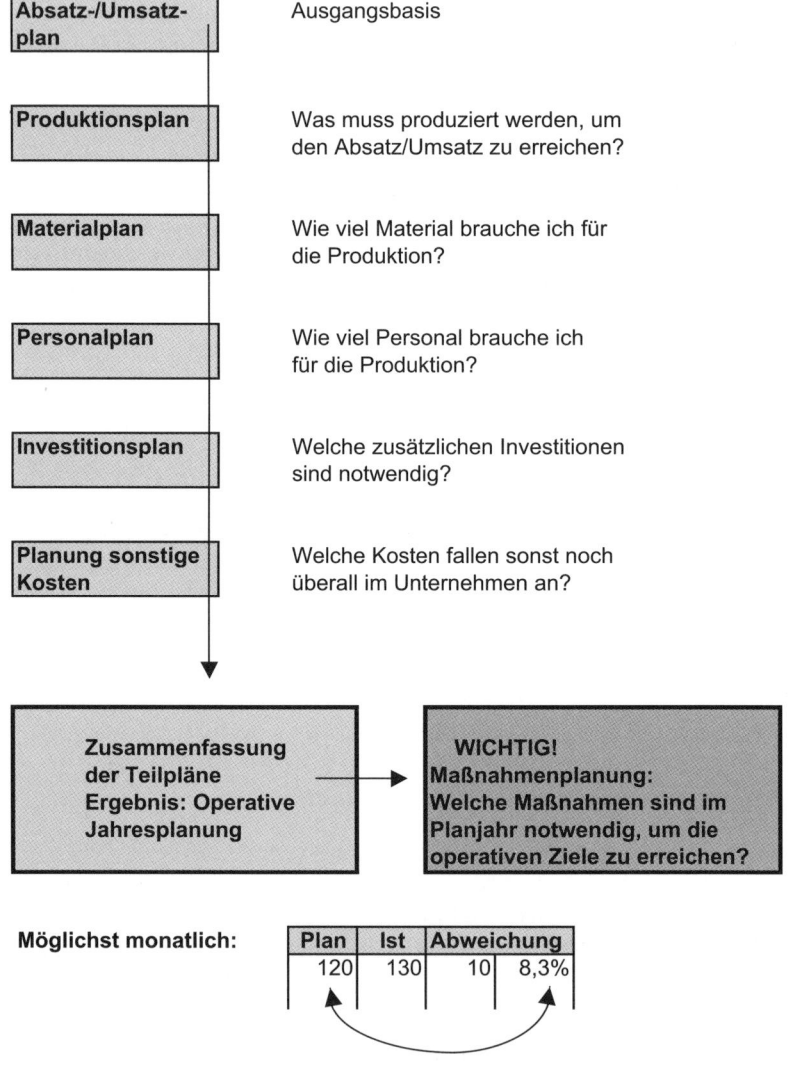

Der Prozess der operativen Planung

Idealerweise hat jetzt jeder Bereich, jede Abteilung, auf jeden Fall aber jeder Verantwortliche Plandaten, an denen er sich messen kann. Sind diese auf den Monat heruntergebrochen, werden die monatlichen Istdaten dagegengesetzt. Der interessante Prozess der Abweichungsanalyse kann beginnen. Ein Terrain, auf dem sich das Controlling bewegt und im Notfall Korrekturzündungen vorschlägt: „Stop, hier läuft etwas falsch, der Plan ist in Gefahr!"

Plan-/Soll-/Ist-Abweichungen:
Das Unternehmen wird betriebswirtschaftlich transparent

Für die Planung und spätere Abweichungsanalyse greift die Kostenrechnung wieder in ihre „Toolbox" und macht einen sog. Plan/Ist-Vergleich. In der einen oder anderen Form ist er in der Praxis in etwa immer nach folgendem Grundgerüst aufgebaut:

Starre Plankostenrechnung

	Plan	Ist	Abweichung absolut	%
Absatz Stück	12.000	13.600	1.600	13,3%
Preis in Euro	2,49 €	1,99 €	-0,50 €	-20,1%
Umsatz	29.880 €	27.064 €	-2.816 €	-9,4%
- Kosten	24.000 €	25.160 €	1.160 €	4,8%
= Ergebnis	5.880 €	1.904 €	-3.976 €	-67,6%

Verkaufte Stückzahl ←
Verkaufspreis pro Stück ←

Absatz x Preis ←
Kosten: ←
Hier liegen sämtliche
Kostenarten dahinter, z. B.
- Materialkosten
- Personalkosten
- Abschreibungen usw.

Dieses Schema heißt übrigens „Starre Plankostenrechnung". Starr deswegen, weil die Vergleichsbasis, der Plan, starr bleibt. Egal wie hoch der Absatz ist, Vergleichsbasis bleiben die Plankosten (obwohl doch möglicherweise bei Absatzerhöhung diese Kostenbasis für einen realistischen Plan/Ist-Vergleich nicht mehr taugt).

Grundschema einer Plankostenrechnung (starre Plankostenrechnung genannt)

Was ist hier passiert? Man ist auf den Preis von 1,99 Euro zurückgegangen in der Hoffnung, den Absatz so zu steigern, dass unter dem Strich ein höherer Umsatz erreicht wird. Tatsächlich ist der Absatz hochgegangen, nur unter dem Strich ist die Strategie nicht aufgegangen. Der Umsatz liegt um – 2.816 unter Plan.

Flexible Plankostenrechnung: Würde man sich jetzt im obigen Beispiel mit dem Verantwortlichen über die Kostenabweichung unterhalten, käme das Argument: „Sie vergleichen Äpfel mit Birnen. Wie können Sie die Kosten vergleichen, wenn die Absatzmenge gestiegen ist?" Das Argument greift und deswegen wird häufig die starre Plankostenrechnung zu einer flexiblen Plankostenrechnung ausgebaut. Voraussetzung ist wieder unsere bekannte Trennung in variable und fixe Kosten.

Flexible Plankostenrechnung (Sollkostenrechnung)

	Plan	Soll	Ist	Abw. zum Soll absolut	%
Absatz Stück	12.000	13.600	◄13.600		
Preis	2,49 €	➞ 2,49 €	1,99 €	-0,50 €	-20,1%
var. Kosten/Stück	1,30 €	➞ 1,30 €	1,20 €	-0,10 €	-7,7%
Umsatz	29.880 €	33.864 €	27.064 €	-6.800 €	-22,8%
- variable Kosten	15.600 €	17.680 €	16.320 €	-1.360 €	-7,7%
- fixe Kosten	8.400 €	8.400 €	8.840 €	440 €	5,2%
= Ergebnis	5.880 €	7.784 €	1.904 €	-5.880 €	-75,5%

Der Absatz wird ins Soll übernommen. Die Kosten werden in variable und fixe Kosten getrennt und die variablen Kosten mit dem Plansatz bewertet. Der Planansatz der Fixkosten wird ins Soll übernommen, da die fixen Kosten unabhängig von der Beschäftigung sind.

Rechnen mit Sollkosten (Sollkosten = Plankosten der Istbeschäftigung)

Da die variablen Kosten abhängig von der Absatzmenge sind, werden sie für Vergleichszwecke angepasst: Sogenannte Sollkosten entstehen. Besser wäre „Darfkosten" zu sagen. Wie hoch *dürfen* bei aktueller Absatzmenge die Kosten sein? Nun werden die Istkosten mit den Sollkosten verglichen beziehungsweise das Sollergebnis mit dem Planergebnis. Das sieht schon anders aus! Zwar ändert diese Darstellung nichts daran, dass die Preisstrategie nicht aufgegangen ist. Aber sah es bei der starren Rechnung noch so aus, als ob der Verantwortliche für die variablen Kosten diese überschritten hätte, sagt die Sollkostenrechnung aus, dass hier eigentlich die Welt in Ordnung ist. Man hat 1.360 Euro eingespart, allerdings hier die Fixkosten überschritten.

Beschäftigungsabweichung: Dieses Thema hat geradezu existenziellen Einfluss auf viele Unternehmen. Existenziell deswegen, weil diese Abweichung für viele Firmenzusammenbrüche verantwortlich ist.

Beispiel: Von den Fixkosten „erschlagen"

Ein Hersteller von Gastronomiebestuhlung hatte einen hohen Fixkostenblock aufgebaut: Maschinen, Personal, eine neue Halle und so weiter. Über Jahre hinweg ging alles gut. Laut Kalkulation konnten die Produkte die Fixkosten für Personal und die neue Halle gut tragen, sodass diese Fixkosten kaum eine Rolle spielten und durch die hohen Absatzmengen spielend wieder eingefahren wurden. Aber dann ging der Absatz zurück. Die variablen Kosten wurden zurückgefahren. Nur, die Halle war gebaut, die Kosten waren da, die Maschinen wollte niemand mehr. Nun mussten die restlichen wenigen Produkte die Fixkosten tragen. Man wurde zu teuer. Ergebnis: Pleite. *Von den Fixkosten erschlagen.*

So sollte man sich frühzeitig um seine Fixkostendeckung kümmern und sehr sensibel reagieren, wenn es hier zu Unterdeckungen kommt.

Diese Fixkostenproblematik gehört auch zu den Gründen, warum beispielsweise rund jedes dritte junge Unternehmen in den ersten fünf Jahren nach Gründung wieder schließen muss. Es gibt einen hohen Fixkostenblock. Zunächst existiert vielleicht noch genügend Deckung, dann kommt ein kleiner Absatzeinbruch – zack! Fixkosten nicht gedeckt – Ende. Kein Geld mehr in der Kasse. Aus der Traum von der Selbstständigkeit.

Geplante Absatzmenge	250.000 Stück
Variable Kosten pro Stück	35,00 Euro
Fixkosten	3.000.000 Euro
Fixkosten pro Stück (3.000.000 : 250.000)	12,00 Euro

Stück-Kalkulation laut Plan		
Variable Kosten	35,00	Euro
Fixe Kosten	12,00	Euro
Herstellkosten	47,00	Euro

Die 3.000.000 Euro sind also bei einer Menge von 250.000 Stück gedeckt.

Ist-Situation am Jahresende:	
Ist-Absatzmenge (50.000 weniger)	200.000 Stück
Istkostendeckung: 200.000 Stück x 12,00 Euro Deckung pro Stück = 2.400.000 Euro	
Geplante Deckung und Kalkulationsbasis:	3.000.000 Euro
Ist-Deckung	2.400.000 Euro
Unterdeckung	**-600.000 Euro**

Der Kalkulationsansatz war falsch. Bei dem Ist-Absatz
hätten 15,00 Euro pro Stück Fixkosten in der Kalkulation
angesetzt werden müssen.
Es wurden 600.000 Euro zu wenig Fixkosten erwirtschaftet.

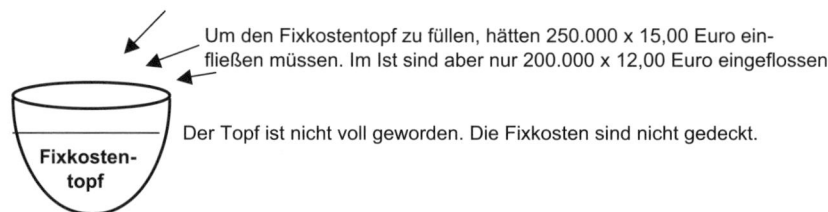

Um den Fixkostentopf zu füllen, hätten 250.000 x 15,00 Euro einfließen müssen. Im Ist sind aber nur 200.000 x 12,00 Euro eingeflossen

Der Topf ist nicht voll geworden. Die Fixkosten sind nicht gedeckt.

Fixkostentopf

Fixkostenunterdeckung

Moderne Kostenrechnungsmethoden:
Das Ziel im Auge haben und Prozesse optimieren

Immer wieder gibt es in diesem Bereich neue Methoden. Mal sind es
kurzlebige Modeerscheinungen, aber nützliche Dinge setzen sich durch. Im
Folgenden neue Instrumente, mit denen in der Praxis in den letzten Jahren
erfolgreich gearbeitet wurde.

Zielkostenrechnung oder Target Costing: Umdenken!

Die klassische Fragestellung der Kalkulation ist: „Was **wird** das Produkt kosten?" Ist dies überhaupt richtig gefragt? Muss man nicht vielmehr fragen: „Was **darf** das Produkt kosten?" Denn wir leben nicht mehr in einer Zeit, in der die Kosten im Unternehmen für ein Produkt einfach addiert werden, dann ein Gewinnzuschlag aufgeschlagen wird – und fertig ist der Preis, den die Kunden zahlen müssen. Nein, entweder sind die Kunden nicht bereit, für dieses Produkt diesen so kalkulierten Preis zu zahlen oder die Konkurrenz ist billiger. Preise werden heute vom Markt vorgegeben. Das erfordert aber, dass man das alte Kalkulationsdenken auf den Kopf stellt. **Am Anfang** stehen der Marktpreis und der gewünschte Gewinn. Daraus werden dann die zulässigen Kosten abgeleitet.

So funktioniert Target Costing

Herkömmliche Methode Was soll das Produkt kosten?		Target-Costing-Kalkulation Man stellt die Kalkulation auf den Kopf	
Entwicklungskosten	130 €	**Marktpreis**	**450 €**
+ Materialkosten	70 €	- Gewünschter Gewinn	-50 €
+ Fertigungskosten	200 €	**= Zielkosten**	**400 €**
+ Verwaltungskosten	30 €		
+ Vertriebskosten	40 €	**Zielkostenspaltung:**	
= Selbstkosten	**470 €**	Entwicklungskosten	110 €
		+ Materialkosten	65 €
+ Gewinn	50 €	+ Fertigungskosten	190 €
= Verkaufspreis	**520 €**	+ Verwaltungskosten	25 €
Was, wenn der Markt aber		+ Vertriebskosten	35 €
nur 450 Euro zahlt?		**= Zielkosten**	**425 €**

Immer noch
25 Euro zuviel.
Wo ist noch Luft?

Target Costing – Was darf das Produkt kosten?

Life-Cycle-Costing: Schon an übermorgen denken

Man darf nicht nur an die kurze Marktphase eines Produktes denken und danach rechnen(!). Produkte müssen von Anfang an über ihren ganzen Lebenszyklus betrachtet und gerechnet werden, von den Entwicklungskosten über Folgekosten, Garantiekosten bis hin zu den Verschrottungskosten. Der Anstoß für diese Denkweise kommt vom Markt, denn es gibt Probleme: **Die Lebenszyklen werden kürzer.** Alle Produkte haben ihren Lebenszyklus von „der Geburt bis zum Tod". Man beobachtet, dass die Produktlebenszyklen immer kürzer werden (man denke an Computer oder Digitalkameras), das heißt, es müssen immer schneller und damit zunehmend kostenintensiv neue

Produkte entwickelt werden. Fraglich ist aber, ob sich die Kosten vor dem Hintergrund kurzer Lebenszyklen überhaupt noch amortisieren. Ein weiteres Problem: **Sinkende Gewinne im Zeitablauf.** Durch Erfahrungen im Laufe der Zeit bei der Produktion kommt es zu Einsparungen (die sogenannte Lernkurve). Nur sinkt aber bei vielen Produkten der Preis im Laufe der Zeit, was zu Lasten der Gewinne geht. Und weiter: **Hohe Vor- und Nachleistungen.** Hoher Entwicklungsaufwand, das heißt, hohe Vorleistungen finanzieller Natur stehen am Anfang des Produktzyklus. Mittlerweile ergeben sich durch die Umweltdiskussion auch hohe Nachleistungen wie etwa Recycling. Und nicht zuletzt steht man vor dem Problem der **Realisierung von Folgegeschäften.** Was, wenn die Folgegeschäfte nicht realisiert werden können? Wenn es den Konkurrenten gelingt, die Folgegeschäfte günstiger anzubieten (man denke an billige elektrische Zahnbürsten und teure Ersatzbürsten des Herstellers)? Auf jeden Fall ist das Folgeverhalten der Kunden in die Rechnung einzubeziehen.

Wie geht man vor: Man listet alle anfallenden Ein- und Ausgaben eines Produktes über den gesamten Lebenszyklus auf. Grob kann eine Life-Cycle-Betrachtung wie folgt aussehen:

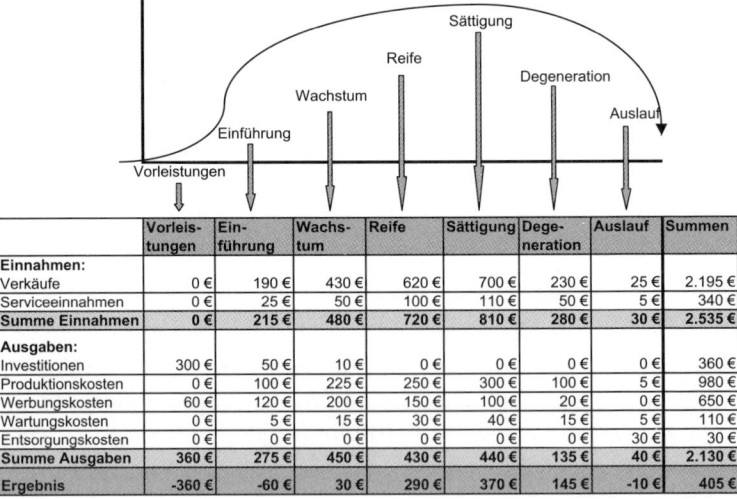

	Vorleis-tungen	Ein-führung	Wachs-tum	Reife	Sättigung	Dege-neration	Auslauf	Summen
Einnahmen:								
Verkäufe	0 €	190 €	430 €	620 €	700 €	230 €	25 €	2.195 €
Serviceeinnahmen	0 €	25 €	50 €	100 €	110 €	50 €	5 €	340 €
Summe Einnahmen	**0 €**	**215 €**	**480 €**	**720 €**	**810 €**	**280 €**	**30 €**	**2.535 €**
Ausgaben:								
Investitionen	300 €	50 €	10 €	0 €	0 €	0 €	0 €	360 €
Produktionskosten	0 €	100 €	225 €	250 €	300 €	100 €	5 €	980 €
Werbungskosten	60 €	120 €	200 €	150 €	100 €	20 €	0 €	650 €
Wartungskosten	0 €	5 €	15 €	30 €	40 €	15 €	5 €	110 €
Entsorgungskosten	0 €	0 €	0 €	0 €	0 €	0 €	30 €	30 €
Summe Ausgaben	**360 €**	**275 €**	**450 €**	**430 €**	**440 €**	**135 €**	**40 €**	**2.130 €**
Ergebnis	**-360 €**	**-60 €**	**30 €**	**290 €**	**370 €**	**145 €**	**-10 €**	**405 €**

Grundschema einer Life-Cycle-Rechnung

Prozesskostenrechnung

Diese Methode soll das ungenaue Arbeiten mit Gemeinkostenzuschlägen verbessern. Sie hat aber noch einen positiven Nebeneffekt: Gleichzeitig kommt es durch die eingehende Analyse der betrieblichen Abläufe zu Optimierungen und damit zu Kosteneinsparungen.

Wie geht man vor? Zunächst werden die einzelnen Standardprozesse analysiert. Man beginnt mit einer Tätigkeitsanalyse, Tätigkeiten werden zu **Teilprozessen** verdichtet, diese zu **Hauptprozessen**. Es gibt also in jedem Bereich (Einkauf, Warenannahme usw.) verschiedene Tätigkeiten, die für den Hauptprozess durchgeführt werden, und deren Summe den Hauptprozess ausmacht. Im Beispielfall ist es der Prozess Rohstoffbeschaffung. Im nächsten Schritt werden dann die Kosten für die Prozesse ermittelt und in die Kalkulation eingestellt.

Ermittlung von Prozesskosten

Teilprozesse					Hauptprozess: Rohstoffbeschaffung			
Einkauf	Waren-annahme	Qualitäts-wesen	Lager		Teil-prozesse	Prozesszeit in Minuten	Kosten-satz	Kosten
Rohstoffe einkaufen		Endkontrolle Fertigwaren	Unfertige Erz. lagern		Rohstoffe einkaufen	40	0,65 €	26,00 €
Sonst. Mat. einkaufen	Materialent-gegennahme	Nacharbeiten Organisieren	Fertigerz. lagern		Materialent-gegennahme	15	0,50 €	7,50 €
Energie einkaufen		Prüfung der Rohstoffe	Sondermüll lagern		Prüfung der Rohstoffe	15	0,55 €	8,25 €
		Chemische Prüfung	Material lagern		Material lagern	10	0,50 €	5,00 €
					Kosten des Hauptprozesses Rohstoffbeschaffung			46,75 €

Grundschema einer Prozesskostenrechnung

Fazit: Die Kalkulation wird genauer und es bieten sich große Chancen für Prozessoptimierungen.

Controlling:
Im Zweifelsfall eine „Korrekturzündung" veranlassen

Man muss es gleich zu Anfang sagen: **Controlling ist nicht Kontrolle!** Controlling wird von „to control" abgeleitet und bedeutet steuern, regeln. Damit geht es weit über eine Kontrollfunktion hinaus (auch wenn Controlling im Deutschen nach Kontrolle klingt). Das Controlling wird verbreitet als betriebswirtschaftliche Lotsenfunktion bezeichnet.

Wer macht Controlling im Unternehmen?

Controlling im Unternehmen betreiben nicht nur die Controller. Manche Unternehmen haben überhaupt keinen separaten Controllingbereich und trotzdem passiert dort Controlling. Idealerweise arbeiten das Management und die Controller zusammen und gestalten so *gemeinsam* die Controllingarbeit.

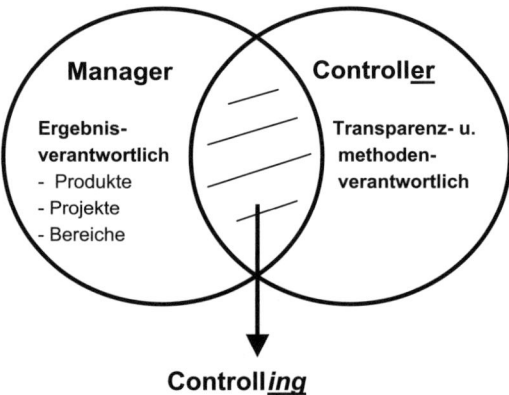

Controlling als Schnittmenge zwischen Manager und Controller

Controllingbeispiel:
Unsere Kosten laufen aus dem Ruder/Korrekturzündungen sind angesagt!

Wir sind mit einem neuen Produkt auf dem Markt. Die Konkurrenz ist stark, man streitet sich um Marktanteile. Vorgabe ist: Auf keinen Fall darf die Herstellung des Produktes teurer als geplant werden. Als Controller hat man dies zu beobachten und im Notfall Alarm zu schlagen. Aufgrund höherer Material- und Personalkosten wird das Produkt in der Herstellung um 5 Prozent teurer. Der Controller drückt auf den Alarmknopf. Jetzt sind Korrekturzündungen angesagt. Das Management wird informiert, in Folge versucht man gemeinsam, die Kosten wieder auf ein marktverträgliches Niveau zu drücken: Preisverhandlungen mit Lieferanten, günstiger Zukauf statt teurer Eigenfertigung, Verbesserungen im Produktionsablauf und so weiter.

Leitbild Controlling

Die International Group of Controlling hat ein Leitbild für die Controllerarbeit entworfen:

- Controller sorgen für Strategie-, Ergebnis-, Finanz- und Prozesstransparenz und tragen somit zu höherer Wirtschaftlichkeit bei.
- Controller koordinieren Teilziele und Teilpläne ganzheitlich und organisieren unternehmensübergreifend das zukunftsorientierte Berichtswesen.
- Controller moderieren und gestalten den Management-Prozess der Zielfindung, der Planung und der Steuerung so, dass jeder Entscheidungsträger zielorientiert handeln kann.
- Controller leisten den dazu erforderlichen Service der betriebswirtschaftlichen Daten- und Informationsversorgung.
- Controller gestalten und pflegen die Controlling-Systeme.

Strategisches und operatives Controlling

Controlling hat eine strategische und eine operative Dimension:
Strategisch bedeutet, dass Maßnahmen ergriffen werden, die auch zukünftig dem Unternehmens die Existenz sichern. So plant man, welche Schritte „morgen notwendig sind, damit übermorgen nichts passiert". Strategisch bedeutet: **Die richtigen Dinge tun.**

- Was ist die Kernkompetenz unseres Unternehmens?
- Was will der Markt, morgen, übermorgen?
- Wo stehen wir aktuell und wo wollen wir hin?

Operativ bedeutet dagegen: **Die Dinge richtig tun.** Aus der Strategie wird abgeleitet, was die nächsten Schritte sind.
Die strategischen und operativen Ebenen hängen zusammen.
Man hört im Controlling oft: „Was man strategisch versäumt, muss man operativ ausbaden." Wenn man beispielsweise strategisch versäumt, sich rechtzeitig einen Kundenstamm aufzubauen, darf man sich nicht wundern, wenn man mit „Hauruck-Aktionen" versuchen muss, den Umsatz zu retten. Somit beleuchtet das Controlling ein Unternehmen über alle Funktionen und Ebenen.

Fazit: Im Controlling laufen die betriebswirtschaftlichen Informationen aus allen Unternehmensbereichen zusammen.

Wo findet Controlling im Unternehmen statt?

In der Praxis hat sich ein Controlling für nahezu alle Unternehmensbereiche entwickelt:

- **Produktionscontrolling:** Wie wirtschaftlich ist unsere Leistungserstellung?
- **Logistikcontrolling:** Wie effektiv sind Beschaffung und unsere internen Abläufe?
- **Marketingcontrolling:** Wo stehen unsere Produkte?
- **Vertriebscontrolling:** Wie wirtschaftlich vertreiben wir unsere Leistungen?
- Ferner für **diverse Bereiche**, beispielsweise Entwicklungscontrolling, IT-Controlling.

Die Controllingfunktion kann organisatorisch als Stabsstelle oder als Linienfunktion organisiert sein (siehe Aufbauorganisation Kapitel 1).

Controllinginstrumente

In der Praxis spricht man gern von „Controlling-Tools", den Werkzeugen des Controllings. Dies sind die wichtigsten Instrumente, mit denen in der Praxis gearbeitet wird:

- **Kostenrechnung/Kalkulation:** Gibt es eine Controllingstelle im Unternehmen, ist sie immer auch für die Kostenrechnung zuständig. **Welche** Kosten fallen **wo** und **wofür** an? Wie heißt es so schön: Der Controller ist der „Manager des Internen Rechnungswesens".
- **Kostenmanagement:** Das Kostenmanagement beobachtet kritisch die Fix- und Gemeinkostenblöcke. Wichtig ist, dass diese nicht unkontrolliert wachsen.
- **Berichtswesen:** Insbesondere in größeren Unternehmen muss die interne Berichterstattung über Kosten, Umsatz und so weiter organisiert werden. Wer bekommt wann welche Informationen? Das Berichtswesen sollte nicht nur aus Zahlen, sondern auch aus aussagekräftiger Kommentierung bestehen.

- **Planung/Budgetierung:** Planung ist der Job des Controllings: Wo wollen wir hin und wie viel darf es kosten?
- **Plan-/Ist-Vergleiche, Abweichungsanalysen:** Wo und in welcher Höhe gibt es Abweichungen zum Plan? Zielfragen: Was ist passiert? Kann das Ziel noch erreicht werden? Was ist zu tun, dass zukünftig diese Abweichung nicht mehr passiert?
- **Hochrechnungen:** Von Zeit zu Zeit sollten Hochrechnungen gemacht werden. Wird die Planung eintreffen oder liegen wir daneben? Welches Ergebnis werden wir wahrscheinlich am Jahresende haben? Welche Maßnahmen sind jetzt einzuleiten um zu bestimmten Ergebnissen zu kommen?
- **Szenarios:** Nicht nur an die Zukunft denken, sondern einmal konkret die Zukunft durchspielen. Wie entwickelt sich das Unternehmen vor dem Hintergrund zukünftiger Entwicklungen? So kann sich etwa eine Spedition im Rahmen eines Szenarios fragen: Was ist, wenn Dieselkraftstoff in 5 Jahren 2,50 Euro kostet?
- **Kennzahlen:** Damit arbeitet man gern im Controlling! Wichtige Daten werden in Beziehung gesetzt, zum Beispiel der Gewinn zum eingesetzten Kapital. Oder der Anteil der Materialkosten an den Gesamtkosten. Aufgabe des Controllings ist es nun, nicht unendlich viele Kennzahlen zu generieren, sondern solche auszuwählen, die für eine effektive Steuerung der Unternehmensbereiche zielführend sind.
- **Frühwarnung:** Das Controlling soll mittels seiner Instrumente erkennen, ob dem Unternehmen Gefahren drohen. So kann eine Krise durch Kennzahlen oder Hochrechnungen erkannt werden.
- **Investitionsrechnungen:** Das Controlling fragt hier, wann sich eine Investition lohnt.
- **Kostensenkung:** Kostensenkung macht das Controlling im Unternehmen oft unpopulär. Kostensenkung sollte immer vor Ort passieren und durch das Controlling unterstützt werden.
- **Sonderauswertungen/Analysen:** Zum Beispiel Entscheidungen über das Outsourcing von Leistungen oder Auswertung von Konkurrenzdaten.

Tipp: Der Kluge flickt seine Segel vor dem Sturm, heißt es. Das bedeutet auf das Controlling bezogen, dass ein Controlling schon frühzeitig installiert und aktiv werden sollte (Segel flicken), nämlich bevor eine Krise eintritt (Sturm!).

Bereich Rechnungswesen/Controlling

7. Über das rein Fachliche hinaus

Die vorhergehenden Kapitel haben BWL-Know-how vermittelt. *Know-how ist in der Praxis aber nicht alles!* Wer die Diskussionen der letzten Jahre verfolgt hat, weiß, dass den „soft facts" immer mehr Beachtung geschenkt wird. Es geht nicht mehr nur um die fachliche Beherrschung von Arbeitsgebieten, sondern vielmehr um deren Vermittlung, um den menschlichen Austausch, um die *Sozialkompetenz*. Keine Stellenanzeige mehr, in der nicht das Stichwort Sozialkompetenz oder Teamfähigkeit auftaucht. Die Zeit der Einzelkämpfer scheint vorbei zu sein. So wird zunehmend Wert gelegt auf eine effektive Kommunikation und auf Arbeits- und Vorgehensweisen, die diese fördern. Die folgende Abbildung zeigt beispielhaft ein Qualifikationsprofil, das neben der fachlichen Kompetenz auch Anforderungen an die methodische, soziale und persönliche Kompetenz eines Mitarbeiters stellt.

Beispiel Qualifikationsprofil

Es ist in der Praxis wichtig, seine Interessen gut „an den Mann beziehungsweise an die Frau zu bringen" (Kommunikation/Präsentation) und darüber hinaus bewährte, effektive Arbeitsmethoden anwenden zu können. Dazu dient dieser Einblick in Präsentations- und Kommunikationstechniken sowie in praxisbewährte Arbeitsmethoden.

7.1 Präsentationstechniken: Wie man die Dinge darstellt

Haben Sie Angst davor, eine Präsentation vor großem Publikum zu halten? Wenn ja, dann befinden Sie sich in bester Gesellschaft, denn so geht es den meisten Menschen. Schauspieler, Showmaster und auch hart gesottene Unternehmensberater haben „Lampenfieber". Nur durch ständige Übung wird der Stress erträglicher.

Warum nicht in der nächsten Besprechung mit Kollegen ein Flipchart zur Visualisierung des zu besprechenden Themas verwenden? Das mag am Anfang etwas ungewohnt sein (wenn es im Unternehmen nicht ohnehin üblich ist). Es erleichtert aber den Gesprächsverlauf, wenn die wichtigsten Ergebnisse für alle sichtbar auf einer Folie oder einem Flipchart mitprotokolliert werden. Das ist so, weil sich die meisten Menschen Informationen besser merken können, wenn sie diese nicht nur hören, sondern auch sehen.

Der Sinn des Einsatzes von Präsentationsmedien (Flipchart, Overheadprojektor, Pinwand oder PC-Präsentation mit Beamer) ist, neben dem gesprochenen Vortrag den Zuhörern weitere Hilfestellungen zu geben, um die Informationen aufzunehmen und zu behalten. Man erinnert sich an die gesprochenen Worte besser, wenn man damit ein Bild, eine Grafik oder schlicht eben auch das geschriebene Wort verbinden kann.

Der Mensch behält
- 10 Prozent von der Information, die er liest
- 20 Prozent von der Information, die er hört
- 30 Prozent von der Information, die er sieht
- 50 Prozent von der Information, die er gleichzeitig sieht und hört
- 70 Prozent von der Information, über die er selbst sprechen kann
- 90 Prozent von der Information, die er unmittelbar anwenden kann

Dies gilt nicht für alle, denn es ist bekannt, dass der eine ein eher „akustischer" Typ ist, ein anderer eher ein „visueller" Typ. Das heißt, es gibt Menschen, die allein durch Lesen eben mehr als 10 Prozent aufnehmen können.

> **Tipp:** Die Kunst der Präsentation liegt darin, Informationen über mehrere Kanäle (Auge, Ohr) und Anknüpfungspunkte für den Hörer (persönlicher Bezug, Anwendbarkeit für den Zuhörer usw.) zu vermitteln, damit die Informationen besser aufgenommen und behalten werden.

Präsentationsmedien

Der Einsatz von Präsentationsmedien ist grundsätzlich immer zu begrüßen. Allerdings sollte man seine Zuhörer auch nicht mit einer Multimediashow überfordern. Dann ist alles nur noch bunt und der Zuhörer wird vielmehr von den Bildern abgelenkt, als dass sie die Inhalte des Vortrages verdeutlichen.

Overheadprojektor

Der Folienvortrag mittels Overheadprojektor ist eine der gängigsten Präsentationsarten. Aber auch hier kann man viel falsch machen. Steht auf den Folien reiner Fließtext und wird dieser von dem Vortragenden nur vorgelesen, kann man sich den Folienvortrag getrost schenken. Auf die Folie gehören nur die Schlagworte oder die wesentlichen Aussagen eines Vortrages, nicht der gesamte Text zum Mitlesen. Überfrachten Sie die Folien nicht mit Inhalten!
Die Folien müssen auch noch aus der hintersten Reihe gut lesbar sein. Die Schriftgröße sollte daher ausreichend gewählt werden. Mit Farben kann man gezielt Akzente setzen.
Beim Folienvortrag kann man immer wieder beobachten, dass die Vortragenden nur ihre Folie ansehen und keinen Blickkontakt zu den Zuhörern herstellen. Besonders schlimm wird das, wenn der Vortragende das projizierte Bild der Folie an der Wand hinter sich betrachtet und dabei nur mit der Wand spricht, statt sich dem Publikum zuzuwenden. Dagegen hilft ein Ausdruck der Folien, den man als Erinnerungsstütze während des Vortrages

in der Hand behält. Reden Sie mit dem Publikum, nicht mit der Wand oder dem Overheadprojektor!

PC-Präsentationen mit Beamer-Einsatz

Grundsätzlich gelten hier dieselben Regeln wie für den Folienvortrag. Die Präsentation der Folien mittels PC und Beamer ist natürlich die umweltschonendere Variante des Folienvortrages und daher sehr zu begrüßen.
PC-Präsentationen eignen sich sehr gut für einen Vortrag, der eben nur mit einem PC möglich ist, wie etwa die Präsentation einer Software oder die Präsentation der aktuellen Internet-Homepage des Unternehmens.

Flipchart

Der Vorteil des Einsatzes eines Flipcharts liegt darin, dass man Inhalte schrittweise entwickeln kann. Man skizziert ein Thema und entwickelt darum herum die Schnittmengen mit anderen Themen. Anregungen der Teilnehmer können sichtbar in das Flipchart-Bild integriert werden.
Ein Flipchart-Blatt eignet sich auch als „Themenspeicher", das heißt, alle Fragen, die während einer Besprechung nicht geklärt werden können, werden auf diesem Blatt festgehalten. Bei der nächsten Besprechung geht man auf diesen Themenspeicher ein und erläutert die Antworten auf die inzwischen geklärten Fragen.
In ähnlicher Weise kann ein Protokoll direkt sichtbar für alle Teilnehmer auf einem Flipchart-Blatt festgehalten werden. Maßnahmen werden mit Terminen und Verantwortlichen festgehalten. Der Clou ist, dass die Maßnahmen, Termine und Verantwortlichen für alle sichtbar während der Besprechung festgehalten werden. Ein späteres Sich-Heraus-Reden nach dem Motto „So hat man das nie gesagt oder nie verstanden" ist damit ausgeschlossen.

Pinnwand (Metaplanwand)

Pinnwände werden häufig in Zusammenhang mit einer Kartenabfrage eingesetzt. Nachdem man das zu besprechende Thema vorgestellt hat, verteilt man Karten (auch Moderationskarten genannt) an die Teilnehmer und bittet darauf niederzuschreiben, welche Fragen sie zu diesem Thema haben oder welchen Aspekt des Themas sie besonders herausstellen möchten. Die Karten werden dann nach gleichartigen Aussagen zu Gruppen zusammengefasst („clustern" heißt das im Moderatorenjargon, nach dem englischen Begriff „cluster" für Gruppe). Anschließend kann man jede Themengruppe besprechen.

Ein weiterer Vorteil der Pinnwände sind die großen Flächen, auf die man nicht nur die Karten der Kartenabfrage, sondern auch Plakate oder sonstige Schaubilder befestigen kann.

Präsentationsablauf

Vorbereitungsphase: Vor der Ausarbeitung einer Präsentation sollte man genau die Rahmenbedingungen ins Auge fassen. Vor welcher Personengruppe trägt man ein Thema vor? Welche Interessen und Erwartungen haben diese Teilnehmer? Mit welchen Widerständen ist zu rechnen? Zu den Rahmenbedingungen gehört auch der zeitliche Rahmen, eventuelle Pausen und eine festgelegte Agenda wie etwa die Auflistung der zu besprechenden Einzelthemen. Selbst ein Präsentationsprofi wird unter Zeitdruck und mit nur ungenügenden Informationen kaum eine vernünftige Präsentation hinkriegen. Ausreichend Zeit für die Vorbereitung einer Präsentation ist ebenso ein Muss wie das sorgfältige Zusammentragen der notwendigen Informationen für das vorzutragende Thema.

Durchführungsphase: Wichtig ist immer ein guter Einstieg in die Präsentation (Begrüßung, Vorstellung der Agenda und der Zielsetzung der Besprechung) und ein knackiger Schluss, etwa ein Zitat oder ein Motto für die weitere Vorgehensweise: „Es gibt viel zu tun, also los!" Der Vertriebsvorstand eines internationalen Unternehmens beendete jeden seiner Vorträge mit seinem persönlichen Motto: „Go, sell it!" („Los, verkaufen Sie's!"). Während der Präsentation ist es wichtig verständlich zu sprechen (nicht zu schnell, nicht zu langsam, nicht zu leise …). Haben Sie keine Angst vor Zwischenfragen, sie fördern die Diskussion mit den Teilnehmern. Sollte es sich allerdings um Störer handeln mit Killerphrasen wie „Das war bei uns aber immer schon so!" oder „Das funktioniert nie!", dann müssen die Störer klar in ihre Schranken verwiesen werden. Mehr zum Umgang mit Killerphrasen später im Kapitel Kommunikationstechniken.

Tipp: Der persönliche Bezug

Neben all diesen Feinheiten wird eine Präsentation erst richtig interessant für den Zuhörer, wenn er einen persönlichen Bezug zu sich selbst erkennt. Darum sollte man herausstellen, warum gerade für den Zuhörer dieses Thema so wichtig ist. Gehen Sie also bei einer Präsentation von den Zielen Ihrer Zuhörer aus. Machen Sie klar, warum Ihre Ziele auch deren Ziele sind.

So überzeugen Sie in einer Präsentation:

Stellen Sie am Anfang das Thema Ihres Vortrages ausreichend vor, definieren Sie Begriffe, die vielleicht nicht jedem Teilnehmer geläufig sind. Betonen Sie Ihr eigenes Fachwissen und Ihre Erfahrungen zu dem Thema, selbstverständlich ohne damit zu prahlen. Stellen Sie verschiedene Meinungen und Blickwinkel zum Thema vor und konkretisieren Sie dann Ihren Standpunkt. Argumentieren Sie schlüssig, legen Sie den Weg vom Problem zur Problemlösung klar dar. Versuchen Sie, die Erwartungshaltung der Zuhörer zu treffen (was wollen die Zuhörer wirklich hören?). Würzen Sie Ihren Vortrag mit Anekdoten und Zitaten. Zum Schluss erfragen Sie ein Feedback der Zuhörer. Blieben Fragen offen?

Das Wichtigste: Seien Sie authentisch!

Checkliste für eine erfolgreiche Präsentation

Präsentationsvorbereitung:

- Zeitplan für die Vorbereitung erstellen: Wie viel Zeit wird für die Vorbereitung benötigt? Wie lang soll die Präsentation sein?
- Inhaltliche Gliederung des Vortrags festlegen
- Welcher Zuhörerkreis ist einzuladen?
- Mit welchen Einwänden/Widerständen ist zu rechnen?
- Auf welchen bisherigen Ergebnissen/älteren Präsentationen kann aufgebaut werden?
- Präsentationsmedien festlegen
- Raum reservieren
- Einladungen verschicken
- Eventuell bestimmte Unterlagen vorab verschicken

Letzte Vorbereitungen vor Präsentationsstart:

- Ist den Teilnehmern Tagesordnung oder Agenda bekannt?
- Können die Teilnehmer von jedem Punkt im Raum aus gut sehen und den Vortragenden verstehen?

- Wer hilft bei den Auf- und Abbauarbeiten?
- Gibt es Handzettel für die Zuhörer, begleitendes Material zur Präsentation (auch *Handout* genannt)
- Sind die Pausen ausreichend geplant?
- Stimmt die Raumtemperatur?
- Sind die Präsentationsmedien (Overheadprojektor, Flipchart, Beamer etc.) einsatzbereit?

Präsentationsbeginn:
- Auf Pünktlichkeit achten!
- Teilnehmer persönlich begrüßen
- Eigene Person und Thema der Präsentation vorstellen
- Tagesordnung/Agenda mit Zeitpunkt für Pausen vorstellen
- Begleitende Unterlagen (Handout) kurz erläutern
- Einstieg ins Thema

Präsentationsdurchführung:
- Störungen haben Vorrang, Einwände, Fragen der Teilnehmer beantworten
- Geplante Pausen einhalten
- Abwechslungsreicher Einsatz von Präsentationsmedien

Präsentationsabschluss:
- Zusammenfassung der Präsentation
- Darstellung des Ergebnisses
- Information über die weiteren Schritte, den weiteren Handlungsbedarf
- Verabschiedung der Teilnehmer

Präsentationsnachbereitung:
- Protokoll der Veranstaltung verschicken
- Präsentationsanalyse: Was lief gut, was lief schlecht?

7.2 Kommunikationstechniken: Wie man die Dinge sagt

Wir kommunizieren unentwegt, das ganze Leben ist Kommunikation, auch ohne Worte: Auch wenn wir nichts sagen, drückt unser Gesichtsausdruck oder unsere Körperhaltung eine Menge darüber aus, wie wir uns gerade fühlen oder was wir von dem halten, was uns gerade jemand sagt.

Machen Sie den Test: Zeichnen Sie eine Talkshow auf ihrem Videorekorder auf. Sehen Sie sich diese Talkshow zuerst ohne Ton an: Wer argumentiert stichhaltig, wer emotional, wer ist unsicher? Sie werden es auch ohne Ton an der Körperhaltung und Körpersprache erkennen. Sehen Sie sich dann diese Talkshow ein zweites Mal mit Ton an. Stimmt Ihr Eindruck von den Diskussionsteilnehmern? Vorsicht: Manchmal haben Sie es mit gut geschulten Diskussionsteilnehmern zu tun, etwa Spitzenpolitikern, die gelernt haben, ihre Körpersprache gezielt einzusetzen um möglichst sympathisch und kompetent zu wirken. Hier kann es Unstimmigkeiten zwischen gesprochenem Wort und Körpersprache geben.

Sender-Empfänger-Modell

Sehen wir uns an, wie das Grundmodell der Kommunikation aussieht. Das **Sender-Empfänger-Modell** veranschaulicht, wie Kommunikation abläuft:

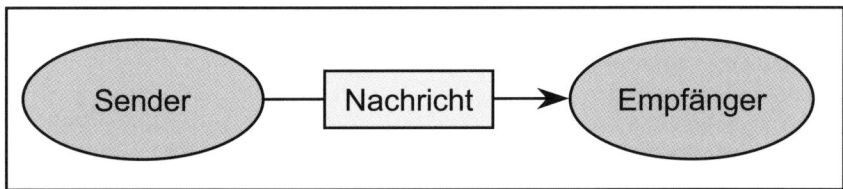

Sender-Empfänger-Modell

Folgender Merksatz verdeutlicht die Komplexität von Kommunikation:
- Gemeint ist nicht gesagt
- Gesagt ist nicht verstanden
- Verstanden ist nicht einverstanden

Verstanden? Dieser Merksatz basiert auf dem vorher genannten Sender-Empfänger-Modell. Der Sender sendet eine Nachricht an den Empfänger. Hört sich trivial an, aber dabei können eine Menge Störungen und Missverständnisse auftreten. Diese Störungen verdeutlicht der sogenannte *Verzerrungswinkel*.

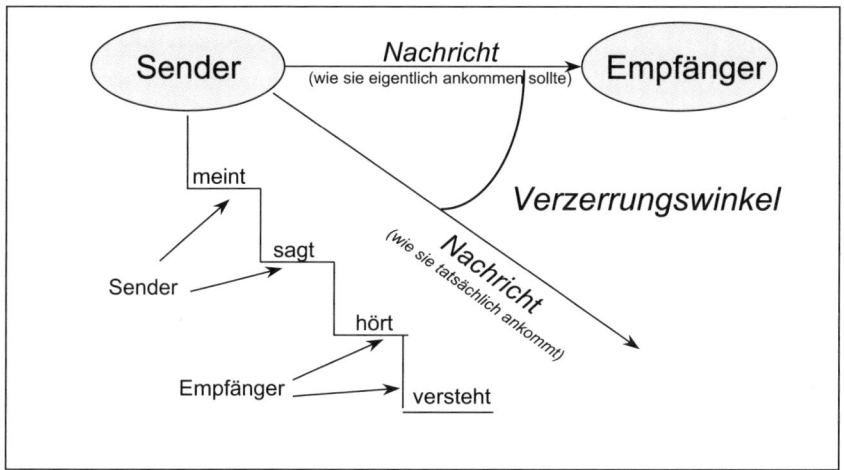

Der Verzerrungswinkel verdeutlicht mögliche Störungen in der Kommunikation

Praxisbeispiel Verzerrungswinkel: Sie *sagen* zu einem Kollegen: „Der neue Unternehmensauftritt im Internet ist ja richtig erstaunlich." Sie *meinten* das eigentlich ironisch, nämlich so, dass der neue Unternehmensauftritt Ihnen viel zu abgehoben ist. Ihr Kollege ist nun ausgerechnet jemand, der am neuen Unternehmensauftritt mitgewirkt hat. Er *hört* Ihre Aussage akustisch korrekt (viele Missverständnisse ergeben sich oft daraus, dass man etwas akustisch falsch versteht). Ihrem Kollegen schwillt nun vor Stolz die Brust, weil er Ihre Aussage als Kompliment *versteht*. Nun gibt es mehrere Möglichkeiten, wie diese Kommunikation weitergeht: Sie wechseln schnell das Thema, da Ihnen schwant, dass Sie kurz vor dem berühmten „Fettnäpfchen" stehen. Oder Sie haben die Reaktion Ihres Kollegen nicht bemerkt und lästern nun vergnügt weiter über den völlig abgehobenen Internetauftritt des Unternehmens. Ihr Kollege fällt nun aus allen Wolken und vermutet, dass Sie ihn gehörig auf den Arm nehmen. Kurz gesagt: Bei dieser Kommunikation geht etwas gewaltig schief.

Missverständnisse können aber auch allein durch die Körpersprache entstehen: Wenn Ihr Gesprächspartner die Arme verschränkt, während er Ihnen zuhört, deutet dies meist auf Skepsis hin – muss aber nicht. Vielleicht ist dies die Lieblingshaltung Ihres Gesprächspartners. Oder stellen Sie sich vor, Ihr Gesprächspartner kann das Gähnen kaum zurückhalten. Dies könnte zwei Ursachen haben: Entweder ist Ihr Gesprächspartner tatsächlich von

Ihren Ausführungen gelangweilt, oder aber, was in Besprechungsräumen oft vorkommt, die Luft ist schlecht und enthält zu wenig Sauerstoff. Dies führt unweigerlich zu Gähnen. Hier kann mit einer kleinen Pause, in der man den Besprechungsraum lüftet, Abhilfe geschaffen werden.

Welches **Gegenmittel** gibt es, um einen Verzerrungswinkel (ein Missverständnis) zu vermeiden oder aufzudecken? Hier lautet die Antwort der Kommunikationswissenschaft: **Feedback geben!** Man kann einen Verzerrungswinkel nur auflösen, wenn den Beteiligten überhaupt klar ist, dass es zu einem Missverständnis gekommen ist. Das heißt, dass der Empfänger der Nachricht sagt, wie er/sie die Sache verstanden hat und fragt, ob es tatsächlich auch so gemeint war. Fragen Sie Immer nach, wenn Sie meinen, dass der Gesprächspartner Andeutungen macht, aber nicht genügend konkret wird. Bitten Sie darum, auch Unangenehmes offen anzusprechen und nicht zu verklausulieren.

Feedbackregeln

Es gibt bestimmte Regeln, wie man Feedback gibt, bzw. wie man Feedback entgegennimmt.

Für den, der **Feedback gibt**, gilt:

- Immer vom eigenen Eindruck sprechen, in sogenannten „Ich-Botschaften": „Habe ich das gerade richtig verstanden, dass Sie meinen …", „Ich habe den Eindruck, dass …", „Auf mich wirkt das gerade so, als ob …"
- Feedback ist konstruktive Kritik, kein „Fertigmachen"
- Feedback kann auch positiv sein
- Möchte man ein Feedback zur Person selbst abgeben, so sollte man die Person immer fragen, ob das gewünscht ist. Man kann dem Vortragenden zum Beispiel nach einer Präsentation sagen, wie er gewirkt hat, was eventuell schlecht angekommen ist oder was man besser machen könnte. Vorher sollte man jedoch unbedingt fragen, ob das gewünscht ist. Wenn ein Vortrag total schief gelaufen ist, erträgt man die Kritik mit ein bisschen zeitlichem Abstand viel besser als gleich nach dem missglückten Vortrag, wenn man noch emotional aufgewühlt ist.
- Neutrale und zeitnahe Darstellung des Sachverhalts. Es nützt nicht viel, wenn man erst Wochen nach einer Unterredung auf den Gesprächs-

partner zugeht und sagt, dass man ihm eine bestimmte Bemerkung übel nimmt. Man kann sich nicht mehr genau erinnern und es entsteht eventuell nur ein unnützer Streit darüber, wer was wann wie gesagt und gemeint hat.

Für den, der **Feedback entgegennimmt**, gilt:

- Erst einmal ruhig zuhören! Viel zu schnell neigt man dazu, sich persönlich angegriffen zu fühlen und zu meinen, man müsste sich jetzt verteidigen.
- Über das gegebene Feedback erst einmal nachdenken, nicht sofort ablehnen. Feedback beinhaltet immer die Chance zur Veränderung.
- Sich für das Feedback bedanken. Gerade wenn es um persönliches Feedback geht, wenn man eine Rückmeldung darüber bekommt, wie man etwas falsch gemacht hat oder warum ein Vortrag schlecht angekommen ist, sollte man erst einmal bedenken, dass es demjenigen, der uns auf dieses Fehlverhalten hinweist, bestimmt nicht leicht gefallen ist, das zu sagen.
- Der Vortragende einer Präsentation sollte um Feedback bitten, die Initiative ergreifen, um sich zu vergewissern, dass seine Nachricht auch angekommen ist und richtig verstanden wurde. Das gilt gerade bei sensiblen Themen, bei denen die Gefahr groß ist, missverstanden zu werden.

Killerphrasen

In diesem Zusammenhang soll auch der Umgang mit sogenannten „Killerphrasen" angesprochen werden. Killerphrasen sind unkonstruktive, unqualifizierte, pauschale Aussagen wie zum Beispiel „Davon haben Sie doch keine Ahnung!" oder „Wir haben das schon immer so gemacht und lassen uns von einem Anfänger wie Ihnen schon gar nichts sagen!" oder „Sie als Frau können da sowieso nicht mitreden!".

Killerphrasen: Mögliche Reaktion:

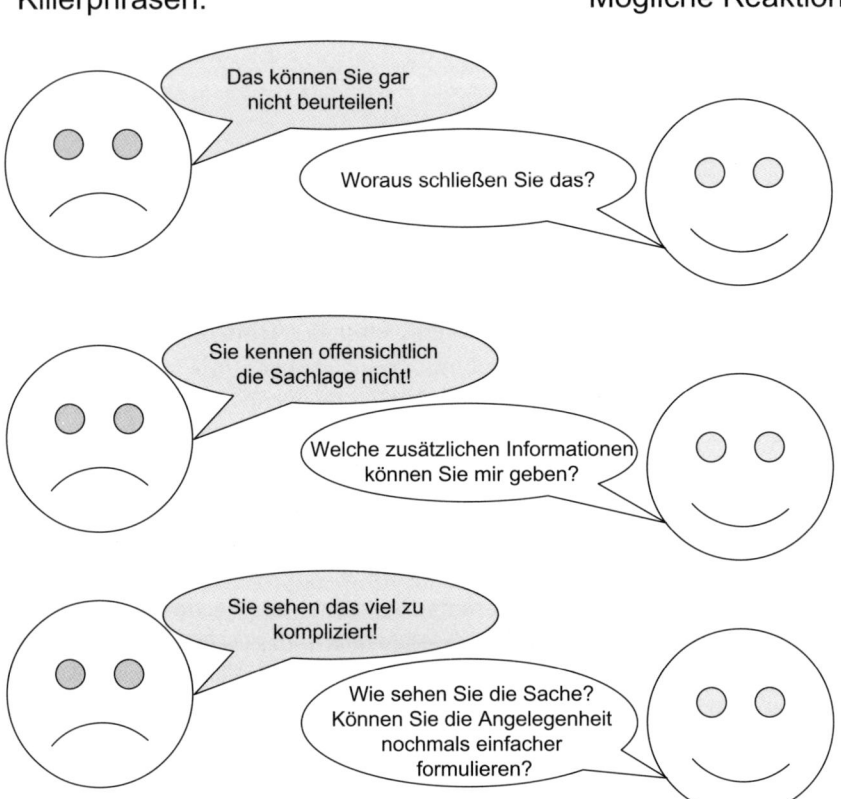

Umgang mit Killerphrasen

Wie Sie schon sehen, sind Killerphrasen meist Angriffe unter die Gürtellinie, Angriffe auf die Person. Es sind garstige, pauschale Aussagen, die sich nicht auf einen konkreten Sachzusammenhang beziehen. Daher ist es auch so schwer, mit ihnen umzugehen. Wie verhält man sich?

- **Auf einen konkreten Sachverhalt festnageln!** Die beste Strategie auf Killerphrasen zu reagieren ist, die Gegenseite auf einen konkreten Sachverhalt festzulegen. Wenn also jemand sagt: „Das können Sie gar nicht beurteilen!" Dann fragen Sie nach: „Woraus schließen Sie, dass ich das nicht beurteilen kann?" oder „Wo ganz konkret denken Sie denn, dass mir die Sachkompetenz fehlt?" oder „Wer kann es denn Ihrer Meinung nach richtig beurteilen?".

- **Tun Sie Ihrem Gegenüber nicht den Gefallen emotional zu reagieren!**
Oft legt es jemand, der Sie mit Killerphrasen traktiert, nur darauf an, Sie zu ärgern. Reagieren Sie deshalb bestimmt sachlich. Ist das Niveau gar zu arg unter der Gürtellinie, dann sagen Sie es: „Auf dieses unsachliche Niveau möchte ich mich wirklich nicht begeben!" oder „Wenn Sie sachlich über die Angelegenheit sprechen wollen, stehe ich Ihnen gerne zur Verfügung. Aber auf diesem niederen Niveau ist nun wirklich keine Diskussion möglich!".

- **Drehen Sie den Spieß um!** Sie haben einen Verbesserungsvorschlag gemacht und eine Führungskraft meint dazu nur: „Das war bei uns immer schon so!" Darauf entgegnen Sie: „Was würde denn passieren, wenn wir das trotzdem ändern?" oder „Was sind denn die Vorteile der jetzigen Vorgehensweise gegenüber meinem Verbesserungsvorschlag?". Bringen Sie also Ihr Gegenüber sozusagen in Beweisnot.

Tipp: Verbessern Sie Ihre Kommunikationskompetenz!
Argumentieren Sie klar, objektiv und kommen Sie schnell zum Wesentlichen. Kommunizieren Sie überhaupt viel. Das heißt nun nicht „herumschwätzen", sondern andere Positionen aufnehmen und für seine eigene Meinung werben. Antworten Sie so schnell wie möglich auf Anfragen, Mails und so weiter. Jeder, der mit Ihnen in Kontakt getreten ist, erwartet Ihre prompte Antwort. Sprechen Sie die „richtige Sprache"! Das hat nichts mit Fremdsprachen zu tun, sondern das bedeutet: Denken Sie betriebswirtschaftlich und sprechen Sie betriebswirtschaftlich. Die wesentlichen Entscheidungsträger im Unternehmen sind meist Betriebswirtschaftler. Schauen Sie sich die beruflichen Qualifikationen Ihrer eigenen Geschäftsführung, Ihres Vorstandes an. Sie werden feststellen, dass diese oft Betriebswirte sind. Sprechen Sie also mit den verantwortlichen Leuten „in deren Sprache"! Konkret: Nutzen Sie das Erlernte aus diesem Buch einschließlich der fachlichen Begriffe in Ihrer täglichen Kommunikation mit den Betriebswirtschaftlern im Unternehmen.

7.3 Bewährte Arbeitsmethoden: Wie man die Dinge anpackt

Unter dem Begriff Arbeitsmethode versteht man eine Vorgehensweise, um eine Arbeit systematisch abzuwickeln. Egal ob es sich um die Durchführung einer Besprechung, eines Projektes oder einer sonstigen speziellen Aktivität handelt, muss man das Rad nicht immer wieder neu erfinden. Man kann sich zum Beispiel an folgendem Schema einer strukturierten Vorgehensweise orientieren:

- **Definition der Zielsetzung**
  Egal ob es sich um die Planung einer Besprechung, eines Projekts oder einer anderen Aktivität handelt, zuerst ist die Frage zu klären: „Was soll dabei herauskommen?", „Was soll erreicht werden?", „Was ist das Ziel dieses Projektes, dieser Besprechung, dieser Tätigkeit?".
  In der Praxis passiert es leider des Öfteren, dass man voll Tatendrang an die Dinge herangeht, ohne vorher eine bestimmte Zielsetzung festgelegt zu haben. Es kann dann vorkommen, dass man erst im Laufe der Besprechung oder eines Projektes merkt, dass die Teilnehmer von ganz unterschiedlichen Zielvorstellungen ausgegangen sind. Das kostet Zeit und Nerven.
  Bei der Festlegung der Zielsetzung sollte man darauf achten, ein Ziel ganz konkret festzulegen, am besten schriftlich mit Termin und Nennung der Verantwortlichen.
- **Ist-Analyse**
  In der Ist-Analyse erfolgt die Bestandsaufnahme aller vorhandenen Informationen zu einem Thema einer Besprechung oder eines Projektes. Gerade in Besprechungen ist es immer wichtig darauf zu achten, dass alle Teilnehmer den gleichen Informationsstand haben. Sonst redet man eventuell von Dingen, die längst geklärt wurden. In der Ist-Analyse werden alle vorhandenen Dokumente gesammelt und generell alle Dinge erörtert, die das ausgewählte Thema betreffen. Ist das Thema beispielsweise „interne Stellenausschreibung", so sammelt man alle Informationen dazu: Wie läuft dieser interne Prozess ab, läuft er in allen Abteilungen gleich ab oder gibt es Unterschiede? Ist in allen Abteilungen bekannt, dass neue Stellen erst intern ausgeschrieben werden müssen? Wie sehen

diese internen Stellenausschreibungen aus, haben alle die gleiche Formatvorlage? Wie erfahren die Mitarbeiter von dieser internen Ausschreibung? Hängen die internen Ausschreibungen nur am schwarzen Brett oder werden sie auch durch ein Intranet kommuniziert? Gibt es bestehende Verbesserungsvorschläge des Managements oder der Mitarbeiter zum Umgang mit internen Stellenausschreibungen?

Diese ganzen Fragen sind zu klären und eine Abbildung der Istsituation sowie des internen Prozesses ist schriftlich festzuhalten.

- **Sollkonzeption**
  Die Sollkonzeption ist eine Darstellung, wie die Dinge im Idealfall ablaufen könnten. Wie stellt sich zum Beispiel der Betriebsrat die Information der Mitarbeiter über interne Stellenausschreibungen vor? Dabei muss man nicht immer von der Istsituation ausgehen, sondern sich unbelastet vorstellen, wie der Idealfall wäre. Was wäre die optimale Lösung für diesen internen Prozess?

- **Abstimmung Maßnahmenkatalog**
  Aus der Gegenüberstellung von Sollkonzeption und Istsituation kann man die Schwachstellen des jetzigen Verfahrens offenlegen und den Änderungsbedarf festhalten. Wichtig ist, es nicht bei den vorhergehenden Stufen zu belassen, sondern ganz konkret die Ergebnisse und Erkenntnisse aus Ist-Analyse und Sollkonzeption festzuhalten und den Handlungsbedarf aufzuzeigen. Daraus ergibt sich ein Maßnahmenkatalog, der mit der Geschäftsführung abzustimmen und zu verabschieden ist. Hierbei kommt es wie bei der Zielsetzung wieder darauf an, ganz konkret die Maßnahmen festzulegen, Termine für die Durchführung der Maßnahmen zu setzen und Verantwortliche zu benennen.

Kreativitätstechniken

Leider existiert immer noch die vorherrschende Meinung, dass BWLer, also Menschen, die sich knallhart mit den Zahlen = „hard facts" eines Unternehmens auseinandersetzen, nicht zu kreativen Leistungen fähig wären – weil sie eben „Zahlenmenschen" sind. Dem ist aber nicht so. In vielen Situationen, die ein BWLer in seinem Berufsleben meistern muss, ist Kreativität gefragt! Dabei kann er/sie sich auf bewährte Kreativitätstechniken stützen, die inzwischen in der Unternehmenspraxis oft und mit Erfolg angewendet werden. Die gängigsten Techniken sollen hier vorgestellt werden: Brainstorming und de Bonos Denkhüte.

Aber zuerst zu den Rahmenbedingungen: Kreativität entsteht nicht „auf Knopfdruck". Die meisten Menschen müssen sich besondere Rahmenbedingungen schaffen, um dem Druck des Tagesgeschäfts zu entkommen und ihre vorhandene Kreativität zu nutzen. Gute Ideen kommen meist auf,

- wenn man ihnen Zeit lässt. Unter Zeitdruck ist es schwer, eine zündende Idee zu erzwingen.
- wenn die Umgebung passt. Den einen inspiriert eine Kaffeehausatmosphäre, ein anderer braucht absolute Ruhe, um seinen Gedanken freien Lauf zu lassen.
- wenn man die Ideen nicht sofort auf ihre Verwertbarkeit hin prüft. Bewertet man sofort die Nützlichkeit einer Idee, verwirft man sie vielleicht zu früh. Am besten erst Ideen sammeln, dann bewerten.

Kann man Kreativität lernen? In der betrieblichen Praxis haben sich einige Kreativitätstechniken bewährt, die kreatives Denken fördern. Nach der Ansicht von Experten kann man durch das häufige Anwenden von Kreativitätstechniken wie des Brainstormings kreatives Denken üben. Sicher kommt es hier individuell auf den einzelnen Mitarbeiter an, ob er etwas mehr zu Kreativität neigt oder eher nicht.

Brainstorming

Brainstorming ist wohl die bekannteste und am häufigsten in Unternehmen angewandte Kreativitätstechnik. Von vielen wird diese Technik angewandt, ohne dass man sich überhaupt im Klaren ist, dass man diese Kreativitätstechnik gerade nutzt. Der Kerngedanke des Brainstormings ist, dass man zuerst kreativen Gedanken für die Lösung eines bestimmten Problems freien Lauf lässt. Erst nach der Sammlung der Ideen wird jede einzelne daraufhin untersucht, wie hilfreich sie für die Lösung des Problems sein kann.

Praxisbeispiel: Geradezu legendär ist die Geschichte der Erfindung des Klettverschlusses, der Ergebnis eines Brainstormingprozesses gewesen sein soll. Man machte sich Gedanken um eine neue Art von Verschluss beziehungsweise die Verbindungsmöglichkeiten von Materialien. Ein Mitarbeiter hatte die zuerst abwegig wirkende Idee, dass man zwei Arten von Holzwürmern züchten sollte, die miteinander verfeindet sind. Wenn diese Holzwürmer sich dann gegenseitig im Kampf festhalten, könnte man damit zwei Holzstämme fest miteinander verbinden. Ganz im Sinne des wertfreien Sammelns von Ideen wurde die Idee nicht verworfen, sondern weiter darüber nachgedacht, welche Stoffe eine ähnliche Eigenschaft hätten wie zwei miteinander verfeindete Holzwürmerarten – so wurde letztendlich der Klettverschluss erfunden.

Konkretes Vorgehen beim Brainstorming:

1. Vorstellung der Fragestellung und der Vorgehensweise
   - Festlegung des Zeitraums für das Ideensammeln zu einem bestimmten Problem
   - Festlegung des Zeitraums für die Ideenbewertung

2. Ideensammlung
   - Jede Idee, und sei ihre Verwirklichung noch so unvorstellbar, ist erwünscht
   - Der Ideenstrom soll nicht durch kritische Äußerungen gestört werden

3. Bewertung der Ideen/Einteilung in
   - Gut umsetzbare Lösungsvorschläge
   - Schwierig umsetzbare Lösungsvorschläge
   - Nicht umsetzbare Lösungsvorschläge

4. Entscheidung für eine Lösung
   - Einkreisung der Lösungsvorschläge, bis eine Lösung oder mehrere umsetzbare Lösungsvorschläge feststehen
   - Anschließend: Maßnahmenplan zur Umsetzung!

Der Vorteil der Kreativitätstechnik des Brainstormings ist, dass innerhalb kurzer Zeit eine Vielzahl von Ideen generiert wird. Der Erfolg des Brainstormings hängt davon ab, dass diese Ideen nicht zu früh kritisiert oder verworfen werden. Das Brainstorming hat sich in der Praxis bewährt und wird häufig angewandt.

De Bonos Denkhüte

Eine weitere Kreativitätstechnik, die sich in der betrieblichen Praxis etabliert hat, sind die Denkhüte von de Bono. Konkret geht es darum, eine Fragestellung oder ein Problem aus verschiedenen Blickwinkeln zu betrachten. Die **verschiedenfarbigen „Denkhüte"** sollen dabei die **unterschiedlichen Perspektiven, die man auf eine Fragestellung haben kann**, visualisieren.

Farbe des Denkhuts	Bedeutung	Hilfestellung dieses Denkhuts für die Problemlösung
Der weiße Hut (neutrale, objektive Sicht)	**Informationen und Tatsachen:** Es geht um beweisbare Tatsachen, Fakten und neutrale Informationen.	Welche Informationen sind vorhanden? Welche weiteren Informationen wären für die Problemlösung hilfreich?
Der rote Hut (gefühlsbetonte Einstellung)	**Gefühle und Intuition:** Wie könnte die mögliche Problemlösung intuitiv aussehen? Welche Zweifel drängen sich auf?	Gibt es Unbehagen bei einer Problemlösung, ohne dass man die möglichen Risiken konkret benennen könnte?
Der schwarze Hut (kritische Sicht der Dinge)	**Risiken und Gefahren:** Hier geht es tatsächlich ums „Schwarzsehen". Was könnte schlimmstenfalls passieren?	Was spricht gegen die Problemlösung? Welche Nachteile könnten sich ergeben?
Der grüne Hut (offene, kreative Einstellung)	**Originalität und Kreativität:** Wie beim Brainstorming ist alles erlaubt: Auch die ausgefallenste Idee darf geäußert werden.	Welche weiteren Lösungsansätze wären möglich, auch wenn deren Durchführbarkeit unrealistisch erscheint?
Der gelbe Hut (optimistische Einstellung, Gegenstück zum schwarzen Hut)	**Optimismus und Mut:** Was könnte bestenfalls passieren? Mut zum Risiko.	Was gewinnen wir durch die Problemlösung? Welche Chancen bieten sich?
Der blaue Hut (übergeordnete Sicht)	**Vogelperspektive:** Was kostet die Problemlösung, wann kann diese realisiert sein? Rentiert sich die Lösung?	Was muss aus der übergeordneten Unternehmenssicht noch berücksichtigt werden?

De Bonos Denkhüte

Wenn eine Entscheidung im Unternehmen zu treffen ist, kommt es häufig vor, dass die Mitarbeiter, je nach Persönlichkeit, verschiedene Haltungen zu einer Frage einnehmen: Da gibt es etwa die sicherheitsbewussten Mitarbeiter, die ungern Risiken eingehen und mögliche Konsequenzen der Entscheidung gerne ausgiebig abwägen. Als Gegenspieler gibt es hierzu meist recht ehrgeizige oder dynamische Mitarbeiter, die gern ungestüm nach vorne preschen und die „Bedenkenträger" gern als „Bremser" abqualifizieren. Oder es gibt wieder anders veranlagte Mitarbeiter, die gefühlsbetont entscheiden und andere, denen keine Lösung zu unkonventionell oder originell sein kann.

Der Hauptgedanke der Kreativtechnik der Denkhüte von de Bono ist nun, dass **die optimale Lösung für ein Problem gefunden werden kann, wenn man all diese unterschiedlichen Denkrichtungen zulässt** und die unterschiedlichen Einstellungen als verschiedenfarbige „Denkhüte" visualisiert. Jeder Denkhut steht für einen anderen Blickwinkel, den man auf eine Fragestellung haben kann.

Auf den ersten Blick erscheint diese Kreativitätstechnik vielleicht als ungewohnt und schwer anwendbar. Man muss üben, den Standpunkt und die Sichtweise auf ein Problem zu ändern. Genau dies soll der Lerneffekt bei dieser Methode sein. Ein sicherheitsbewusster, kritisch eingestellter Mitarbeiter soll auch einmal die Denkrichtung des gelben Hutes üben und versuchen, das Positive an einer Problemlösung zu sehen. Ein allzu optimistischer Vertreter einer Lösungsmöglichkeit sollte auch einmal die Denkrichtung des schwarzen oder blauen Hutes bedenken. Es geht darum, nicht nur andere Meinungen zu einem Problem zu tolerieren, sondern auch eine andere Denkrichtung zu einem Problem vertreten zu können. Man soll bei einer Problemlösung geistig flexibel sein, auch wenn man von der Persönlichkeit her zu einem bestimmten Denkhut neigt.

Anwendungsbereich	Geeignete Kreativitätstechnik	Erforderliche Rahmenbedingungen
Sie suchen die Lösung für eine bestimmte Fragestellung oder ein bestimmtes Problem.	**Brainstorming** = Wertfreies Sammeln von Ideen, Auswahl der praktikabelsten Idee	Ein Team von ca. 3-8 Teilnehmern Kann auch alleine angewendet werden Ein Moderator Moderationsmaterial Flipchart, Metaplanwand Möglicher Zeitaufwand: 2-3 Stunden bis 2-3 Tage
Sie möchten ein Problem lösen bzw. eine Entscheidung treffen und suchen eine Methode, damit möglichst alle Aspekte des Problems bedacht werden. Sie möchten aus unterschiedlichen Lösungsalternativen die geeignetste Lösung auswählen.	**De Bonos Denkhüte** = Betrachtung eines Problems, eines Sachverhalts aus unterschiedlichen Perspektiven	Ein Team von 3-15 Teilnehmern Ein Moderator ist empfehlenswert Moderationsmaterial Flipchart, Metaplanwand Möglicher Zeitaufwand: 1-3 Stunden

Übersicht Kreativitätstechniken

Networking

Der Begriff Networking ist relativ neu, die Tätigkeit an sich ist uralt. Es geht beim Networking um das Kontakte knüpfen und um das Pflegen dieser Beziehungen. Schon immer hat es Menschen gegeben, die leicht Kontakte knüpfen und es verstehen, diese Kontakte über lange Zeiträume aufrecht zu erhalten und bei Bedarf zu ihrem eigenen Vorteil zu nutzen. Was bisher eine Eigenschaft von Menschen mit hoher sozialer Kompetenz war, kann durch Networking gezielt geübt und genutzt werden. Dabei kann Networking von einer Einzelperson, aber auch von Unternehmen gezielt eingesetzt werden.

Nun kann man als Einzelperson oder als Unternehmen wahllos irgendwelche Beziehungen zu anderen Personen oder Unternehmen knüpfen. Die Kunst des Networkings besteht aber gerade darin, *gezielt* Beziehungen zu knüpfen. Als Voraussetzung sollte man sich erst über einige Dinge im Klaren sein:

- Welche Voraussetzungen sind für das Networking vorhanden? Welche bestehenden Beziehungen gibt es? Wie können diese ausgebaut werden?
- Welche Ziele sollen durch das Networking erreicht werden?
- Welche Beziehungen wären ideal? Welches sind die Wunschkontakte, zu denen eine Beziehung aufgebaut werden soll?
- Welche Netzwerke können genutzt werden?
- Wie kann das gesetzte Ziel für das Networking konkret erreicht werden? Welche Maßnahmen sind zu treffen?

Vorgehensweise beim Networking

1. Bestehende Kontakte sichten
Vorhandene Kontakte bestehen meist in den Bereichen
- Familie, Freunde und Bekannte
- Kollegen, ehemalige Kollegen, Vorgesetzte, Geschäftspartner
- Kunden, potenzielle Kunden
- Lieferanten
- Dienstleister (von der Putzfrau bis zum EDV-Help-Desk)
- Kontakte im Rahmen der Öffentlichkeitsarbeit, Vereine, Stiftungen
Jeder Kontakt ist wichtig! Dies ist eine Grundidee des Networkings. Auch ein Kontakt, der voraussichtlich nicht hilfreich ist, kann dies unter Umständen plötzlich werden. Trotzdem wird man die wichtigen und

einflussreichen Beziehungen mit dem meisten Aufwand pflegen und sich bei weniger wichtigen Kontakten nur hie und da in Erinnerung bringen, zum Beispiel mit einer Geburtstags- oder Weihnachtskarte an entfernte Bekannte oder ehemalige Kunden.

2. **Neue Kontakte knüpfen**

   Es kommt natürlich darauf an, welches Ziel mit Networking erreicht werden soll: Suchen Sie eine berufliche Herausforderung oder eine Adressenliste für potenzielle Neukunden? Es gibt, zum Beispiel auch im Internet, vielfältige Möglichkeiten seine Wunschkontakte zu finden.

3. **Kontakte pflegen**

   Die richtigen Kontakte zu knüpfen ist nur die eine Seite des Networkings. Die Kontakte müssen auch gepflegt werden. Networking ist eine langfristige Investition in Ihre Karriere oder Ihre Kundenbeziehungen. Kontakte müssen ständig gepflegt werden, sonst gerät man in Vergessenheit und hat sich nur kurzfristig ein gutes Beziehungsnetzwerk aufgebaut.

Einrichten einer Networking-Datenbank: Eine Datenbank im Tabellenformat wie etwa eine Excel-Datenbank erleichtert die Erfassung und Pflege der Daten ihrer Networkingkontakte. Es ist sinnvoll, in Ihrer Networking-Datenbank verschiedene Rubriken einzurichten:

- Name
- Adresse
- Telefonnummer, Fax
- E-Mail-Adresse
- Geburtstag
- Beruf/Branche des Ansprechpartners
- Kontaktdaten: Wann hat der letzte Kontakt stattgefunden?
- Einschätzung des Kontaktes: Von besonders wichtig bis zu eher weniger wichtig
- Besondere Bemerkungen

Nachdem Sie alle Daten für Ihre Networking-Datenbank zusammengetragen haben, kann das aktive Networking beginnen: Fangen Sie dort an, wo Sie bereits auf einer Basis aufbauen können, also der Pflege schon vorhandener Kontakte. Gehen Sie die Ansprechpartner durch, zu denen Sie schon länger keinen Kontakt mehr hatten. Telefonieren Sie mit diesen, bringen Sie sich in Erinnerung und vereinbaren Sie eventuell ein Treffen. So sammeln Sie Erfahrungen mit dem Networking und können Ihre kommunikative Kompetenz üben. Im Weiteren können Sie den Kontakt zu neuen Kontakten herstellen. Dies ist ungleich schwieriger, aber auch diese „Erstkontakte" lassen sich üben und Sie werden mit der Zeit immer ungezwungener Kontakte herstellen können.

Für die Networking-Datenbank gilt wie für jede Datenbank: Nur wenn Sie Ihre Networking-Datenbank regelmäßig pflegen, Aufmerksamkeit und Zeit investieren, wird sich der Aufwand hierfür letztendlich auch lohnen.

Dos und Don'ts beim Networking

Dos	Don'ts
• Zeigen Sie Offenheit	• Reden Sie nie schlecht über andere
• Suchen Sie Gemeinsamkeiten	• Reden Sie speziell nie schlecht über ehemalige
• Seien Sie neugierig	Kollegen, Vorgesetzte oder das Unternehmen, in
• Vermitteln Sie selbst Kontakte	dem Sie früher gearbeitet haben. Ihre derzeitigen
• Machen Sie Angebote, Ihren Gesprächspartner	Kollegen und Vorgesetzten werden daraus
ihrerseits zu unterstützen	schließen, dass Sie auch in einer neuen Position
• Bitten Sie um Unterstützung, nehmen Sie Hilfe	keine Firmeninterna für sich behalten werden
nicht als selbstverständlich hin	• Vermeiden Sie Vorurteile
• Bedanken Sie sich, auch wenn Ihnen Ihr Kontaktpartner	• Erwarten Sie nicht zuviel und seien Sie nicht
nicht weiterhelfen kann	beleidigt, wenn Ihnen einmal nicht geholfen wird
• Zeigen Sie sich positiv	• Grenzen Sie niemanden aus
• Seien Sie zuverlässig, halten Sie Vereinbarungen ein	• Vergessen Sie keine Kontakte, die einmal nützlich
• Antworten Sie auf Nachrichten/E-Mails immer	für Sie waren, nach dem Motto „Der Mohr hat seine
umgehend, auch wenn Sie Ihre Kontaktperson	Schuldigkeit getan, der Mohr kann jetzt gehen"
vertrösten müssen und eine Klärung seines Anliegens	• Lassen Sie keine Kontakte einschlafen. Beenden
länger dauern wird. Geben Sie eine Zeitschätzung ab,	Sie jedoch andererseits einen Kontakt, der nach
wann Ihr Kontaktpartner mit einer definitiven Antwort	mehrmaligen „Wiederbelebungsversuchen" niemals
rechnen kann	geantwortet hat. Sie sollten niemandem auf die
• Pflegen Sie jeden Kontakt, auch die Kontakte, die	Nerven gehen, der partout keinen Kontakt mit Ihnen
derzeit nicht so hilfreich für Sie erscheinen	wünscht.

Networking-Regeln

Weiterführende Literatur/Linktipps

Es gibt eine kaum noch überschaubare Anzahl von Büchern zum Thema Betriebswirtschaftslehre. Wenn Sie in eine Internetsuchmaschine oder im Buchhandel das Stichwort Betriebswirtschaftslehre eingeben, wird es schnell unübersichtlich und Sie fragen sich vielleicht, wie man sinnvoll dieses Thema vertiefen kann.

Deswegen hier einige Tipps

Literaturempfehlungen

Sie können bestimmte betriebswirtschaftliche Themen gezielt über Fachbücher vertiefen. Beispiele für Suchbegriffe sind:

- Marketing
- Kalkulation
- Managementtechniken
- usw.

Auch können Sie gezielt nach Büchern über Branchenlösungen suchen. Beispiele für Suchbegriffe im sind:

- BWL für IT-Berufe
- BWL im Gesundheitswesen
- BWL im öffentlichen Dienst usw..

Tipp: Nutzen Sie das Stichwortverzeichnis dieses Buches. Zu nahezu jedem Begriff im Stichwortverzeichnis werden Sie im Internet oder im Buchhandel vertiefende Informationen beziehungsweise Bücher finden.

Wer tiefer in die Betriebswirtschaftslehre einsteigen will, ist mit folgendem Standardwerk gut beraten:

Wöhe, Günter: *Einführung in die Allgemeine Betriebswirtschaftslehre*, Vahlen, 24. Auflage 2010
„Der Wöhe" ist der Klassiker unter den BWL-Lehrbüchern. Unzählige Studenten haben nach diesem Buch Betriebswirtschaftslehre gelernt. Auf über 1.000 Seiten werden alle wichtigen Bereiche der BWL beleuchtet. Ein verlässliches Nachschlagewerk.

Wer schnell praxisorientierte betriebswirtschaftliche Informationen benötigt, wird hier fündig:

Probst, Hans-Jürgen: *Kennzahlen. Richtig anwenden und interpretieren*, Redline Verlag, 2012
Zur betriebswirtschaftlichen Information und zu einer effektiven Unternehmensführung gehören Kennzahlen. Dieses Buch gibt eine verständliche Einführung über wichtige betriebswirtschaftliche Kennzahlen: Haben wir unsere Ziele erreicht? Was läuft falsch? Was verdienen wir mit unseren Produkten und so weiter?

Fachzeitschriften

Es gibt Dutzende von Fachzeitschriften zum Thema Wirtschaft. Im Folgenden ist eine Auswahl speziell zu betriebswirtschaftlichen Themen. Grundsätzlich ist zu den Zeitschriften zu sagen, dass sie tendenziell an betriebswirtschaftlichen Fachleuten ausgerichtet sind. Teilweise sind die Themen etwas spezieller

- *Die Betriebswirtschaft*: Erscheint sechsmal im Jahr.
- *Zeitschrift für Betriebswirtschaft (ZfB)*: Erscheint zwölfmal im Jahr.
- *Zeitschrift für Betriebswirtschaftliche Forschung (ZfbF)*: Erscheint zwölfmal im Jahr.
- *Betriebswirtschaftliche Forschung und Praxis (BFUP)*: Erscheint sechsmal im Jahr.

- *Der Betrieb:* Eher rechtliche bzw. steuerrechtliche Inhalte, ausgerichtet an Steuerberatern, Wirtschaftsprüfern u.a. Erscheint wöchentlich.
- *Wirtschaftswissenschaftliches Studium (WiSt):* Speziell für BWL-Studenten. Erscheint zwölfmal im Jahr.
- *Harvard Business Manager:* Nicht so speziell wie obige Zeitschriften. Hier werden Themen aus allen wirtschaftlichen Bereichen (also nicht nur BWL) in etwas populärerer Form und journalistischer aufbereitet als oben behandelt. Erscheint zwölfmal im Jahr.

Linktipps

- Im ersten Ansatz lohnt sich die Suche bei: **www.wikipedia.org**. Wikipedia ist eine kostenlose freie Enzyklopädie. Sie finden dort vielfältige Informationen und weitere Links zum Thema.
- Interessant können auch Datenbanken sein. Z.B. **www.wiso-net.de**. Eine viel benutzte und umfangreiche Datenbank im Bereich Wirtschafts- und Sozialwissenschaft.
- Ferner gibt es eine Reihe von speziell **betriebswirtschaftlichen Datenbanken**. Geben Sie in eine Internetsuchmaschine den Suchbegriff „Betriebswirtschaftliche Datenbanken" ein.

Stichwortverzeichnis